設備・材料・プロセスから
AI技術の活用まで
The New Complete Guide to Semiconductor Plants-
Facilities, Materials, Processes
and the Use of AI Technology
菊地正典
Masanori Kikuchi
新・半導体工場のすべて
ダイヤモンド社

はじめに

私たちは、スマートフォン（スマホ）、パソコン、薄型テレビ、DVD、デジカメ、カーナビ、タブレット端末（iPadなど）と、実にさまざまな電子機器に囲まれて生活しています。これらの電子機器には、それぞれに必要で知的な働きをする「**インテリジェント機能**」が組み込まれていますが、まさにそれを可能にしているのが「**半導体**」です。

半導体（以下、集積回路、あるいはＩＣを含めた総称として「半導体」と略記）は、現代社会を根底で支える「産業の米」として不可欠なばかりでなく、最近では一国の安全保障をも左右する最重要戦略物資になっています。

そのためか、書店に行くと半導体に関する書籍が数多く見受けられます。しかしながら、「半導体がどこで、どのように作られているのか」ということは、ほとんど知られていないのではないでしょうか。また最近、「工場見学ツアー」が人気を博するようになってきましたが、半導体工場のクリーンルームに立ち入るのは、ほとんど不可能です。

著者は、２０１２年８月に出版した『半導体工場のすべて』で、半導体が作られる場としての「半導体工場」にスポットライトを当て、設備・材料・プロセスなどさまざまな側面からアプローチすることで、半導体の物づくりについてさまざまな視点から解説し、多くの読者の方から、好評・御支持を得ることができました。

しかし同書の発行から13年近くを経た今日、半導体の先端技術やそれを適用した最新製品、さらにそれを製造する工場そのもの、そして半導体を巡る政治的・経済的背景にも大きな変化が生じています。

本書では前著『半導体工場のすべて』の基本的なスタンスは変えず、「2025年時点での半導体工場の最新情報」をお伝えするため内容をアップデートすることにしました。なかでも成膜法に関しては**ALD（原子層堆積）法**を、また露光法に関しては**EUV（極端紫外線）露光法**を新たに取り上げ、くわしく説明を加えました。なぜなら、これらは前著の時期に比べ、最先端半導体を作る上でなくてはならないコア技術となっているためです。

さらに本書（新版）の大きな特徴は、「**第9章　変貌を遂げる半導体工場**」を新たな章として設け、くわしく解説を加えたことにあります。秒進分歩と言われるほど技術革新が速く激しい半導体分野では、それを製造するための工場（ライン）にも大幅な変化が求められています。この第9章では、半導体工場に関して以下のような関連する諸側面に光を当て、最新状況を紹介しています。

・巨大ファウンドリ企業**TSMC（台湾）の日本進出**、国策ファウンドリとしての**ラピダス（Rapidus）の**

設立
・半導体工場の新設・増設のグローバルな狂騒的ラッシュ
・今後、量産化されると思われる「**半導体の革新技術**」
・「**中工程**」と呼ばれる半導体製造における新たな工程と、**三次元化積層**および**チップレット**のインパクト
・**AI時代の半導体工場の姿**、そして**デジタルツイン**（全自動製造ラインを最終ターゲットとする）
・米中覇権争いの中で安全保障上の最重要物資と位置付けられる半導体を巡る政治的・経済的背景

半導体が先端技術製品であるのと同時に、それを作る半導体製造工場も先端的な技術やノウハウ、システムの凝縮された「優れた物づくりの場」と言えます。したがって半導体工場は、関連産業に係わる人々のみならず、他産業の方々にとっても、さらには一般の人々や学生の皆さんにとっても、「物づくり」という意味で、見習うべきこと、参考にすべきことも多いのではないでしょうか。本書がそのような多くの方々に、少しでもお役に立てることができるなら幸いに存じます。

最後になりましたが、本書の執筆にあたり、著者を日頃より温かい目で見守り、励ましてくれる松田葉子さんに改めて感謝の意を表します。

2025年1月

菊地　正典

新・半導体工場のすべて　もくじ

第3章 ICづくりを支える裏方プロセスを追う

第4章 原材料や機械・設備について知っておこう

第5章 検査でのミス発見法、出荷する方法

第6章 知られざる工場内の「御法度・ルール」

第7章 働く人々のホンネ——工場は人でもっている！

第8章 知られざる半導体工場の秘密

第9章 変貌を遂げる半導体工場

第1章

半導体工場の
敷地内を歩いてみると

Section 01

半導体工場を鳥瞰すると

——工場棟、事務棟、工場周りの配電設備、タンク……

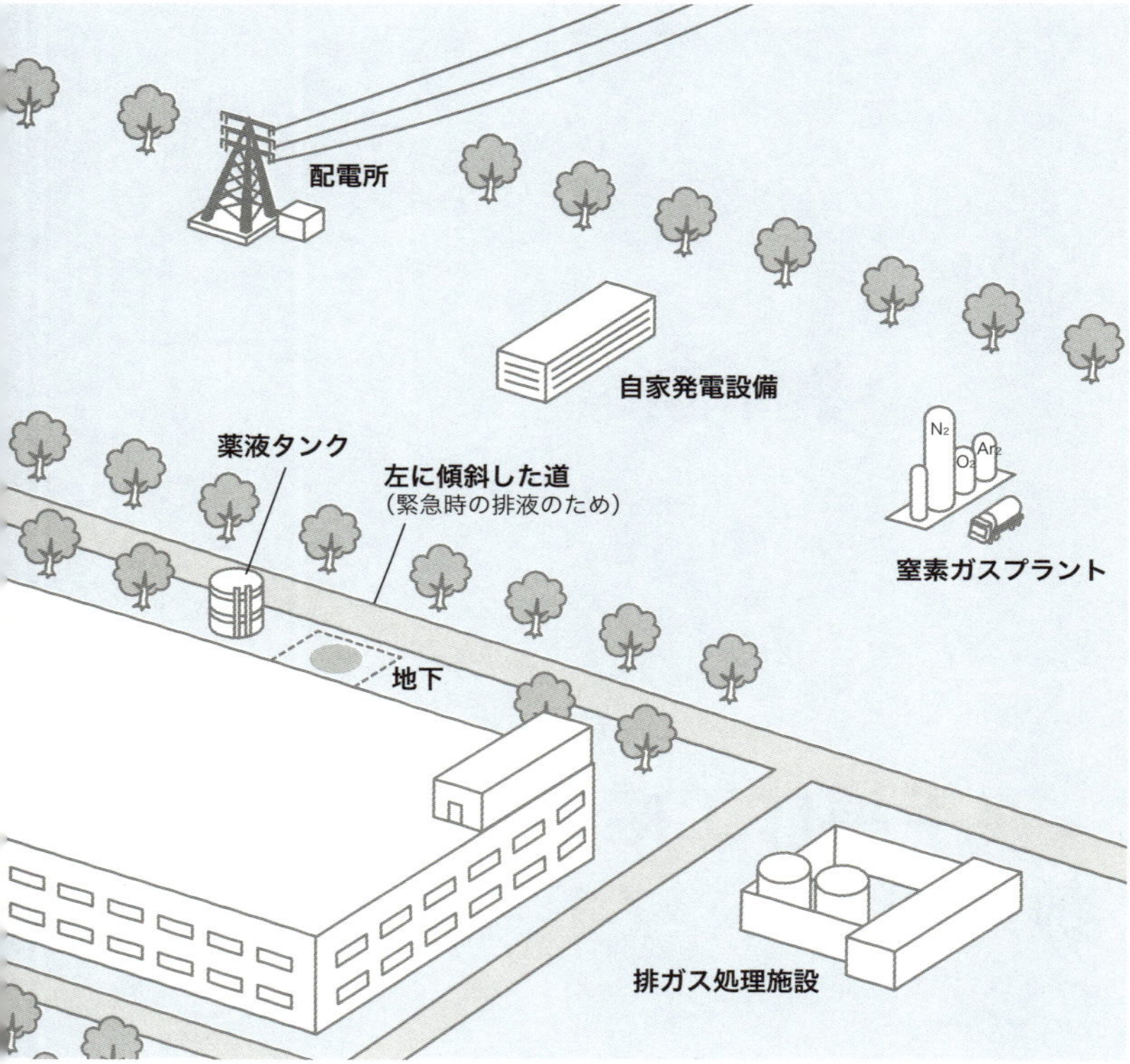

上の図は**半導体工場**全体を鳥瞰したイメージです。半導体工場はホコリを極端に嫌い、そのほとんどの工程をクリーンルーム内で製造するため、最近のように工場見学が盛んに催されるようになっても、中を見ることはかなり制限されています。

さて、半導体工場は大きく3つの部分に分けることができます。すなわち、①事務棟、②工場棟、③外回りです。外回りには工場周辺の各種の付帯設備や駐車場なども含まれています。

この中では当然、②工場棟の製造ラインが半導体工場の中心となりますので、②についてはこの項で概論を述べた後、次項でクリーンルーム内部も含め詳しく説明することにしましょう。

▼事務棟にはアドミニ機能

まず、①の「**事務棟**」には工場全体を管理する（アドミニ）機能があります。本書では、仮想的に4階建ての事

▶アドミニ　administration の簡略カタカナ表記。管理、運営、経営などの意味。

図 1-1-1　半導体工場の全体図

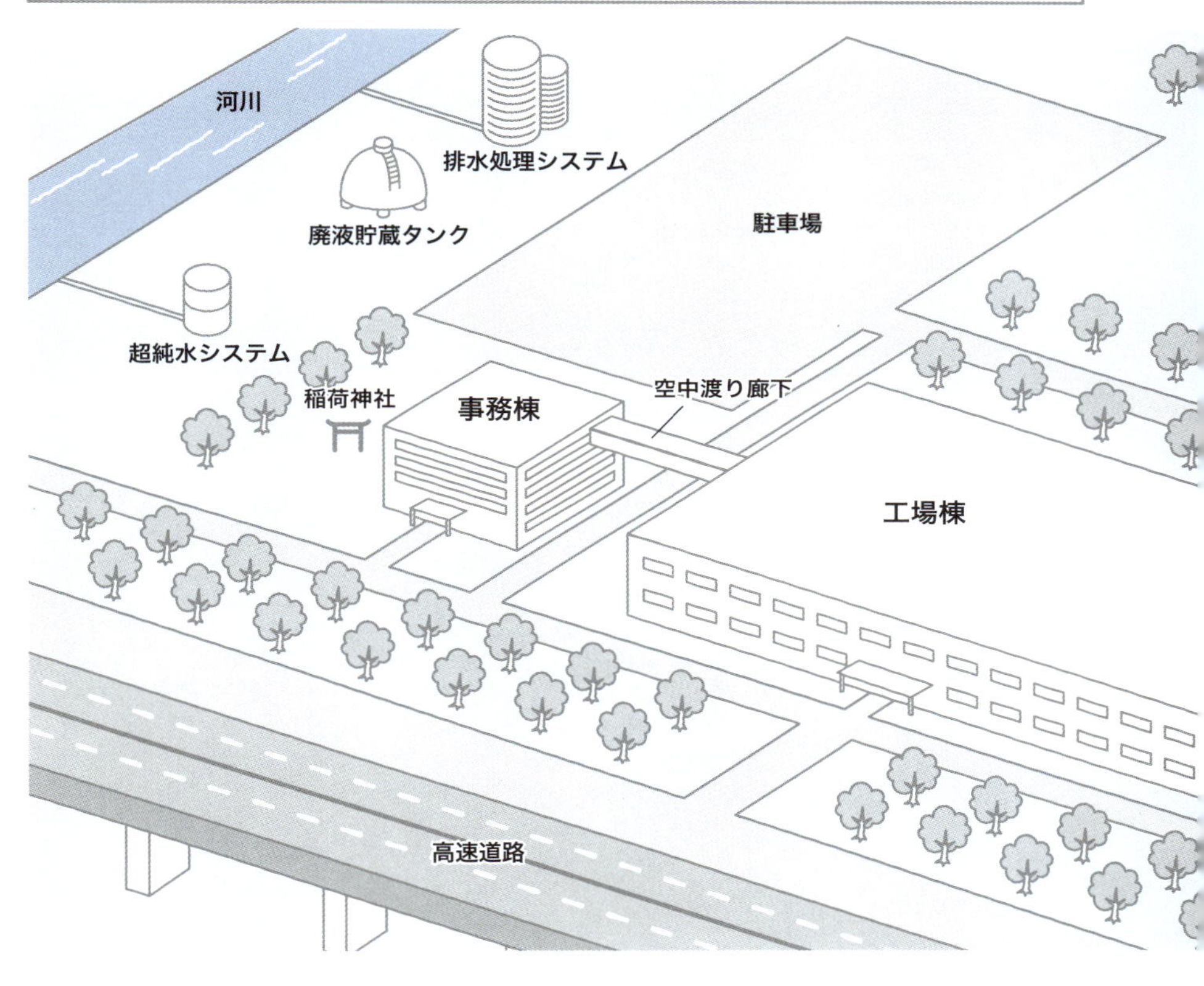

務棟としています（図1-1-2）。

1階には玄関とその横にショールーム、社長や工場長の部屋、総務部・人事部・計画部・資材部など各部の事務所、応接室、大・中・小の会議室などが配置されています。

ショールームには会社の沿革、シリコンのプライムウエーハ、ICが作り込まれた完成品ウエーハ、パッケージングされたIC製品、ICが搭載された主要な製品（スマホ、デジカメ、カーナビ、パソコン、デジタル時計）などが簡単な説明とともに展示してあるでしょう。

事務棟には、工場長をはじめ、各事務部門の部長、課長、主任、担当者が在籍しています。もちろん、各部が独立して設けられているとは限らず、例えば総務部が人事や経理などの業務を兼ねているケースも見受けられます。

会議室は3タイプほどあることが多く、50人以上入れる大会議室では机と

▶プライムウエーハ　鏡面研磨した通常のシリコンウエーハのこと。エピウエーハやSOIウエーハなど、プライムウエーハに追加機能を施した特別なウエーハもあるため、このように呼ばれる。

図 1-1-2　事務棟の内容

〈事務棟〉 4階建、工場のアドミニ機能

階	場所	内容
4F	食堂他	大食堂、カフェテリア、新聞・雑誌の閲覧所
	渡り廊下	事務棟4Fと工場棟の2Fは空中渡り廊下で繋がっている
3F	間接部門	組立技術部（組立工程の技術担当） 検査技術部（検査・選別工程の技術担当） 設備部（前工程と後工程の設備を担当） 品質管理部（QA、外部監査、ISOなど担当）
	会議室	中会議室、小会議室・打ち合わせ所
2F	間接部門	生産技術部（製品技術とプロセス技術を担当、設計技術やCIM技術も担当する場合もある）
	会議室	中会議室、小会議室・打ち合わせ所
	簡易図書室	関係する技術系の雑誌・本・論文・学会などの予稿集など
	喫煙所	クローズした空間（特別排気）
1F	玄関横のショールーム	会社沿革、シリコンのプライムウエーハと完成ウエーハ、パッケージされたIC製品、ICを搭載した主要製品（スマホ、デジカメ、カーナビ、パソコン、デジタル時計、……）などの簡単な説明付き展示
	応接室	お客さん用（応接セット）
	社長室、工場長室	社長がおらず、工場長がトップの場合もある
	間接部門	総務部、人事部、経理部、計画部、資材部、……（部長、課長、主任、担当）
	会議室	大会議室（50人以上収容可、机・椅子・プロジェクター設備） 中会議室（20人程度収容、テーブル・椅子・一部プロジェクターやテレビ会議設備）、小会議室、打合せ所（数人収容、机・椅子）

椅子の他にプロジェクターと専用スクリーンが設置され、会社としての大きなイベントなどに使用されます。中会議室は20人ほどが入れ、プロジェクターやスクリーンだけでなく、テレビ会議用の設備が整っている場合も多く、本社や他工場との合同テレビ会議に利用されます。数人程度の打合せには、小会議室以外にもオープンスペース（打合せ所）が用意されています。

2階に行くと、生産技術部（製品技術とプロセス技術の全般を担当）の事務所があり、生産技術部には一部の設計技術やCIM技術（コンピュータ統合生産）が含まれる場合もあります。また中・小の会議室やオープンスペースの打合せ所、簡易図書室、喫煙所（なくなりつつあるが）もあります。

3階に上がると、組立技術部（組立工程担当）、検査技術部（検査・選別工程担当）、設備部（前工程と後工程の設備担当）、品質管理部（QAシス

▶テレビ会議　テレコンファレンスとも呼ばれる。

テム、ISO、外部監査受入れなどを担当）の事務所と中・小の会議室や打合せ所があります。

4階には食堂、カフェテリア、新聞・雑誌の閲覧所などがあります。

▼工場棟のメインは製造ライン

「**工場棟**」（図1-1-3、図1-1-4）は半導体の製造ラインの他にも、関連するさまざまな機能を持っています。工場棟の1階分の高さは、事務棟の二倍ほどあることが多いので、両棟間の渡り廊下は事務棟の4階と工場棟の2階を繋ぐ形になります。

工場棟の1階は、製造現場としての拡散ライン（前工程）がメインですが、その他に製造部の事務所（前工程担当）、設備・装置・資材の搬入口、部材倉庫（自動化されコンピュータからの指示に従いロボットが自動搬送する）、高圧配電室、ガスボンベ室（シリンダー・キャビネットを設置）、分析室（SEM、TEM、FIB、SIMS……）、化学実験室（ドラフトを備えた薬品処理）などに加え、正面玄関と社員専用の出入り口、ロッカー室（社服着替え）などもあります。

2階は、ウエーハ検査と後工程ライン（組立・検査工程）がメインとなりますが、その他に製造部の事務所（ウエーハ検査、組立・検査の担当）、バーンインテストを含めた信頼性試験室、特性測定室（トランジスタ特性を始めとする電気的特性を測定・評価する）、設備保全の事務所、中央制御室（クリーンルームの温湿度や付帯設備状況などを常時モニター・監視）、コンピュータ室（工場をオペレートするための大型コンピュータやサーバーを設置）、交替制勤務者の休憩室、仮眠室、保健室などもあります。

なお、ここでは1階に前工程、2階に後工程の設備をもっている形で説明しましたが、実際には別の工場になっていることのほうが多いといえます。

▼外回りにはさまざまな機能が

「**外回り**」（図1-1-5）には工場を維持・運転するための設備が点在しています。

まず目につくのが、電力会社から送られてきた特高配電（26ページ）を降圧し、工場に配電するための配電所、停電など緊急時に備えた自家発電設備です。半導体工場が敷地内に電力設備をもっていることは、案外、知られていません。

変わり種としては、大気中から窒素を分離供給する**オンサイトプラント**があります。半導体工場では窒素ガスを大量に使用しますが、窒素ガスをすべて購入していたのではコストが高くつくため、空気中から取り込むシステムです（空気中の78%は窒素）。

ほかにも、大量に使用するガスと薬液を集中的に供給するためのガスプラ

▶SEM,TEM,FIB,SIMS　それぞれ、SEM：走査型電子顕微鏡、TEM：透過型電子顕微鏡、FIB：集束イオンビーム、SIMS：２次イオン質量分析計（140ページ参照）。

図 1-1-3　工場棟の内容

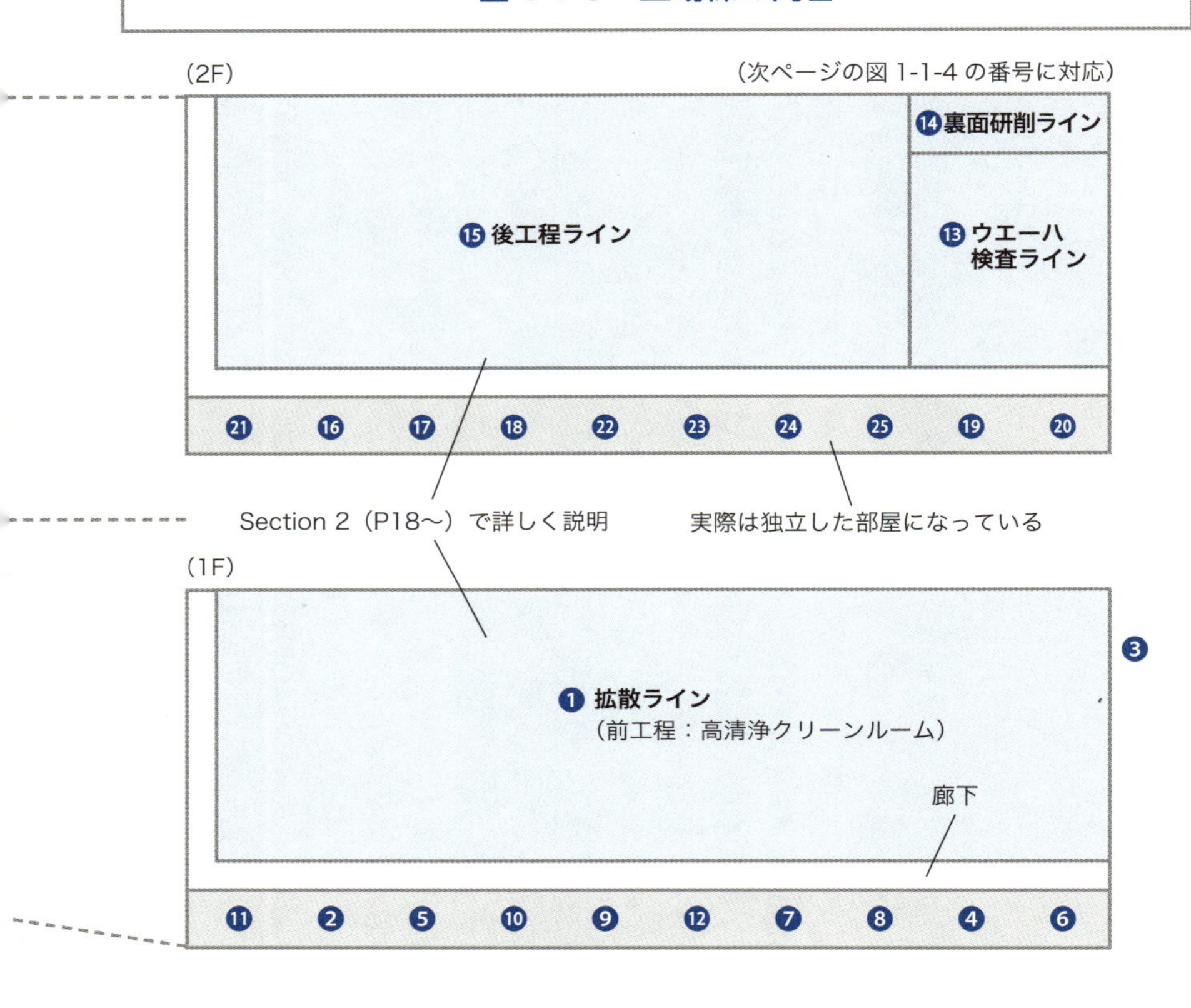

ントや薬液プラント、半導体工場で大量に使われる超純水の供給設備もあります。超純水とは、水中に含まれる異物がきわめて少ない特殊な水のことで、半導体の製造プロセスでは各工程ごとに何度も超純水で半導体を洗い流す作業が必要なだけに、必須の施設です。

また、排水処理施設（中和、バクテリア処理、スラッジ回収、河川放流）、排ガス処理施設（スクラバー、吸着塔、大気放出）、廃棄物保管倉庫、緊急廃液貯蔵タンク（薬液遺漏時に大量の水で希釈し一時保管）などもあります。工場から排水する前に、バクテリアを使った処理などが行なわれています。

案外大きなスペースを取っているのが駐車場です。お客さん用、社員用、業者用に区分されています。とくに地方工場では、マイカー通勤者が多く、それだけ広い駐車場を確保する必要があります。よく見ると、稲荷神社がある（13ページ左）のが面白いですね。

▶クリーンスーツ着替え　工場棟内には無塵衣（むじんい）とも呼ばれるクリーンルームで着る特別着衣への着替えスペースがあるが、各図で省略してある。

図 1-1-4　工場棟の各階建屋の内容

階	場所	内容
2F	⓭ウエーハ検査ライン	拡散が終了したウエーハ上のICチップの良否を判定 メモリ製品ではリダンダンシー用のレーザートリミングを含む
	⓮裏面研削ライン	ウエーハ裏面を研削して薄くする
	⓯後工程ライン	組立・検査・選別
	⓰製造部事務所	ウエーハ検査、組立・検査・選別の工程を見る。部長は拡散ラインと兼務
	⓱信頼性試験室	バーンイン設備他
	⓲特性測定室	トランジスタ特性を始め電気特性測定の装置・機器
	⓳施設保全事務所	施設の維持・メンテナンス
	⓴中央制御室	クリーンルームの温湿度や付帯設備の常時モニター・管理
	㉑コンピュータ室	大型コンピュータ、サーバー
	㉒休憩室	交替制勤務者用
	㉓会議室	中・小会議室
	㉔仮眠室	簡易ベッド
	㉕保健室	保健師
1F	❶拡散ライン	高清浄クリーンルームでウエーハ上にICチップを作り込む
	❷製造部事務所	拡散ラインを見る製造部。部長・課長・係長・班長・担当者
	❸搬入口	設備・装置・資材の搬入
	❹部材倉庫	自動棚からロボットで搬送。ウエーハ、ターゲット、パッケージなど
	❺高圧配電盤	工場内変電所からの電気を配電
	❻ガスボンベ室	シリンダー・キャビネット設置
	❼分析室	SEM、TEM、FIB、SIMS、……
	❽化学実験室	薬品処理、ドラフト
	❾正面玄関	お客さん、見学者
	❿ロッカー室	社服着替え
	⓫会議室	中・小会議室
	⓬購買打ち合わせ所	業者との打ち合わせ

2F

1F

図 1-1-5　外回り施設の内容

設備・場所	内容
ⓐ 配電所	66,000Vの特高配電を受け、降圧して工場に提供
ⓑ 自家発電所	重油などを燃やして緊急時に発電
ⓒ オンサイトプラント	大気中から窒素（N_2）を分離して工場へ供給
ⓓ ガスプラント	大量に使用するガスを集中タンクからパイプラインで工場へ供給 （窒素 N_2、酸素 O_2、水素 H_2、アルゴン Ar_2、……）
ⓔ 薬液プラント	大量に使用する薬液を集中タンクからパイプラインで工場へ供給 （硫酸 H_2SO_4、フッ酸 HF、塩酸 HCl、硝酸 H_2NO_3、リン酸 H_3PO_4、過酸化水素 H_2O_2、イソプロピルアルコール IPA、メチルエチルケトン MEK、……）
ⓕ 超純水供給設備	河川水や湧水を精製純化
ⓖ 排水処理施設	中和、バクテリア処理、スラッジ回収、河川放出
ⓗ 排ガス処理施設	スクラバー、活性炭素の吸着塔、大気放出
ⓘ 廃棄物保管倉庫	一時的に保管・管理
ⓙ 緊急廃液貯蔵タンク	薬液漏洩時に大量の水で希釈した廃液を一時保管。地面下に設置
【駐車場】	お客さん用、社員用、出入り業者用

▶MEK　Methyl Ethyl Ketone（メチルエチルケトン）の略。有機溶剤の1つ。

ラインを総チェック
——拡散ライン〜検査・選別ラインまで

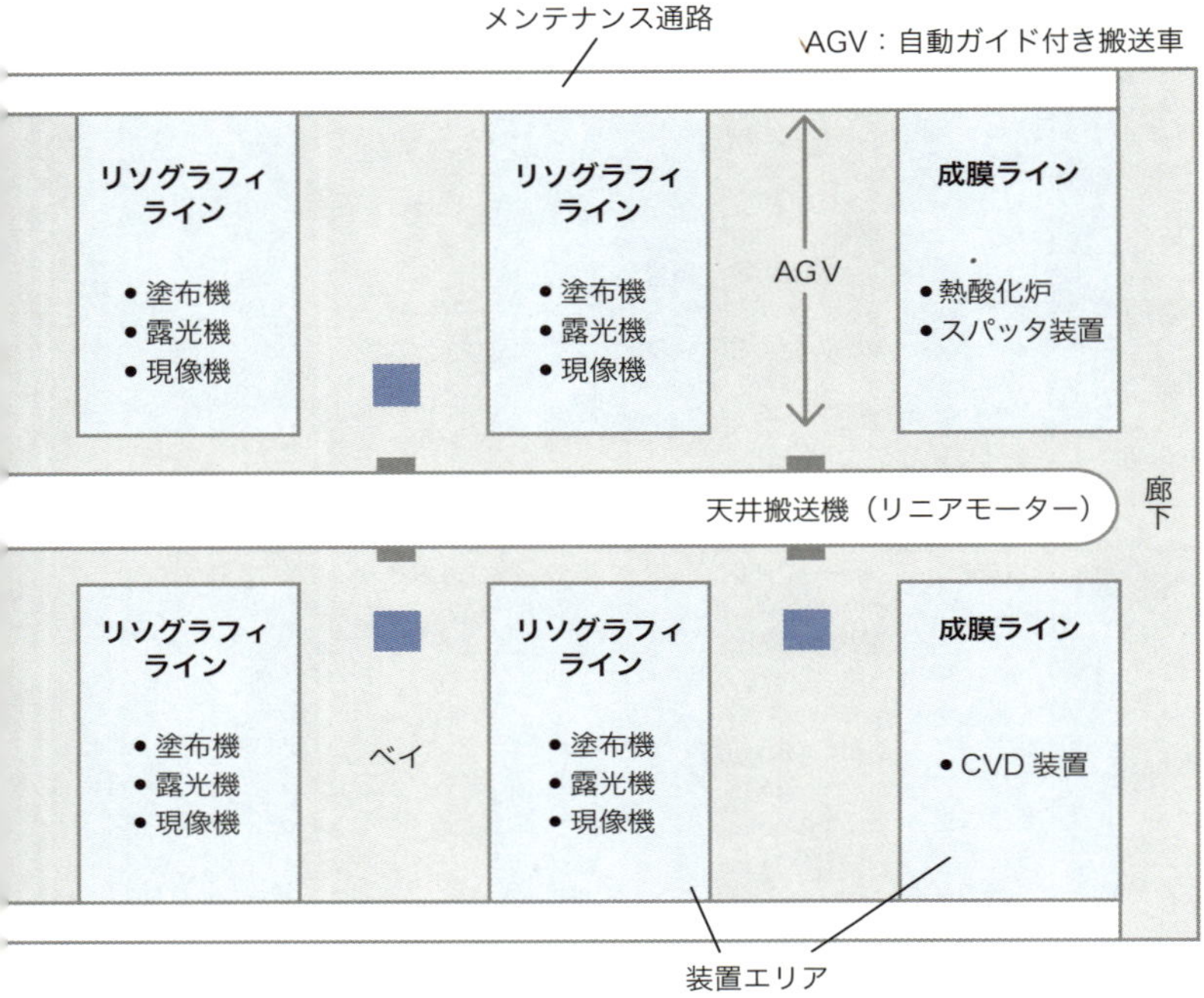

メンテナンス通路
AGV：自動ガイド付き搬送車
リソグラフィライン
• 塗布機
• 露光機
• 現像機
リソグラフィライン
• 塗布機
• 露光機
• 現像機
AGV
成膜ライン
• 熱酸化炉
• スパッタ装置
天井搬送機（リニアモーター）
廊下
リソグラフィライン
• 塗布機
• 露光機
• 現像機
ベイ
リソグラフィライン
• 塗布機
• 露光機
• 現像機
成膜ライン
• CVD 装置
装置エリア

ここでは工場棟の1階に配置された「**①拡散ライン**」（前工程製造）と、2階にある「**②ウエーハ検査ライン**」「**③組立・検査ライン**」（後工程製造）の見取り図を見ていきましょう。もちろん、かならず1階、2階にそれらのラインがあるわけではなく、あくまでも最初にお見せした「仮」の工場での場合だとお考えください。

▼拡散ライン（前工程）

製造ラインは**クリーンルーム**と呼ばれる清浄な空間になっています。ただし拡散ラインは最も高い清浄度を必要とするのに対し、ウエーハ検査や組立・検査のラインのクリーン度は拡散ラインほどの厳密性は要求されておらず、その分、クリーン度も低く設定されています。それぞれの工程で必要とする清浄度に応じて変えていくのは、工場としてのコスト意識から考えて当然のことです。

▶拡散ライン　IC では拡散現象を利用して導電型不純物をシリコン中に添加する工程が半導体づくりの代表的工程と考えられていたため、前工程ラインを「拡散ライン」と呼ぶこともある。

図 1-2-1　拡散ラインの見取り図

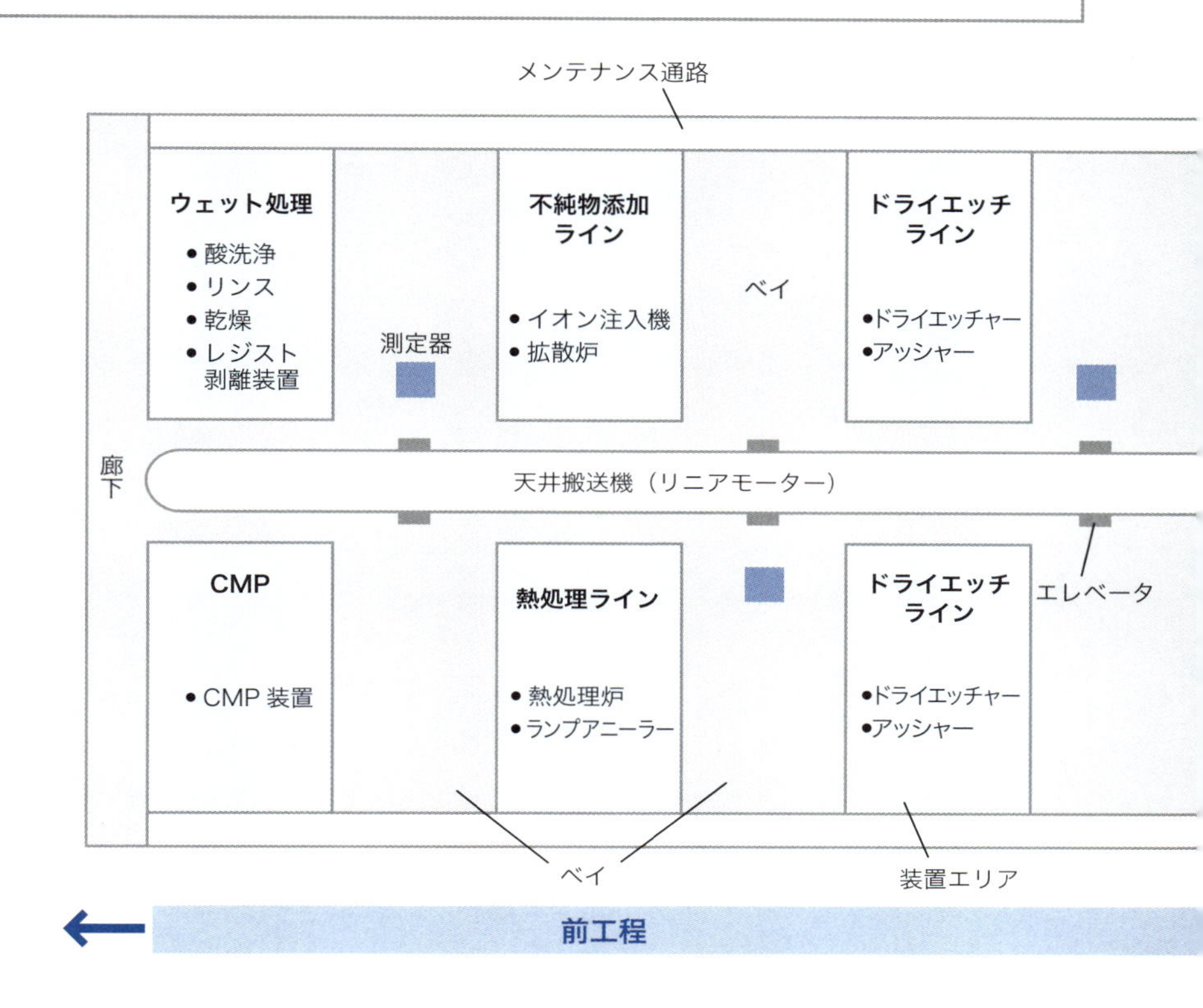

上の図は**ベイ方式**（中央通路にコの字型に配置。大部屋方式に対する言葉）と呼ばれるものですが、天井には長距離搬送用のリニアモーター駆動搬送車がループ状に走り（図の中央部分）、ウエーハを収納したキャリアボックスは、一時保管用のストッカーとの間をエレベータで上下の移動をします。

クリーンルームには、「成膜」「リソグラフィ」「エッチング」「不純物添加」「熱処理」「CMP（表面の平坦化）」「洗浄」などの製造装置群が並んだ工程エリアを構成するベイが配置され、また各種の測定装置なども置かれています。いわば半導体工場の心臓部分です。

これらベイ内での短距離のウエーハカセットの移動には、**AGV**と呼ばれる自動ガイド付き搬送車や、あるいは無線搬送ロボットなどが利用されています。半導体工場の中は、多くのロボットが働いているのです。

▶組立・検査　英語では assembly と inspection。

▼ウエーハ検査ライン

下の図1-2-2に示した**ウエーハ検査ライン**では、ウエーハ上のICチップの良否の判定と、冗長回路のトリミングを行ないます。**冗長回路**(じょうちょう)とは、たとえ回路の一部分が何らかの不具合で動作しなかった場合でも、「冗長回路」と呼ばれる配線をICチップ内に施すことで補償しようというものです。この冗長回路の導入によって、ICチップそのものがオシャカになる(製品がダメになって捨てる)ことを防いでいます。

そのあと裏面研削工程でウエーハを薄くし、ダイシング(スライシングとも呼ばれる)工程では薄くしたウエーハをダイサーと呼ばれる装置を使うことで1個1個のICチップに切り分けていきます。

▼組立・検査ライン(後工程)

組立ラインでは、ICチップをマウ

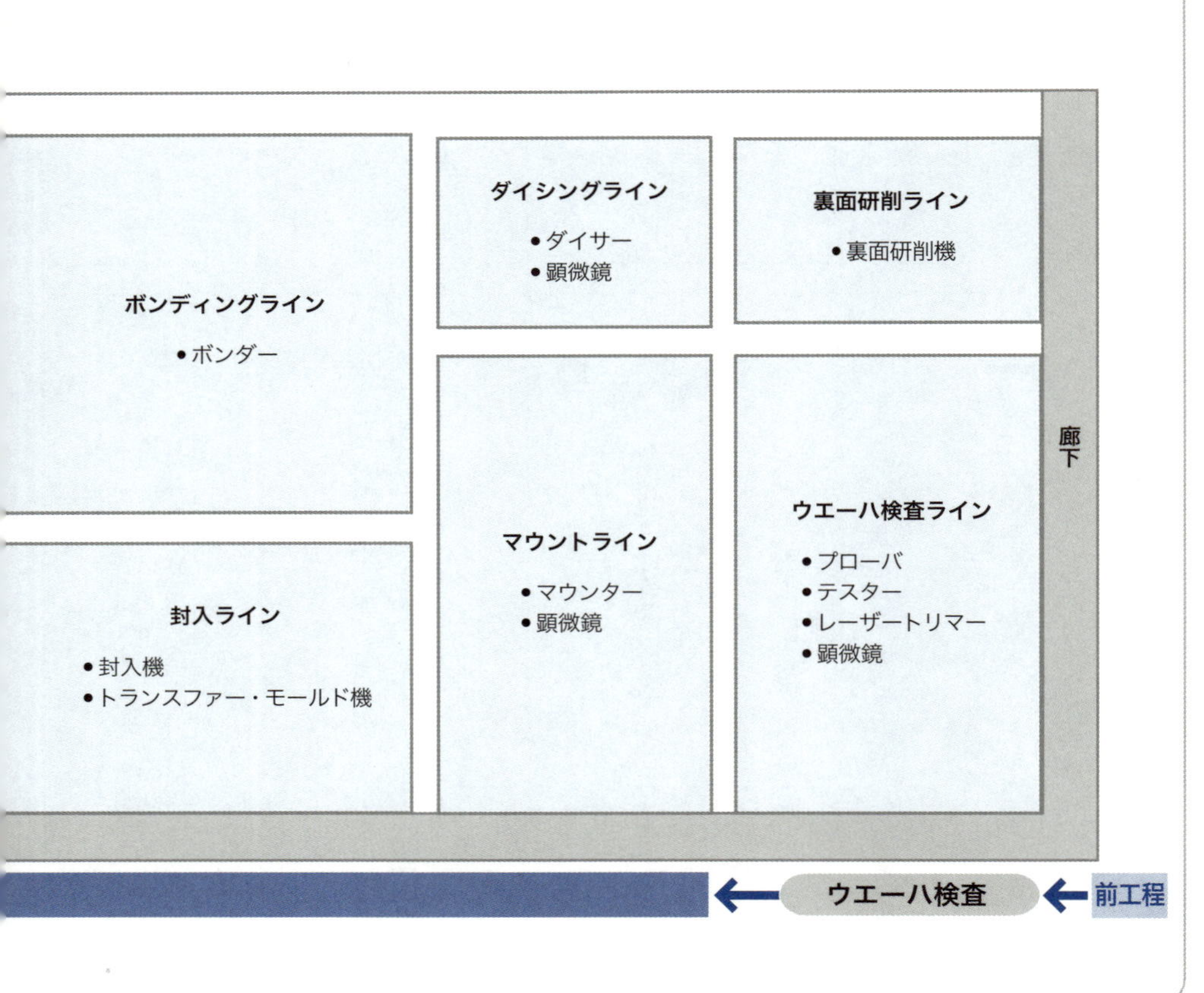

▶成膜、リソグラフィ、エッチング、CMP　それぞれ、基板に薄膜を付ける(成膜)、露光で回路パターンを作る(リソグラフィ)、腐食を利用して表面加工する(エッチング)、表面の平坦化を行なう(CMP)といった作業を指す。

ント工程でパッケージのアイランドに搭載し、ボンディング工程でチップ上の電極とパッケージのリード端子を金細線で接続し、パッケージをモールドなどで封止します。

そのあとICは、リード端子へのハンダメッキ、リード成形、パッケージ表面への捺印などが施されます。

完成したICは、**検査・選別ライン**で、製品スペックに沿って電気的特性の測定と良品・不良品の判定が行なわれます。ここで不良が見つかった場合でも、前記の冗長回路を接続することでチップとして使える場合もあります。また初期不良を除くために、一定温度と一定電圧を加えて良・不良を選別するバーンインテストも全数に対し実施されます。

こうして完成したICが半導体工場の門を出て、クライアントに直接、あるいは半導体商社へと出荷されることになります。

図 1-2-2　ウエーハ検査、裏面研削、後工程ラインの見取り図

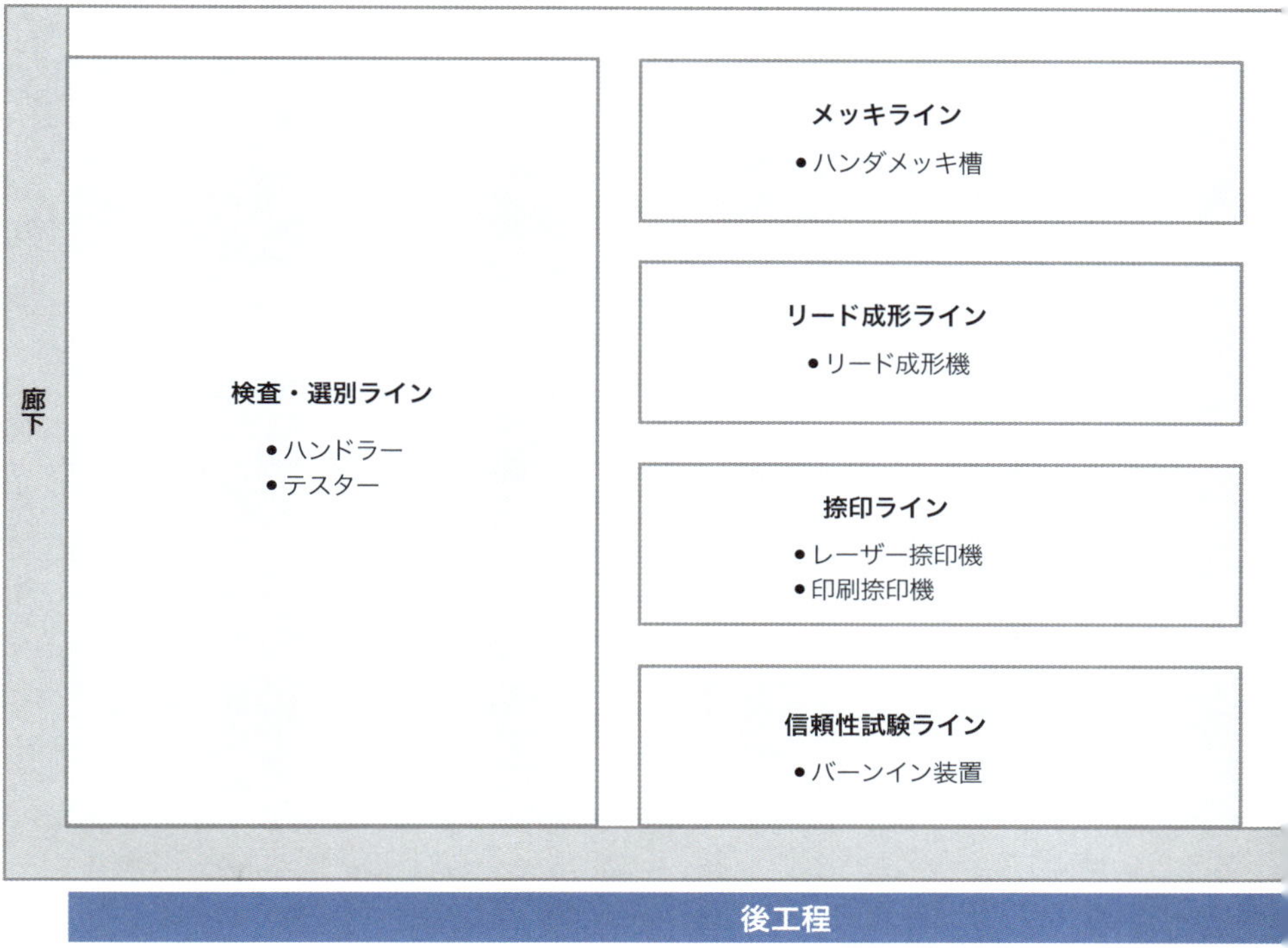

検査・選別ライン	メッキライン・リード成形ライン・捺印ライン・信頼性試験ライン
検査・選別ライン ●ハンドラー ●テスター	メッキライン ●ハンダメッキ槽
	リード成形ライン ●リード成形機
	捺印ライン ●レーザー捺印機 ●印刷捺印機
	信頼性試験ライン ●バーンイン装置

廊下

後工程

▶クライアント　client のカタカナ表記。半導体メーカーの「顧客、得意先、取引先」などの意味。

Section 03

組織図はどうなっている？

——工場長の下に生産技術部、設備技術部などが連なる

半導体工場の組織や工場内の仕事の分担はどのような形になっているのでしょうか。

工場が親会社の一種（専門化した子会社の一種）として独立した**生産分身会社**形態を取っている場合には、工場にも「社長」がいます。そうではなく、親会社の一工場として位置付けられている場合には、トップは「**工場長**」です。工場長以下、以下のような部と仕事があります。

▼工場長の下には……

環境工務部では、電力、純水、薬液、ガス、クリーンルームなどのモニター・維持・管理などの仕事をしています。電力や純水の安定的な供給は、半導体工場にとっては命綱です。

人事総務部には、「プロパー」と呼ばれる現地採用のオペレータおよび間接部門の採用、人事考課の調整、親会社からの出向者の調整・受け入れなどが含まれます。

経理部には、親会社へ半導体を売るときの販売価格の調整・決定などの仕事があります。この価格は移転価格あるいはTP（トランスファープライス）とも呼ばれ、分身会社と親会社の経営状況によって決められます。

生産技術部は、後で述べる半導体の前工程（拡散工程）に係わる技術全般を担当します。生産技術部は、大きく製品を担当するグループとプロセスを担当するグループに分けられます。後工程もある工場では、生産技術部とは別に、組立技術部も置かれます。

設備技術部は、新規設備の立ち上げと既存設備の維持・改善を担当します。

製造部では部長の下に、複数の生産ラインを有する場合には、ラインごとに課長、係長、班長が就きます。班長は、4班3直の交替制勤務（シフト勤務）を取っていれば、ラインごとに4名ずつ置くことになります。

情報システム部には、全社的なＯＡ環境の維持・改善に加え、ＣＩＭ（Computer Integrated Manufacturing コンピュータによる統合生産システム）の利用・維持・改善が含まれます。

信頼性品質管理部には、社内ＱＡ（Quality Assurance 品質保証）システムの構築・維持、ＩＳＯ（国際標準化機構）認証対応、顧客の工場監査対応、ユーザークレームへの対応、不良の解析・分析など幅広い業務が含まれます。

資材購買部には、原材料メーカーとの交渉や調整、消耗品などの在庫管理などが含まれます。

▶OA　Office Automationの略。パソコン、ファックス、コピー機などを活用して会社の事務部門の業務能率を向上させるための自動化。

図 1-3-1　半導体工場の組織図の例

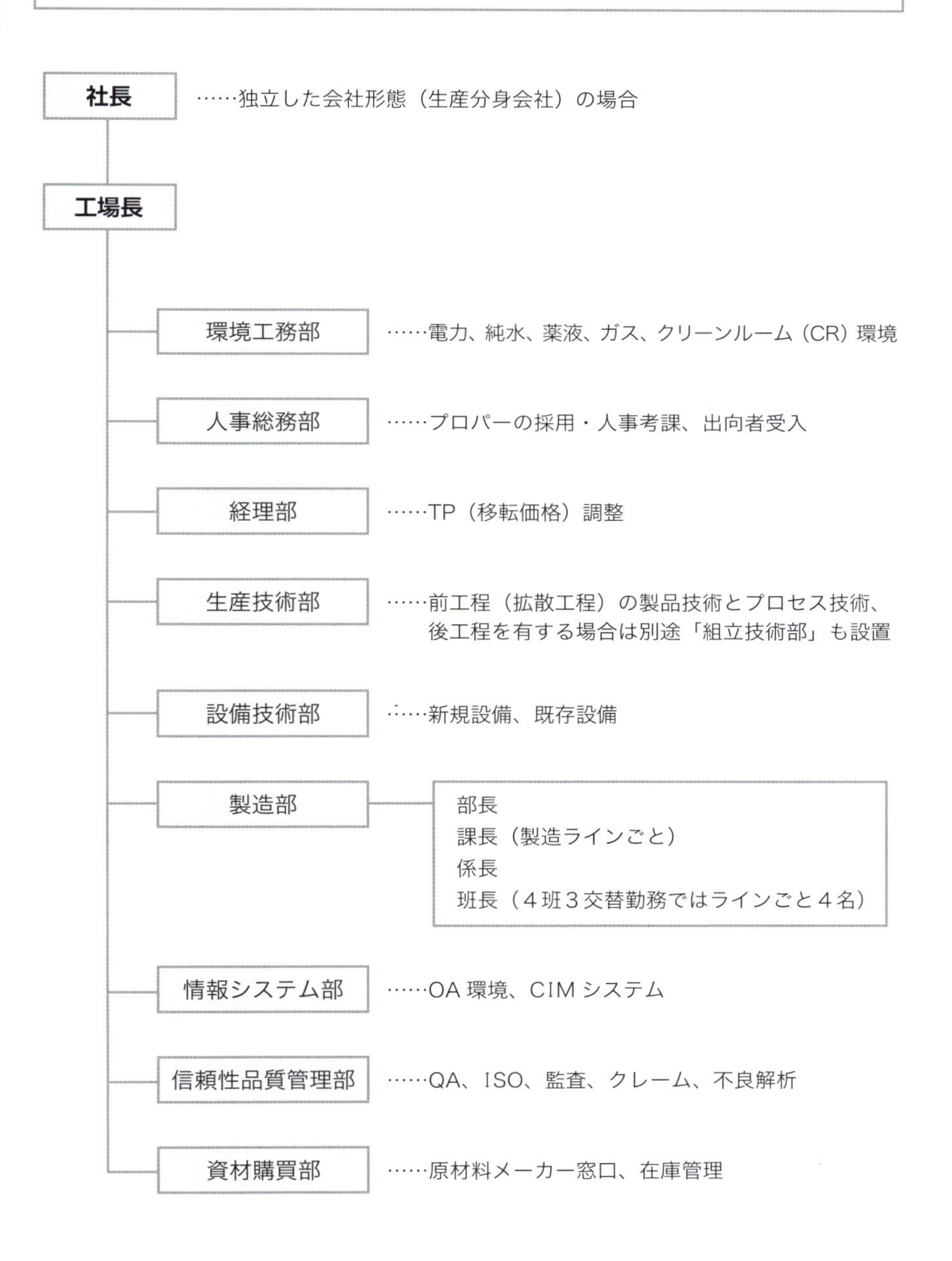

▶分身会社　法的には子会社であるが、NEC では本体と同格の専門会社に対する呼称として用いている。したがって「生産分身会社」という場合は、生産に特化した分身会社を指す。

工場の立地条件
——水、電気、高速道路、そして意外な必須条件も……

半導体（ＩＣ）工場の好ましい立地条件とは何でしょうか。

半導体製造工程は大きく、シリコンウエーハの上に多数のＩＣチップを作り込む「前工程」と、完成したウエーハを1個1個のチップに切り分けてパッケージに搭載し検査する「後工程」に分けられます。

▼1日の超純水使用量は３０００トン

一般に、半導体工場では、前工程と後工程を行なう工場は別々になっています。そこで、半導体の特徴が色濃い前工程の工場、すなわち「拡散ライン」について好ましい立地条件を見ていくことにします。

ＩＣ製造には大量の**超純水**が使用されます。もちろん工場の規模や製品によっても異なりますが、例えば３００ミリのシリコンウエーハを月に1万枚流す製造ラインでは、1日の超純水の使用量はなんと３０００トンにもなります。

もちろん、この水の一部には回収水も含まれていますが、工場の近くに何らかの水源を求める必要があります。

超純水の水源としては、工業用水、地下水（井戸）、河川水があります。これらの大量の水源を長期にわたって安定的に確保できること——それが何にもまして、半導体工場では必須の条件です。

▼1日90万ｋＷｈの電力

電力も重要です。用途としては、生産設備で50％、空調熱源関係で40％、残り10％が排水設備その他に使われています。1日の電力使用量は、約90万ｋＷｈという膨大な電力を消費します。したがって、これも、安定な電力供給が求められます。２０１１年3月11日の東日本大震災とそれによる原発事故により、東京電力管内では「計画停電」が実施されましたが、一度停電が起きると、精密設備・装置であるだけに復旧にも日数がかかります。

▼高速道路と空港設備

ＩＣはもともと軽薄短小が特徴で、国内外に出荷されますので、運送・輸送には一般的に自動車と空路が使われます。このため、できるだけ高速道路と空港に近いことも望ましい条件になります。

また工場で働く質の高いオペレータを確保しやすいことも条件の1つです。技術者については、本社で採用した人を工場に出向させるケース、地元で採

▶電力の確保　半導体工場では電力を自ら一部確保するだけでなく、すべてを自家発電装置でまかなえないときのために、使用の優先順位も決めている。

用するケースの両方があります。

もちろん、地震や台風が少ない地域であることなど、贅沢(ぜいたく)を言い出せばキリがありません。

▼意外に知られていない「必須条件」

しかし、これらの条件とは質の異なる好ましい条件、というより「必須の立地条件」が実はあるのです。それは、工場を建設する地元、すなわち県市町村の誘致に対する熱意です。これは半導体に限ることではありませんが、望まれて進出する、期待されて建設するのか否かでは、雲泥の差が出てくるからです。

例えば、工業用地や工業団地の有無を始め、税制面などにおける便宜など、大きな差となってきます。下の図は、国内の主要半導体工場の分布を示しています。この地図から、それらの地理的特性も考えることができるはずです。

図 1-4-1　日本における主要半導体工場の分布図

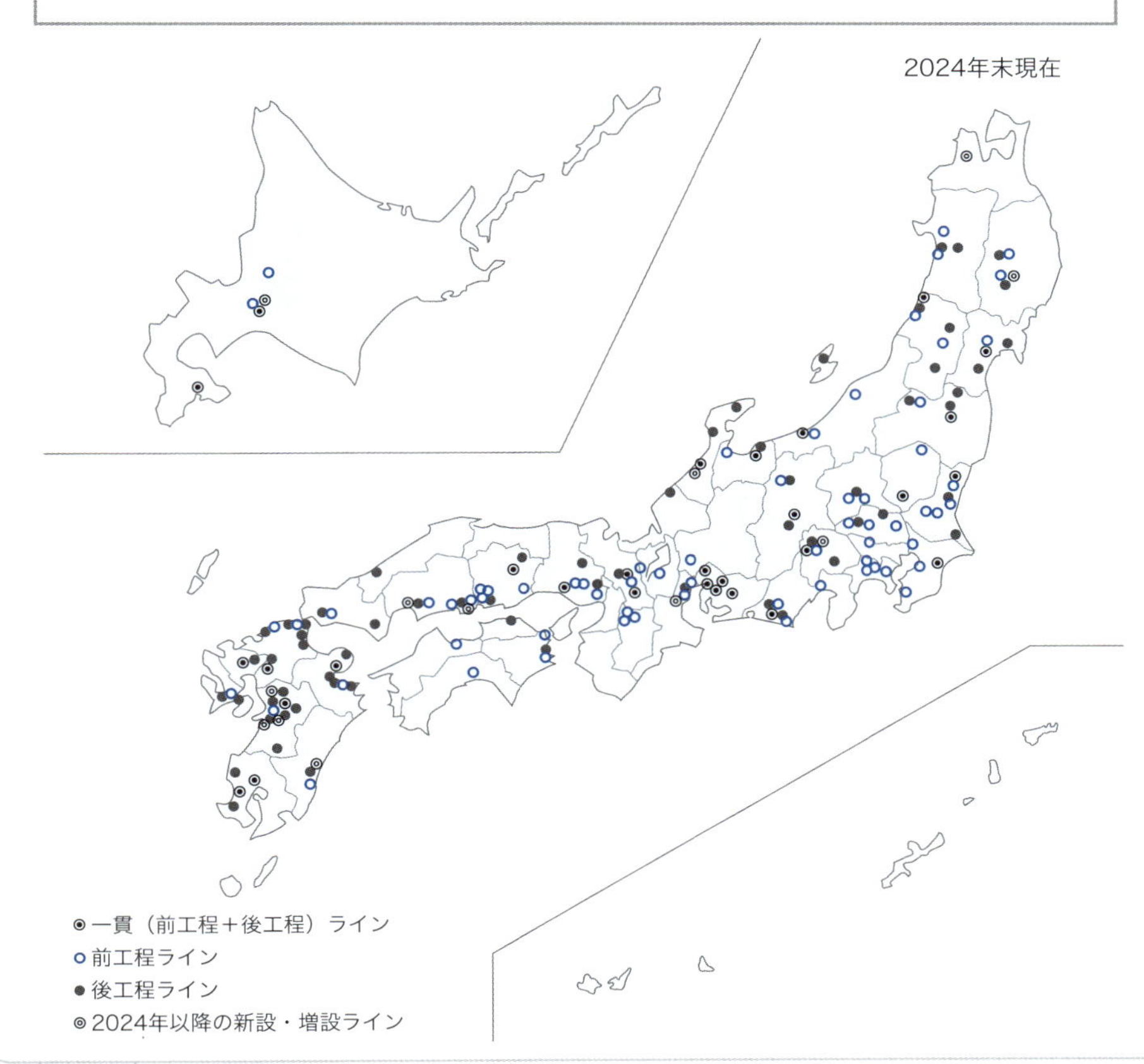

▶軽薄短小　軽量化・薄型化・小型化を意味し、鉄鋼など重工業の「重厚長大」に対する言葉。

Section 05

変電所設備をもつ半導体工場

――停電対策のあの手、この手

半導体工場を動かすための基本的なエネルギー源といえば、前項でもお話しした「電気」です。発電所で作られた数千〜2万ボルト（以下、V）の電気は、変電所で27万5000〜50万Vに昇圧され、超高圧変電所に送られます。送電では高圧にして送った方が、途中のロスが少なくて済むからです。超高圧変電所で15万4000Vに降圧された電力が一次変電所に送られます。

半導体工場は、この一次変電所から6万6000Vの**特高配電**を受けています。これを工場内に設置した変電所で6600Vまで一度落とし、その後さらに降圧して3相の400Vと200V、単相の200Vと100Vの電力をそれぞれ製造ラインに供給します（図1-5-1）。

▼停電対策には万全の態勢

特高配電自体は、送電鉄塔が倒壊でもしない限り、停電時間は14秒以内に抑えられるようにサポートされています。また落雷等による電力供給の非常時には、0・35秒以内の瞬間停電（瞬停）に対しては電気二重層キャパシタなどを用いたコンデンサでバックアップする**ユニセーフ**（瞬時電圧低下対策装置＝瞬低対策装置）や、5分程度の停電の場合には、図1-5-2に示したバッテリバックアップで補償する**UPS**（Uninterrupted Power Supply 無停電電源装置）を必要な装置ごとに備えて対応しています。とくに、瞬停対策としては、有害ガスの燃焼除害装置やコンピュータや各種制御装置のバックアップが重要です。

停電時間がさらに長引く場合にも、工場敷地内に設置されているガスタービン発電機などの自家発電設備に切り替えて、緊急時の安全関係設備やその他の設備・施設の稼働、あるいはクリーンルームの清浄度を確保するための維持運転などを行ないます。その場合には、自家発電能力に応じて、「何からバックアップすべきか」の優先度が決められています。

瞬停の大きな原因として落雷があります。通常、A種接地で接地抵抗が10オーム（10Ω）以下になっていますが、工場の近くに落ちた雷により電圧が落ちてしまう現象はもちろん、コンピュータを始めとする電子機器のグラウンド（GND＝アース）が浮いてしまう現象があります。これをできるだけ抑えるには地質との関係で、避雷針を深く埋める、土中で枝分かれさせて電流を分散させる、などの工夫が求められます。

▶電気二重層　対向する面の一方に正電荷が、他方に負電荷が分布し、面間隔が狭く面密度が等しい構造。電気二重層キャパシタはこれを利用して蓄電効率を高めたキャパシタ（コンデンサともいう）。

図 1-5-1 特高配電による工場への電力供給

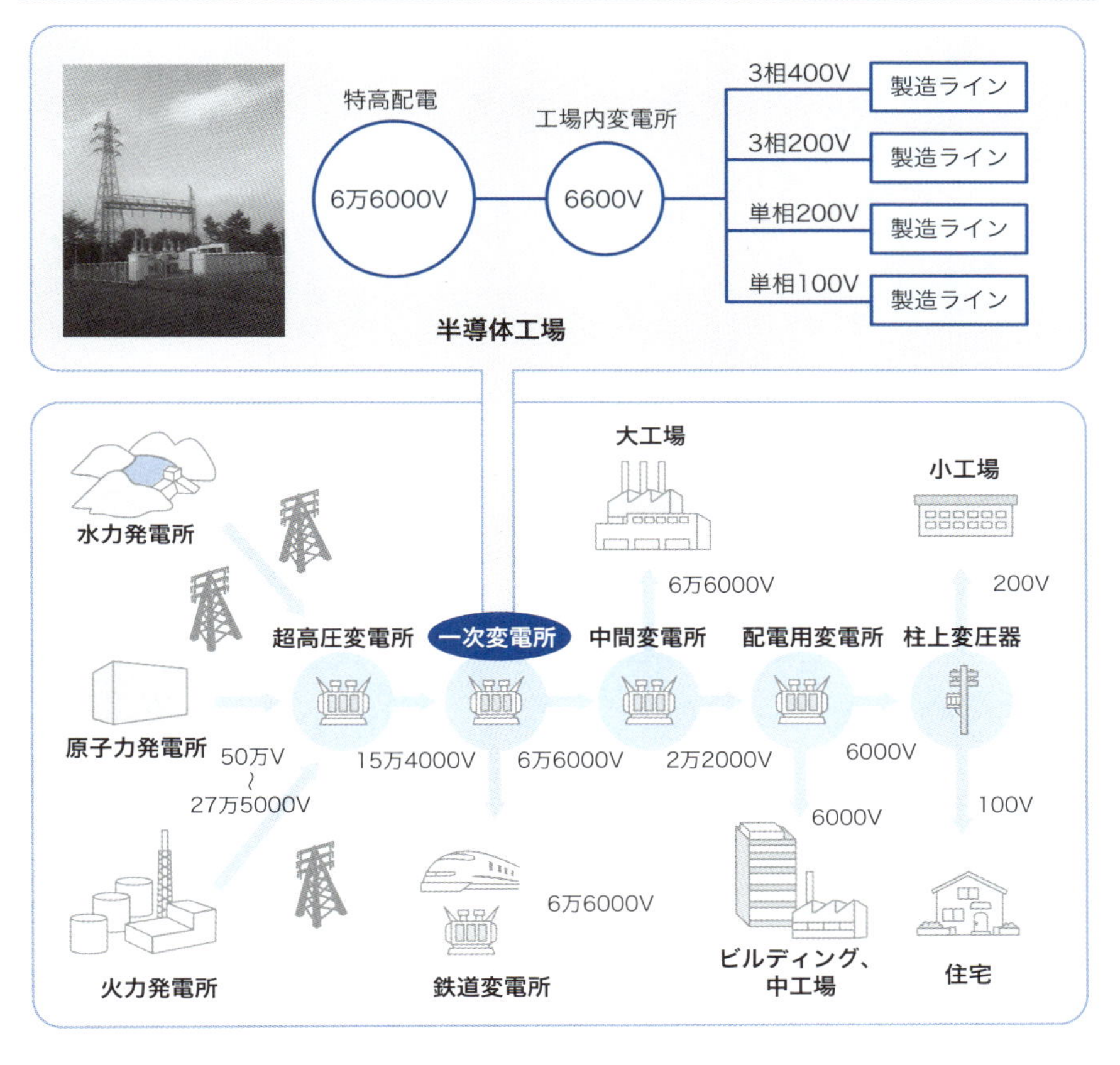

図 1-5-2 無停電電源装置（UPS）の例

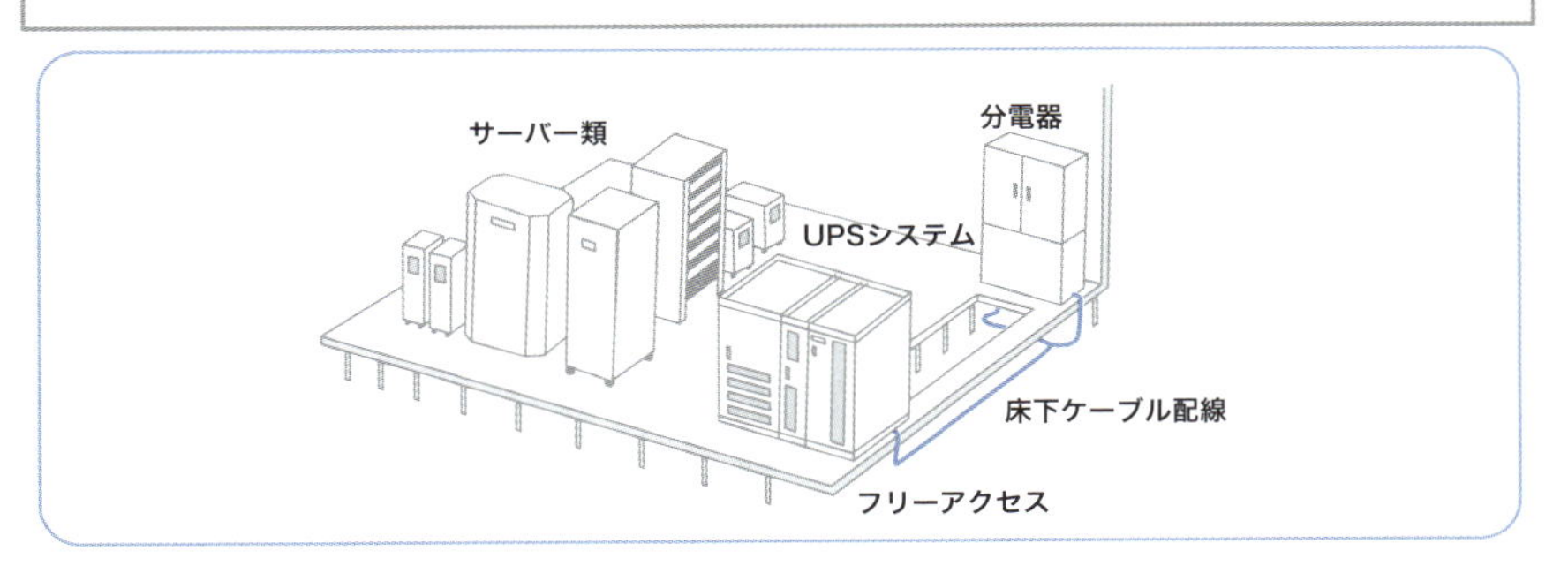

▶3相　3相交流のこと。電流または電圧の位相をずらした3系統の単相交流を組み合わせたもの。動力とも呼ばれる。

図 1-6-1　薬液とガスの供給システム

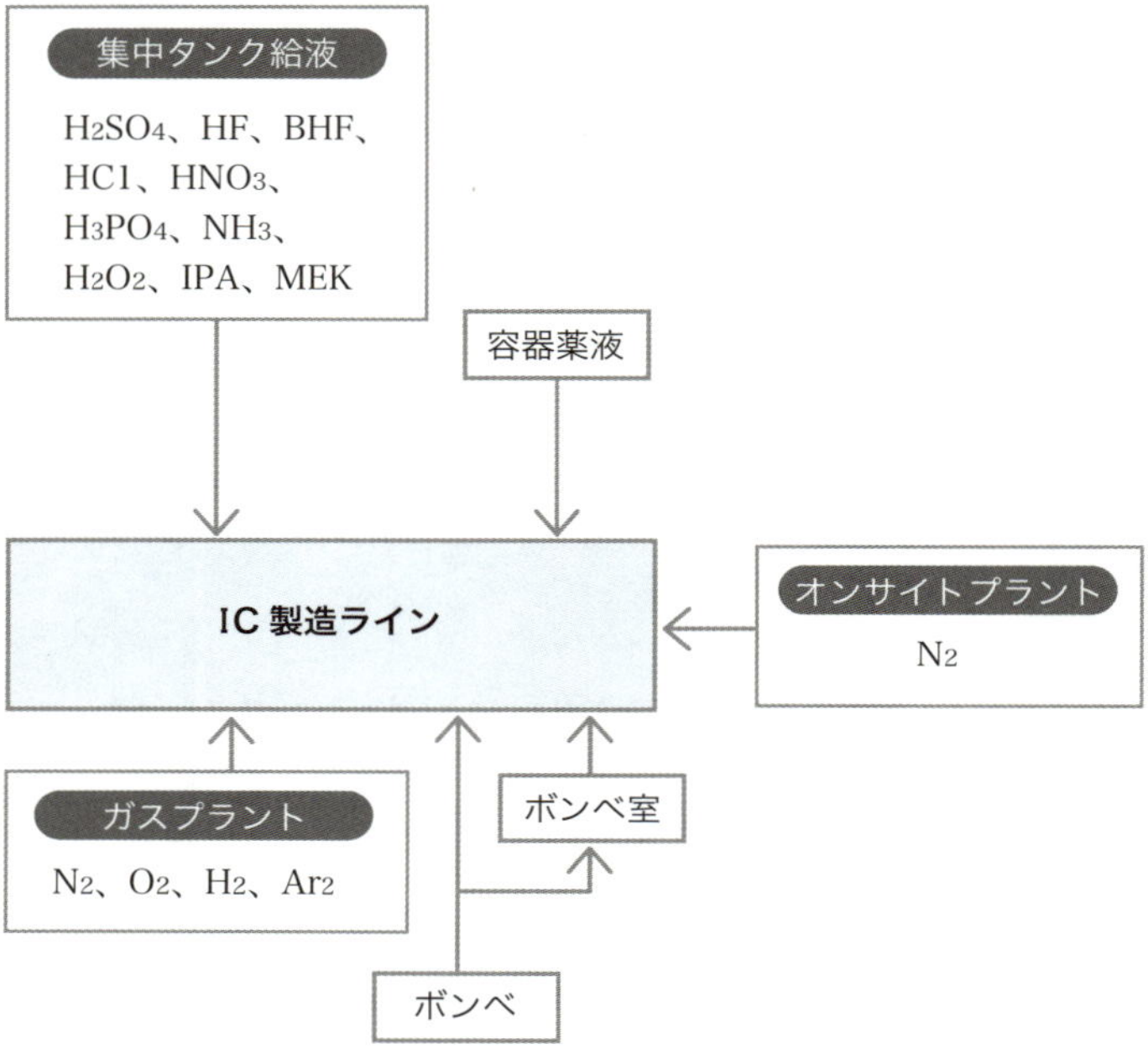

集中タンク給液
H_2SO_4、HF、BHF、HC1、HNO_3、H_3PO_4、NH_3、H_2O_2、IPA、MEK

容器薬液

IC 製造ライン

オンサイトプラント
N_2

ガスプラント
N_2、O_2、H_2、Ar_2

ボンベ室

ボンベ

Section 06

薬液・ガスの供給・廃棄システム

——大量に使う窒素ガスは「空中」から供給することも

半導体工場ではさまざまな薬液やガスを使用していますが、これらの供給と廃棄はどうなっているのでしょうか。

▼薬液の供給と廃棄

各種の薬液の中でも使用量が多く、とくに重要なものは、集中タンクから生産ラインへ配管で給液します。例えば硫酸（H_2SO_4）、フッ酸（HF, BHF）、塩酸（HCl）、硝酸（HNO_3）、リン酸（H_3PO_4）、アンモニア（NH_3）、過酸化水素（H_2O_2）、イソプロピルアルコール（IPA）、メチルエチルケトン（MEK）などがあります。

これら薬液で**半導体グレード**と呼ばれる超高純度品がタンクローリーで工場敷地内に運ばれ、屋外にある集中タンクに貯蔵・補給されています。

使用量が少ない薬液や特殊な薬液は専用容器に入れられてクリーンルーム内に持ちこまれます。

使用済みの排液は中和処理をした後、

▶オンサイトプラント　on-site plant のカタカナ表記。半導体工場の敷地内に設けられた製造施設（この場合は窒素ガス）の意味。

図 1-6-2　薬液とガスの廃棄システム

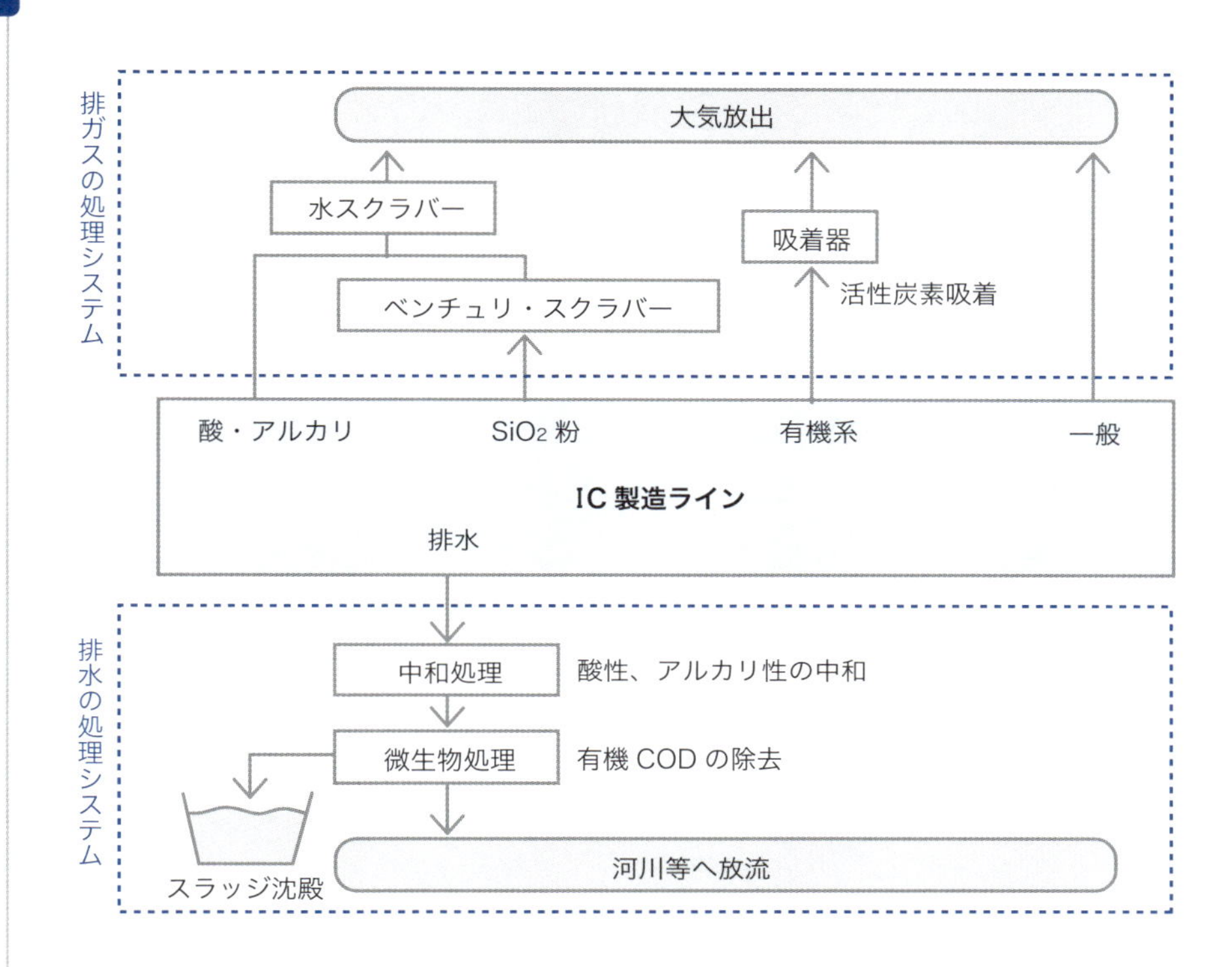

微生物を利用した生物処理で有機物や化学的酸素要求量（**COD**）を除き、残留物（スラッジ）を沈殿させてから、河川などに放出します。スラッジは業者に処分を依頼します。

▼ガスの供給と廃棄

各種のガスの中でも使用量の多い重要なものは、ガスプラントから生産ラインへ配管で供給されます。

例えば窒素（N_2）、酸素（O_2）、水素（H_2）、アルゴン（Ar）などがあります。これらのガスは液化された状態で、タンクローリーにより工場敷地内に運び込まれ、屋外の集中タンクに貯蔵・補給されています。

特に使用量の多い**窒素ガス**は、工場敷地内のオンサイトプラントで空気から液化蒸留されることもあります。それ以外のガスは、ボンベ（単体かボンベ室から）で装置へ供給されます。

▶COD　Chemical Oxygen Demand の略。水質の代表的な指標の 1 つで水中の被酸化性物質を酸化するために必要な酸素量。酸素消費量と呼ばれることもある。

コラム

半導体メーカー
——社名あれこれ

ここでは半導体（エレクトロニクス）関連の会社の社名について見てみましょう。

ソニー（SONY）は、ラテン語の「音」を意味するSONUSと「坊や」を意味するSONNYの合成語で、さしずめ「音の坊や」とでも言えばよいでしょうか。キヤノンは「精機光学研究所」が前身で、創業者の吉田五郎が観音菩薩を信仰していたところから、KWANON→CANONと命名されました。なお、「キャノン」と誤って表記されがちですが、正式には「キヤノン」です。シャープ（Sharp）は創業者の早川徳治が発明した「早川式繰出鉛筆」、後の改良版である「芯尖鉛筆」すなわち「シャープペンシル」がその元になっています。

2024年12月に上場を果たしたNAND フラッシュの専業メーカーであるKIOXIA（キオクシア）は、KIOKU（記憶）とギリシャ語のAXIA（価値）の合成語です。また日の丸半導体のもう一方の雄であり、近年不調を報じられているルネサスエレクトロニクス（RENESAS）は、フランス語で「再び」を意味する“re-”と「誕生」を意味する“naissance”の合成語で「（文芸）復興」などと訳されているルネッサンス（Renaissance）に因んで名付けられた名称です。

海外に目を向けると、今を時めくNVIDIA（エヌビディア）は、ラテン語のinvidia（未来・無限を見る）の意味。もともとはvision（ビジョン）にしたかったものの、すでに使われていたという話もあります。米国のインテル（INTEL）は「集積電子」を意味するIntegrated Electronicsから、マイクロソフトは「超小型機器用のソフトウエア」を意味するMicro-soft→Microsoftから来ています。欧州企業で、オランダのフィリップス半導体（Philips Semiconductor）を前身とするNXPは、N=Next　X=Experience　P=Philipsを意味する製品ブランド（Nexperia）に因んだ名称です。

社名には、それぞれの創業の思いが込められているのです。

第２章

ＩＣはこうして作られる

Section 01

「半導体」とは何か
——半分だけ導電体？

▼いちばん多くて答えにくい質問

「**半導体**」というのは、電気を通しやすい「**導電体**」、通しにくい「**絶縁体**」の中間の性質を持った物質という意味です。「半導体」は英語ではsemiconductorといいますが、semiは「半分」、conductorは「導電体」ですから、まさに半導体は「半分だけ導電体」であることを表わしています。

ただ、「電気を通しやすい・通しにくい」という表現はあいまいです。もう少し厳密に定義すれば、図2-1-1に示したように、**電気抵抗率**（比抵抗とも呼ばれる）が1μΩセンチ（マイクロオームセンチメートル）から10M（メガ）Ω（10^7）センチの範囲にある物質と言えます。

言い換えれば、電気抵抗率が1μΩセンチより小さい物質は導電体、10MΩセンチより大きい物質は絶縁体に分類されるわけです。

代表的な導電体には金、銀、銅、鉄、アルミニウムなどの金属が含まれ（いちばん導電率の高いのは銀です）、絶縁体にはゴム、セラミックス、プラスチック、油などがあります。

実は半導体の面白さ・特徴は、単に「導電体と絶縁体の中間の電気抵抗率を持っている」というよりも、物質としての状態（不純物の有無など）、温度や圧力などの環境条件によって、「導電体になったり、絶縁体になったりして、電気特性が大きく変化すること」にあるのです。

半導体にもさまざまな種類があります。単一の元素から成る「**元素半導体**」、2種以上の元素の化合物からなる「**化合物半導体**」、ある種の金属酸化物から成る「**金属酸化物半導体**」などに分類されます。これら各種の半導体は、特徴を生かしながら、それぞれの用途に使われています。

しかしその中でも、最も代表的な半導体は元素半導体としての**シリコン**（Si＝ケイ素）です。本書でもほとんどの説明はシリコン半導体についてのものです。

図2-1-2に示したように、シリコンは原子番号14の第Ⅳ属の元素で、周りの4個のシリコン原子と電子を共有することで結合し（共有結合）、単結晶構造をとります。さまざまな半導体素子や集積回路（IC）は、ウエーハと呼ばれる単結晶シリコンの円板上に作られます。

ここで注意していただきたいことがあります。それは、世間一般で「半導体」というとき、上に述べたような元

▶**単結晶**　3次元のあらゆる方向に対し、全体が規則的に並んだ結晶構造。あるいはそのような特徴を持った構造体。

図 2-1-1　電気抵抗率から見た半導体

電気抵抗率（Ωcm）

10^{-12}（ピコ）　10^{-9}（ナノ）　10^{-6}（マイクロ）　10^{-3}（ミリ）　1　10^{3}（キロ）　10^{6}（メガ）　10^{7}　10^{9}（ギガ）　10^{12}（テラ）

導電体	半導体	絶縁体
金（Au）、銀（Ag） 銅（Cu）、鉄（Fe） アルミニウム（Al） …………	**元素半導体** シリコン（Si）、ゲルマニウム（Ge）、 セレン（Se）、テルル（Te）、…… **化合物半導体** GaAs、GaP、GaN、InSb、InP、 AlGaAs、AlGaInAs、…… **酸化物半導体** IGZO、ITO、SnO_2、Y_2O、ZnO、	ゴム、セラミックス プラスチック、油 陶磁器、　…………

Ga：ガリウム　**As**：ヒ素　**P**：リン　**N**：窒素　**In**：インジウム　**Sb**：アンチモン
G：ガリウム　**Z**：亜鉛　**T**：チタン　**O**：酸素　**Sn**：スズ　**Y**：イットリウム
（IGZO、ITOのIはインジウムInの略）

図 2-1-2　シリコン原子とシリコン単結晶

シリコンの原子模型

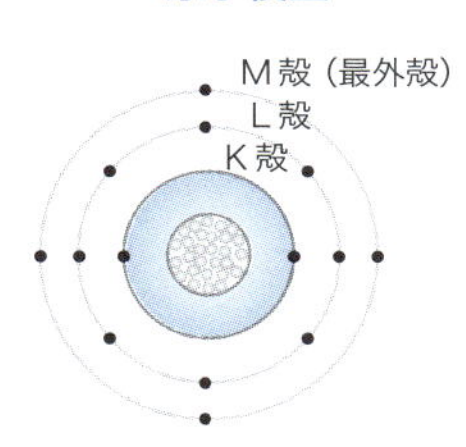

- **14個の電子**
  （内側からK殻に2個、L殻に8個、M殻に4個）

原子核：14個の陽子
　　　：14個の中性子

単結晶シリコンの構造模型

Ⓢⓘ Si原子　・電子

共有結合（covalent bond）：2個のSi原子が最外殻電子を1個ずつ出し合い、それをお互いに共有することで、原子同士が結合している

素あるいは材料の性質として言うのではなく、**電子部品**としてのダイオード、トランジスタ、あるいはIC、LSIのことを指すケースも多いことです。すなわち半導体を使った素子や装置なども、半導体と呼ばれることがありますので、ご注意ください。

▶半導体　フラッシュメモリは代表的な「不揮発性メモリ」でデジカメなどに使われ、DRAMは「揮発性メモリ」でコンピュータのメインメモリなどに使われる。

ＩＣができるまで

——前工程、後工程を概観すると

図 2-2-1　前工程のプロセスフロー概略

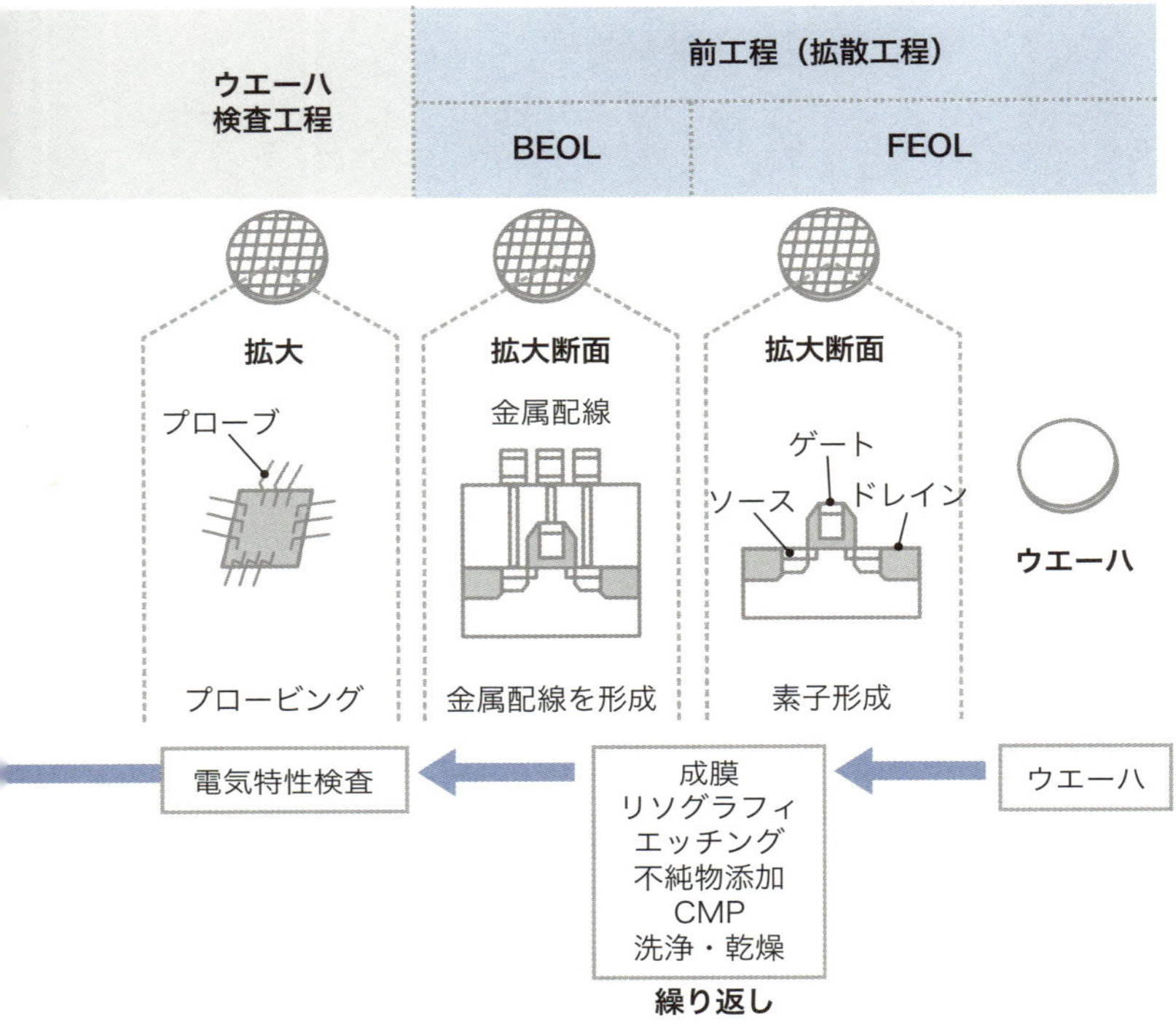

ウエーハ検査工程	前工程（拡散工程）	
	BEOL	FEOL
拡大	拡大断面	拡大断面
プローブ	金属配線	ゲート / ソース / ドレイン
プロービング	金属配線を形成	素子形成

ＩＣの製造工程は大きく「**前工程**」と「**後工程**」に分けられます。前工程では、シリコンウエーハ上に電気抵抗・電気容量・ダイオード・トランジスタなどの素子と、それらを相互接続するための内部配線を作り込みます。「**拡散工程**」とも呼ばれ、数百の工程ステップから成っていて、ＩＣ全製造工程の80％を占めています。

最近では、前工程をさらに、①シリコンウエーハ上に各種の素子を作り込む**FEOL**、②素子間を金属配線で接続する**BEOL**の2つの工程に分類することもあります。ロジック系ＩＣで多層配線が採用されるにしたがって、前工程の中でも配線工程の占める割合が大きくなったため、ＢＥＯＬとして独立した名称をもつようになりました。

前工程は、絶縁膜や導体膜あるいは半導体膜を形成する「**成膜**」、薄膜表面に塗布したフォトレジストと呼ばれる感光性樹脂に写真技術を用いてパタ

▶ロジック系 IC　IC（集積回路）の中で、主に「論理演算機能」を有するもの。

図 2-2-2　後工程のプロセスフロー概略

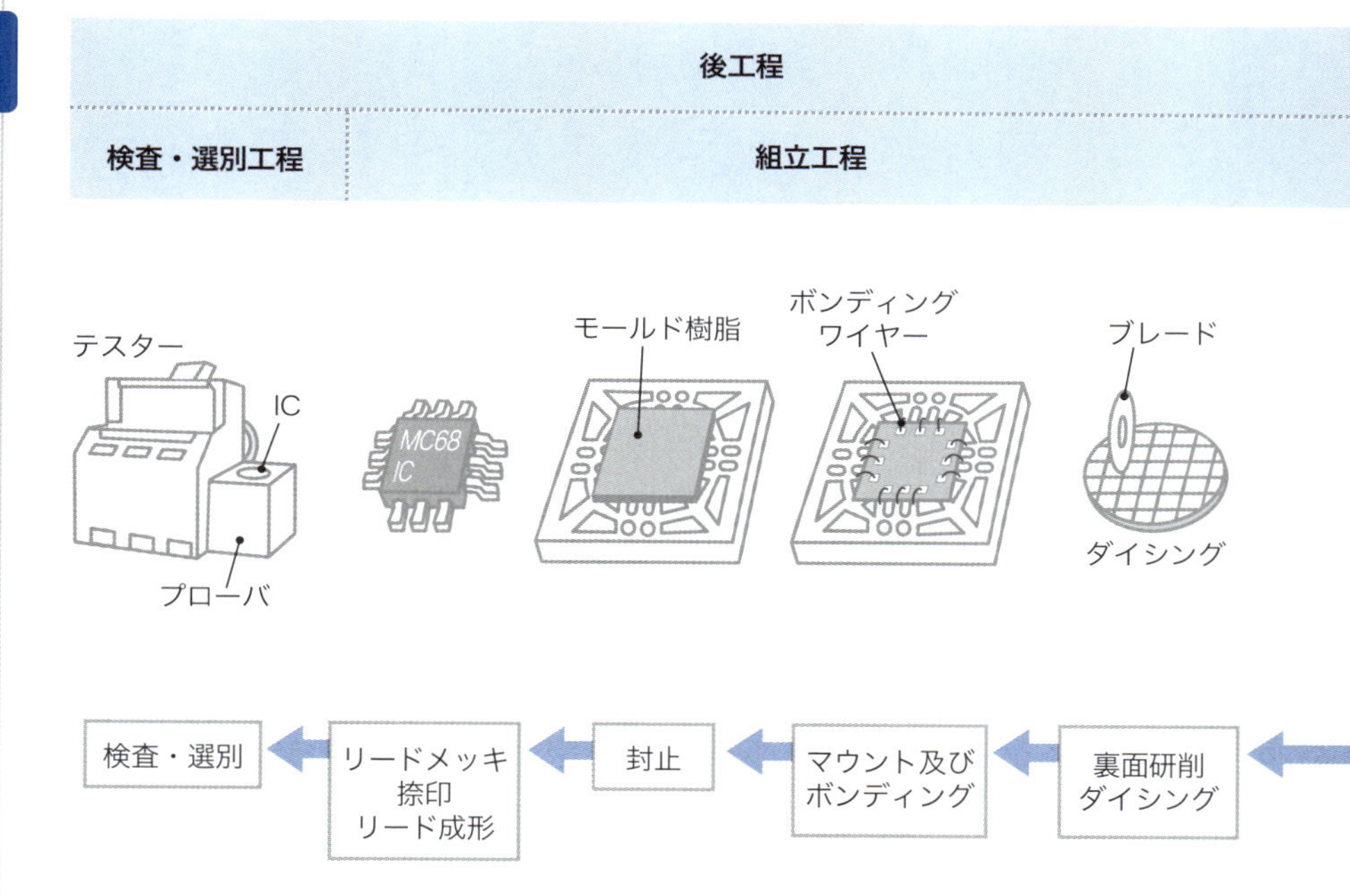

ーンを焼き付ける「**リソグラフィ**」、形成されたフォトレジストパターンをマスクにして下地材料膜を選択的に除去することで形状加工を施す「**エッチング**」、p型やn型の導電型不純物をシリコン基板の表面近傍に添加する「**不純物添加**」、リソグラフィにおけるパターン解像度を上げ、配線の段差被覆性を改善するため製造工程のいくつかの箇所でウエーハ表面を完全に平坦化するための「**CMP**」、各種の工程間で発生するゴミや不純物を除去しウエーハを清浄化して次工程に流すための「**洗浄**」などの工程を含んでいます。

また前工程が終わったウエーハ上のICチップを1つずつ電気的に測定し、その良否を判定するのが「**ウエーハ検査工程**」です。

後工程は、「**組立工程**」と「**検査・選別工程**」に分けられます。これら主要各工程の詳細については、以下で説明を加えます。

▶n型、p型　不純物半導体で多数キャリアがそれぞれ「電子」「正孔」であるタイプ。

前工程❶「FEOL」
——ウエーハ上に素子を作り込む工程

ここでは代表的な半導体ICであるCMOS-IC（シーモスIC）を例に取り、前工程の中のFEOLについてくわしく説明しましょう。

FEOLの主要工程の断面構造模型をもとに、次ページ以降の図❶〜⑯に沿って説明します。説明自体は細かい話となりますが、ざっと概観しておいてください。

▼前工程の前半が「FEOL工程」

❶口径300ミリ（12インチ）、厚さ0・775ミリ、両面鏡面研磨のp型シリコンウエーハを準備します。

❷シリコンウエーハを洗浄後、温度を上げて熱酸化法によりシリコン（Si）と酸素（O_2）を反応させて**二酸化シリコン膜**（SiO_2）を成長させ、続いてモノシラン（SiH_4）とアンモニアガスを気相反応させてシリコン窒化膜（Si_3N_4）を成長します（**CVD法**：化学反応器にウエーハを入れ、成膜したい原料ガスを流して膜を堆積させる法）。

❸ウエーハ表面に**フォトレジスト**と呼ばれる感光性樹脂を塗布し、それに**マスク**を通してフッ化アルゴン（ArF）エキシマレーザー光を照射し、**マスクパターン**を1／4に縮小したパターンを転写します。マスクは**レチクル**とも呼ばれ、石英板上にクロム（Cr）薄膜で転写する4倍の寸法パターンが形成されていて、エキシマレーザー光はクロムのある部分は遮られ、石英部分は透過します。

❹現像処理によりフォトレジストのパターンを形成します。

なお、工程❸と❹は、合わせて「**リソグラフィ工程**」と呼ばれます。

❺フォトレジストパターンをマスクにして、Si_3N_4膜、SiO_2膜、さらにSi表面を順次ドライエッチングし、シリコン基板表面に浅い溝「シャロートレンチ」を形成します。

❻フォトレジストを剥離後、洗浄したウエーハ上にSiH_4とO_2のCVDにより比較的に厚いSiO_2膜を堆積します。

❼化学機械研磨（**CMP**）法により厚いSiO_2膜を研磨し、シャロートレンチにSiO_2膜が埋め込まれた構造を作ります。

❽Si_3N_4をエッチングで全面除去し、洗浄後、リソグラフィにより下地パターンの一部をフォトレジストで覆い、残りの部分の基板表面近くにリン（P）をイオン注入で打ち込みn型導電型領域である「**nウエル**」を形成します

▶CMOS　Complementary Metal Oxide Semiconductor の略。相補型金属酸化物半導体。nチャンネルとpチャンネルのMOSトランジスタを組み合わせたデバイス構成法あるいは回路形式。

図 2-3-1　CMOS － IC の前工程（FEOL）のプロセスフロー概略〈1〉

❶ シリコンウエーハ

鏡面研磨

シリコンウエーハ（p-Si）

口径300mm 厚さ0.775mm

❷ 成膜

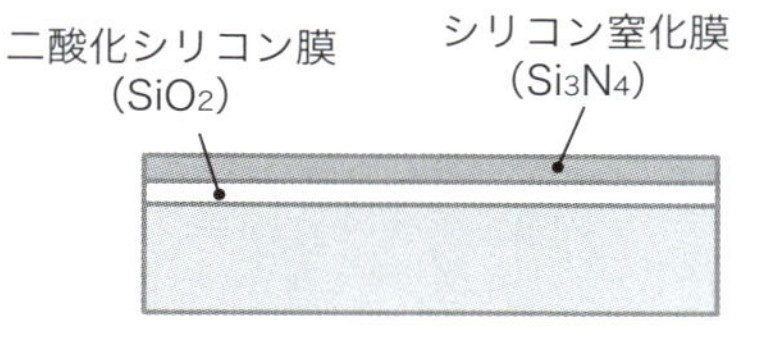

❸ 露光

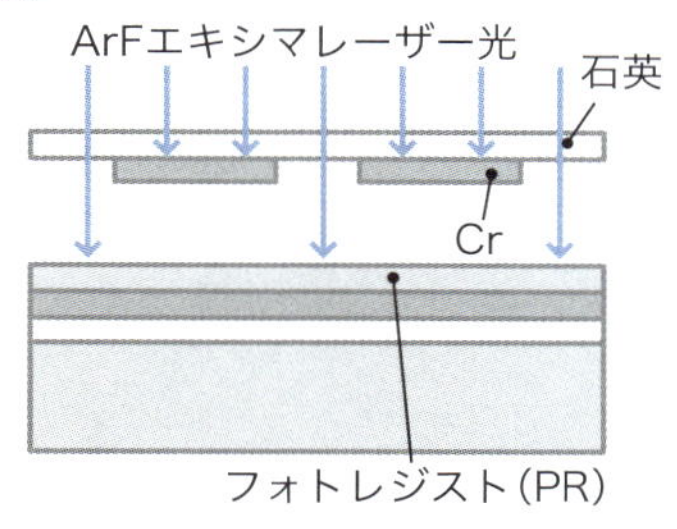

❹ 現像処理

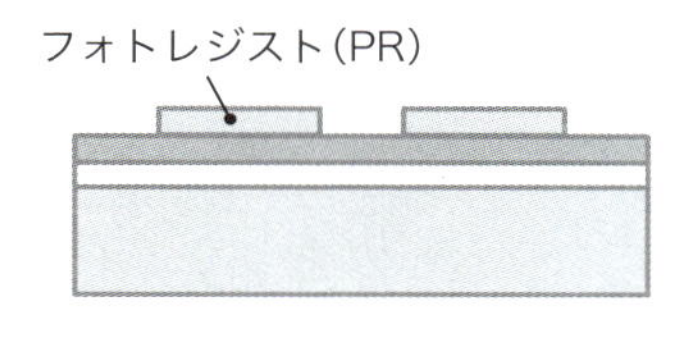

❺ エッチング

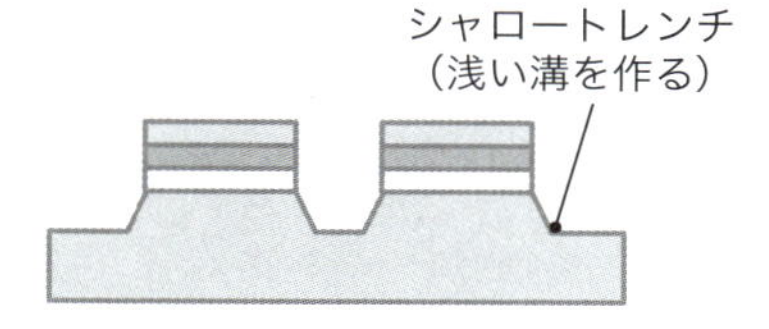

❻ 成膜

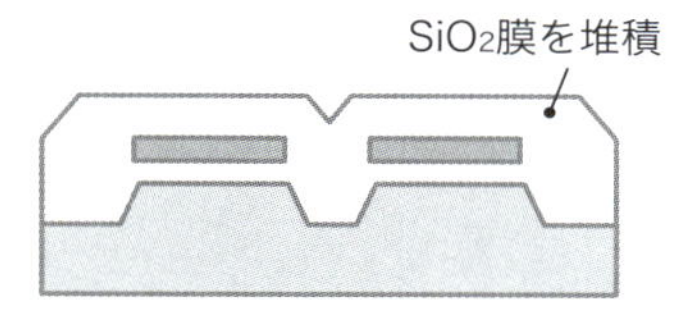

❼ CMP（化学機械研磨）

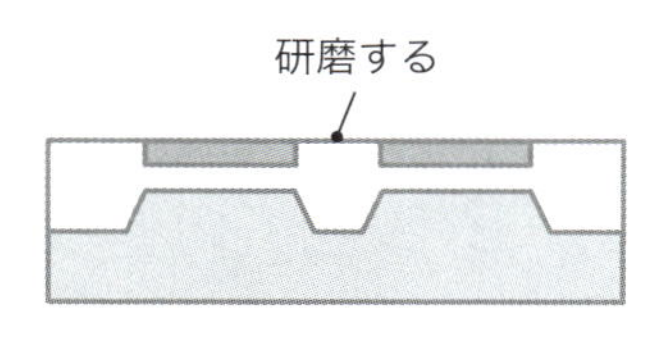

❽ リソグラフィ・不純物添加

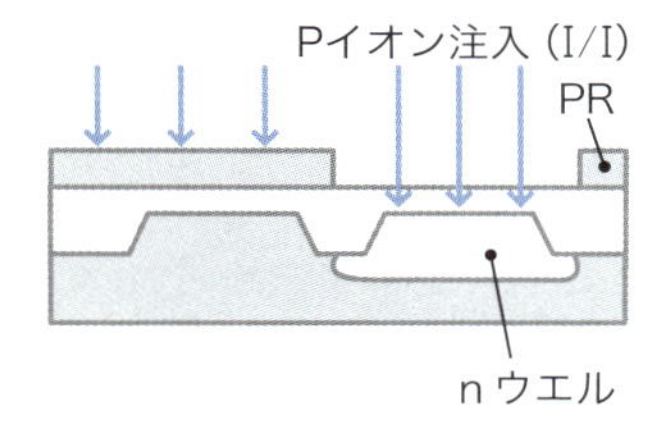

▶リソグラフィ　lithography のカタカナ表記。もともと石版印刷や平板印刷の意味。感光性の物質を露光現像することで回路パターンを作る。

（ウエルとは「井戸」のこと）。

❾フォトレジストを剥離後、ウエーハ表面のSiO_2膜を除去し、洗浄したウエーハを新たに熱酸化し、ゲート絶縁膜（SiO_2）を成長させます。

❿CVD法でSiH_4ガスをN_2中で熱分解させ、多結晶シリコン（Poly-Si）を成長させます。

⓫リソグラフィによりPoly-Si（多結晶シリコン）にパターニングを施し、**「ゲート電極」**を形成後、リソグラフィで下地パターンの一部をフォトレジストで覆い、残りの部分にリンをイオン注入し、ゲート電極と自己整合的（セルフアライン）にnチャンネルMOSトランジスタのソースとドレインになるn型領域を形成します。

同様のプロセスでボロン（B＝ホウ素）をゲート電極と自己整合的にイオン注入し、pチャンネルMOSトランジスタのソースとドレインとなるp型領域を形成します。

⓬フォトレジストを剥離した後、洗浄し全面に厚いSiO_2膜をCVD法で成長させ、異方性の強いドライエッチングによりゲート電極の側面にSiO_2の「**サイドウォール**」を形成します。

⓭フォトレジストでpチャンネルMOSトランジスタ側を覆い、ヒ素（As）をサイドウォールに対して自己整合的にイオン注入し、nチャンネルMOSトランジスタのソースとドレインとなるn^+領域（n型不純物濃度が濃い領域）を形成します。続いて同様のプロセスでボロン（ホウ素）をサイドウォールと自己整合的にイオン注入し、pチャンネルMOSトランジスタのソースとドレインとなるp^+領域を形成します。

⓮ニッケル（Ni）薄膜を**スパッタリング**によりウエーハ表面全体に形成し、熱処理を行なうと、Niがシリコン基板表面とゲートPoly-Si（多結晶シリコン）に接している部分でSiと反応し、ニッケルシリサイド（$NiSi_2$）に変わります。他の部分はNiのまま残ります。

⓯ウエーハを希フッ酸（DHF）に浸けると、Niは溶解しますが$NiSi_2$は残り、ゲートPoly-Si電極とソースおよびドレインの領域の表面には$NiSi_2$膜でセルフアラインに裏打ちされた構造が得られます。これはセルフアライン・シリサイドの意味で「**サリサイド**」と呼ばれます。

⓰CVD法でウエーハ全面に厚い二酸化シリコンの膜（SiO_2膜）を堆積させた後、CMP法で表面を研磨し**完全平坦化**します。

以上が、前工程のFEOLについて、その主要工程を見たプロセスです。

非常にややこしい工程だったと思いますが、一言で言えば、「シリコンウエーハ上に各種の素子を作り込む工程」であり、そのために各種の操作を行なっているのです。

▶I/I　Ion Implantationの略。電界加速した導電性不純物のイオンなどを試料表面から打ち込む不純物添加法。

図 2-3-2 CMOS－ICの前工程（FEOL）のプロセスフロー概略〈2〉

❾ ゲート酸化

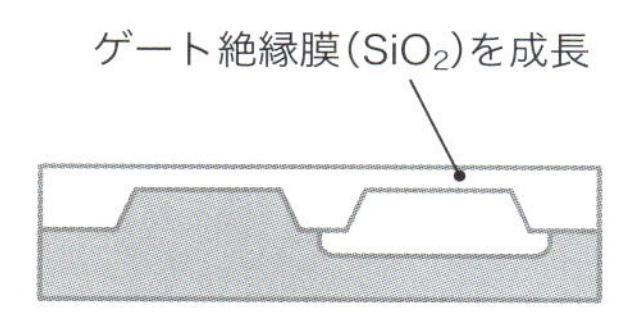

❿ 多結晶シリコン成長

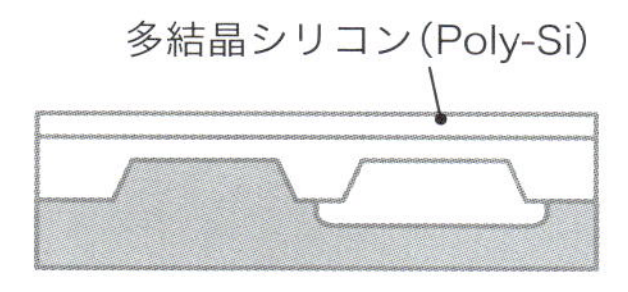

⓫ 多結晶シリコンパターニングイオン注入（n 型、p 型）

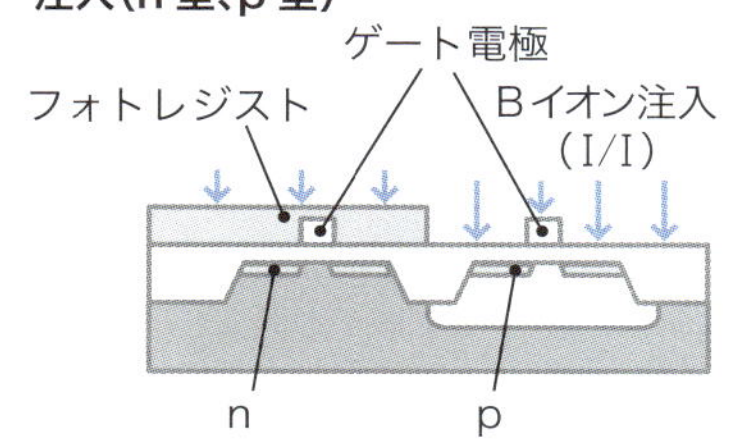

⓬ 異方性エッチング

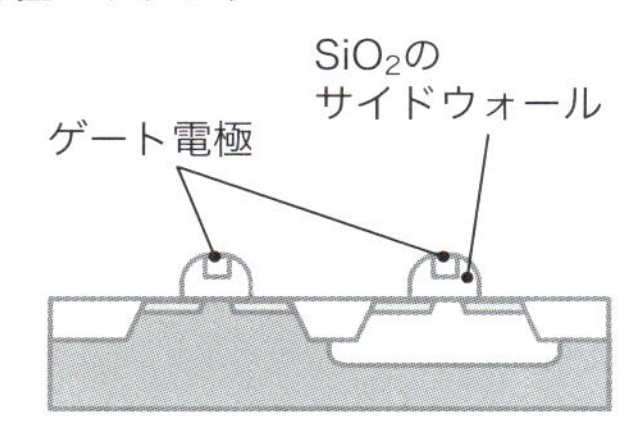

⓭ イオン注入（n^+型、p^+型）

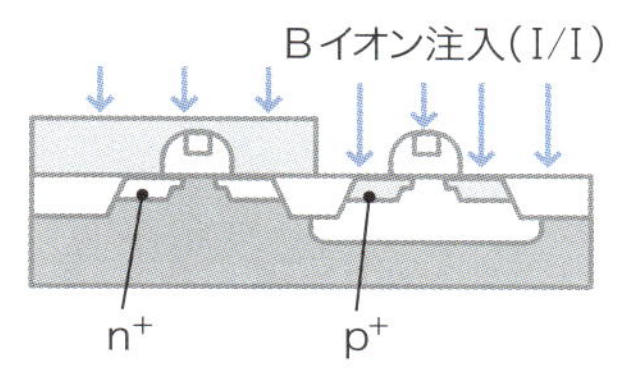

⓮ 熱処理、$NiSi_2$形成

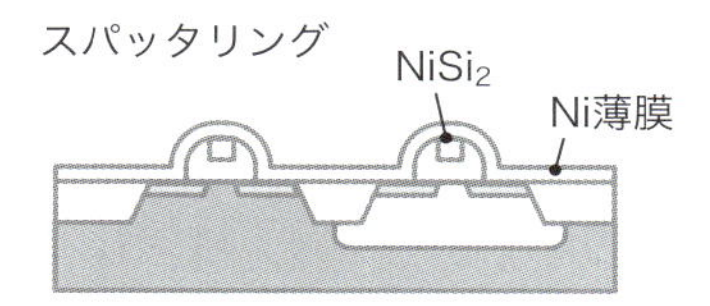

⓯ Niエッチング

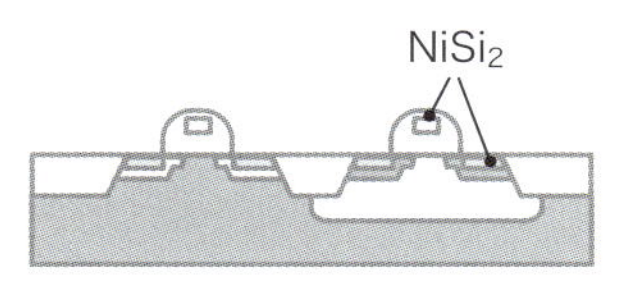

⓰ 全面SiO_2膜成長、CMP

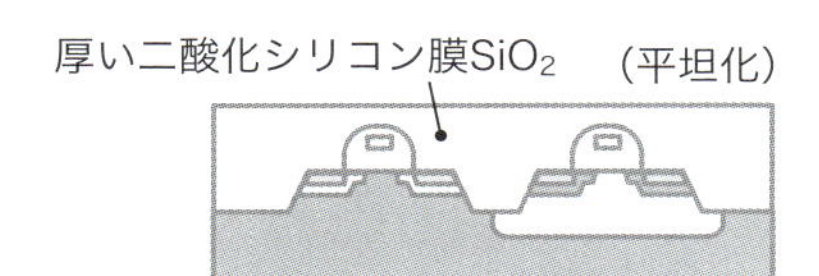

▶セルフアライン（自己整合的） self-align のカタカナ表記。異なる２つの層を「自動的に位置合わせする」こと。

前工程②「BEOL」
——素子間を金属配線で接続する工程

では、前工程のうち、残る**BEOL**について、図2-4-1の⑰〜㉓に沿って説明します。

▼前工程の後半がBEOL工程

⑰リソグラフィとエッチングによりゲート電極、ソース領域とドレイン領域の上の二酸化シリコン（SiO_2）の膜中に、電極接続用の開口（**コンタクトホール**）を開けます。

⑱ウエーハ全面にCVD法により厚いタングステン膜（W）を堆積した後、CMP法で表面を研磨し、コンタクトホール内にのみタングステンを残します。このような埋め込みコンタクトは一般的に「**プラグコンタクト**」と呼ばれますが、この場合は「タングステンプラグ（W-plug）」と言われます。

⑲ウエーハ全面にCVD法によりSiO_2膜を堆積した後、リソグラフィとエッチングにより、1層目の配線となる溝パターンをSiO_2表面に形成します。その後、全面に電解メッキ法により厚い銅膜（Cu）を堆積します。

⑳CMP法でウエーハ表面を研磨し、溝に埋め込まれたCuの**埋め込み配線（シングルダマシン配線）**を形成します。

㉑全面にCVD法でSiO_2の層間絶縁膜（ILD）を堆積し、リソグラフィとエッチングによりSiO_2膜に2層目の配線となる溝パターンと、1層目と2層目の配線を接続するための開口（スルーホール、ビアホール）を同時に開けます。

㉒全面に電解メッキ法により厚いCu膜を堆積し、CMP法で研磨して、SiO_2のILDに埋め込まれたビアホールと2層目のCu配線を同時に形成します（**デュアルダマシン配線**）。

㉓ウエーハ全面にCMP法でシリコン窒化酸化膜（SiON）を堆積し、**保護膜**（パシベーション）を形成します。

ここでは、2層配線を例に取って説明しました。上記⑳〜㉒の工程をモジュールとして何度も繰り返すことにより、完全平坦化された3層以上の多層配線を形成することができます。

特に最先端のロジック系のデバイスでは、十数層の多層配線も用いられています。

BEOLは、一言でいえば「素子間を金属配線で接続する工程」とだけ理解していれば十分です。

以上の説明では、前工程の主要プロセスについて紹介しましたが、実際のIC製造では、全体で数百ものステップを積み重ねて作られます。

▶ILD　Inter-Layer Dielectric（または Inter-Level Dielectric）の略。多層配線においてアルミAlや銅Cuなどの多層配線間を絶縁するための層間絶縁膜。

図 2-4-1　CMOS－ICの前工程(BEOL)のプロセスフロー概略〈3〉

⑰ コンタクトホール開孔

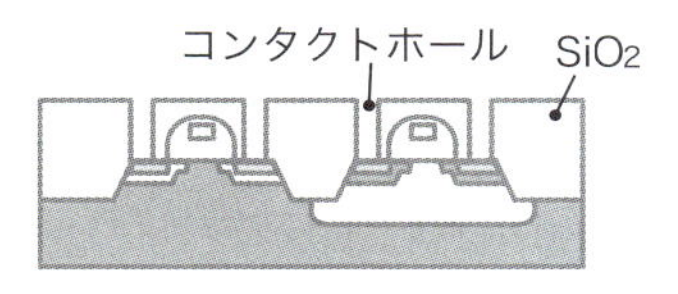

⑱ W成長、タングステンCMP

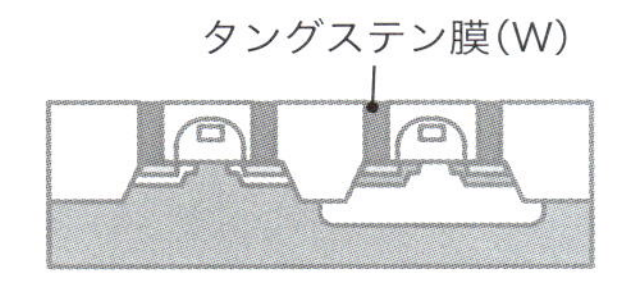

⑲ SiO_2膜成長、溝エッチング、Cuメッキ

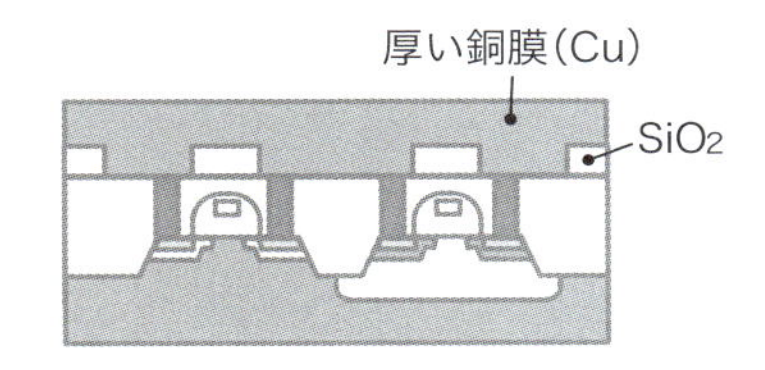

⑳ 銅CMP（シングルダマシン）

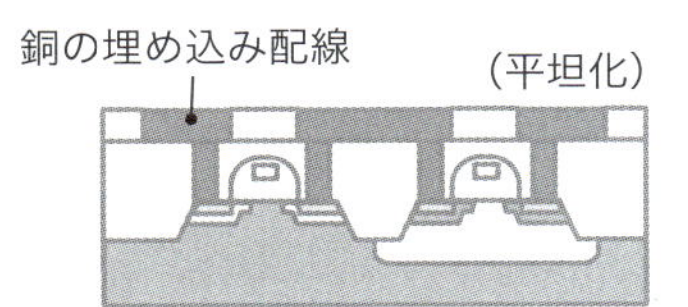

㉑ スルーホール、配線溝エッチング

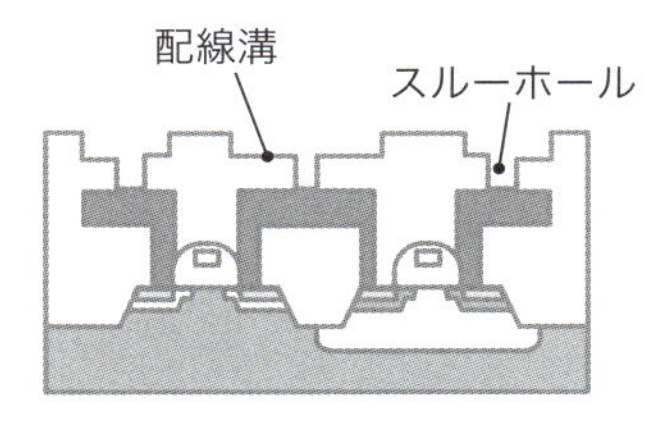

㉒ 膜CMP（デュアルダマシン）

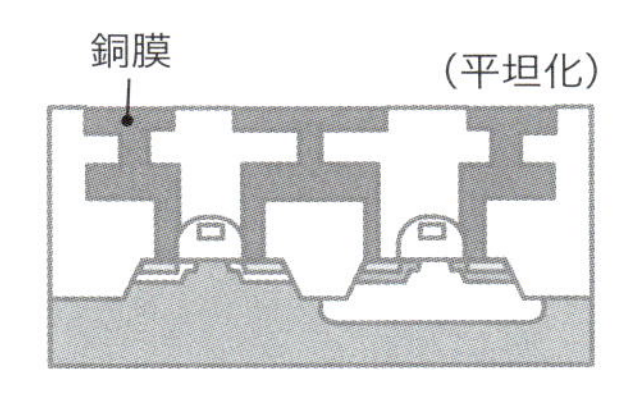

㉓ 保護膜成長

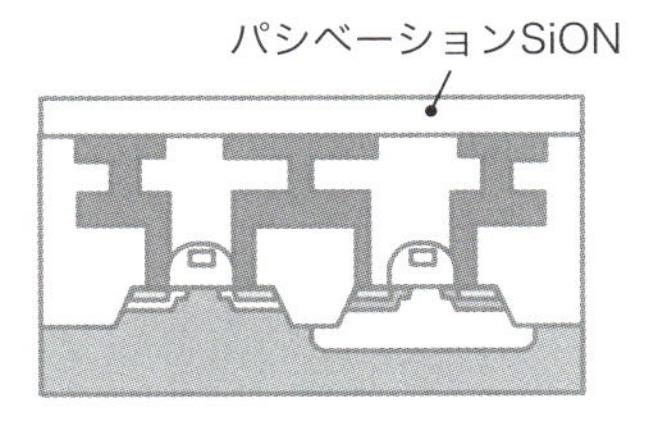

ダマシン配線の出現により配線工程がモジュール化され、このモジュールを繰り返すことで、十数層以上の多層配線が可能になった。

▶パシベーション　passivationのカタカナ表記。機械的な力や水を含む各種の不純物からデバイスを保護すること。

シリコンウエーハ
——イレブン・ナインの純度にまで仕上げる

シリコンウエーハ（silicon wafer）は、その上にＩＣが作られるシリコン単結晶のごく薄い円板状の基板（薄い板なので基板。基盤ではありません）です。ウエーハはウェーハ、ウエハー、ウェハー、ウエハ、ウェハなどと表記されることもあります。

▼ウエーハ専門メーカーから購入する

半導体素子の製造が研究・開発の段階にあった時代には、シリコンウエーハは半導体メーカーが自社内で作っていました。しかしＩＣが産業として本格化するにともない「餅は餅屋」で、**ウエーハメーカー**と呼ばれる専業メーカーがシリコンウエーハを作り、それを半導体メーカーが購入してＩＣを製造するという分業体制になりました。

シリコンウエーハの製造では、まず高温で溶かしたシリコン融液に「**種結晶**」と呼ばれる単結晶の小片を接触させ、それを徐々に引き上げて円柱状の単結晶の塊（**インゴット**）を成長させます。このような結晶成長法は、発明者のチョクラルスキ（Czochralski）の名前から「**CZ法**」と呼ばれます。最近は超伝導磁石で強力な磁場をかけながら引き上げる「**MCZ法**」（Magnetic CZ）が一般的になっています。

こうしてできたインゴットに、ピンと張ったピアノ線を接触させ、切削砥粒液を流しながら高速で走らせることで1ミリ程度の厚さにインゴット全体を輪切りにします。このようなスライス法が「**ワイヤーソー方式**」です。

さらにハンドリングにおける機械強度を向上させるため「**ベベリング**」と呼ばれる面取り工程で側面部を研磨し、次に表面を細かい研磨材を含む研磨液によって**機械研磨**（ラッピング）し、最後に切削砥粒液を流しながら回転研磨クロスに接触させ、化学機械研磨（ポリッシュ）によって鏡面状態にします。半導体メーカーは、写真のような、**鏡面研磨**（ミラーポリッシュ）されたウエーハを購入します。

図 2-5-1　鏡面研磨後のシリコンウエーハ

右は 12 インチの CZ ウエーハ、
左は 8 インチの CZ ウエーハ

▶ウエーハメーカー　シリコンメーカーともいう。ウエーハを半導体メーカーに提供する企業のこと。日本の信越化学工業や SUMCO（サムコ）、台湾のグローバルウエーハズ、韓国の SK シルトロン、フランスの SOITEC（SOI のみ）などがある。

図 2-5-2　シリコンウエーハの大口径化の推移

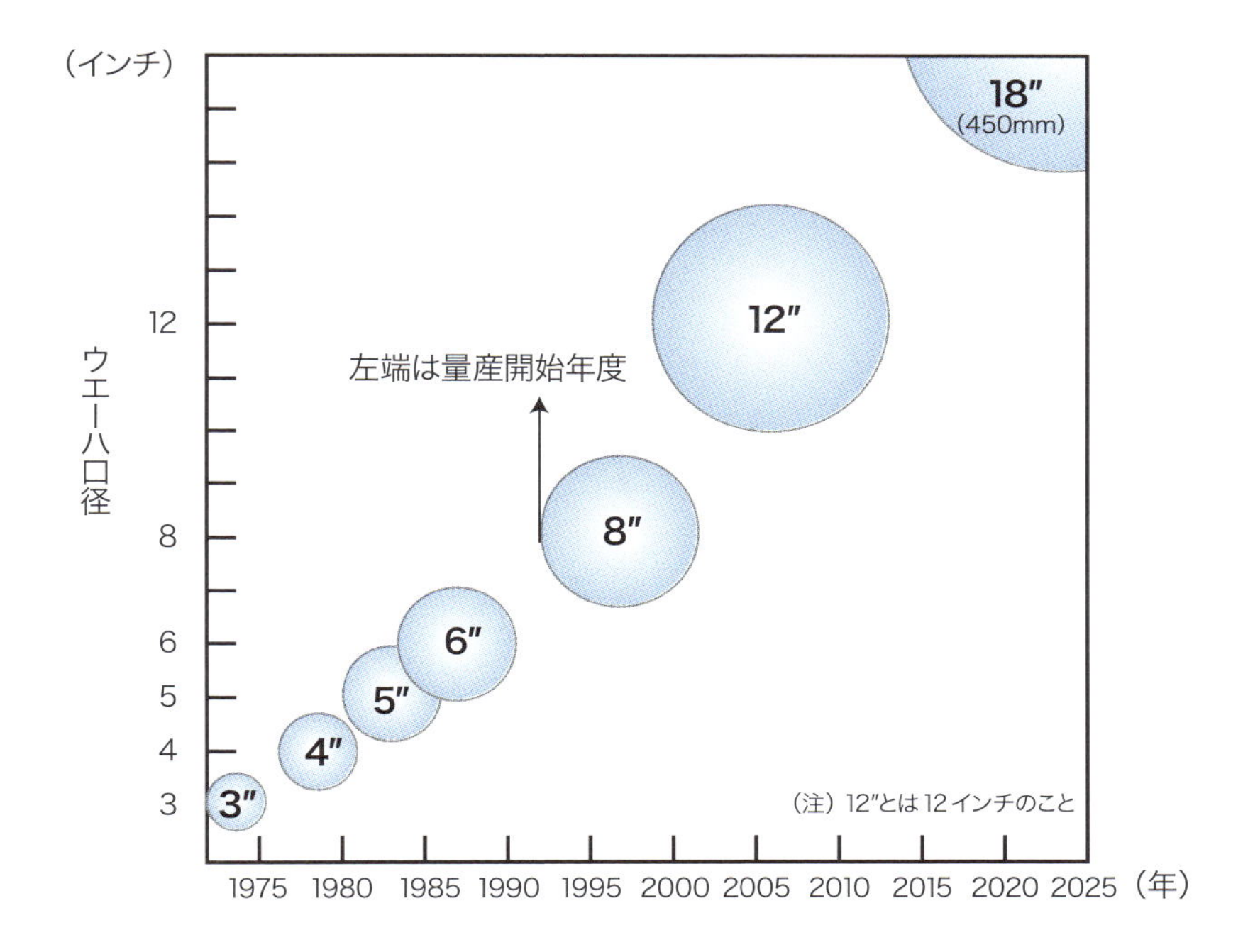

ウエーハ口径はインチ（=2.54cm）またはミリメートル（mm）単位で呼ばれる。
シリコンウエーハは世代ごとに 1.5 倍のペースで大口径化されてきた。

▼99・999999999%の純度

最近のウエーハは外形こそ標準化が進んでいますが、メーカーによって、あるいはICによって、p型／n型、比抵抗、酸素濃度、口径（直径）など、いろいろな規格があります。

上図ではウエーハ口径の推移を示しています。半導体メーカーにとって大口径化のメリットは、IC製造コストの低減と生産量の増加に対応しやすくなることです。

シリコンウエーハはシリコンの純度が「**イレブン・ナイン**」、すなわち9が11個並ぶ **99.999999999%** 以上の超高純度が必要です。また、ウエーハを甲子園球場の大きさまで拡大したときの表面凹凸が1ミリ以下という驚異的な平坦性を持っています。

また、ICは何層にも積み重ねた3次元構造となっていて、各層にはさまざまな材料薄膜が使用されています。

▶イレブンナイン　11Nとも表記される。現在のシリコンウエーハの実力は、さらに2桁ほど高い。

図 2-6-1　薄膜の作り方

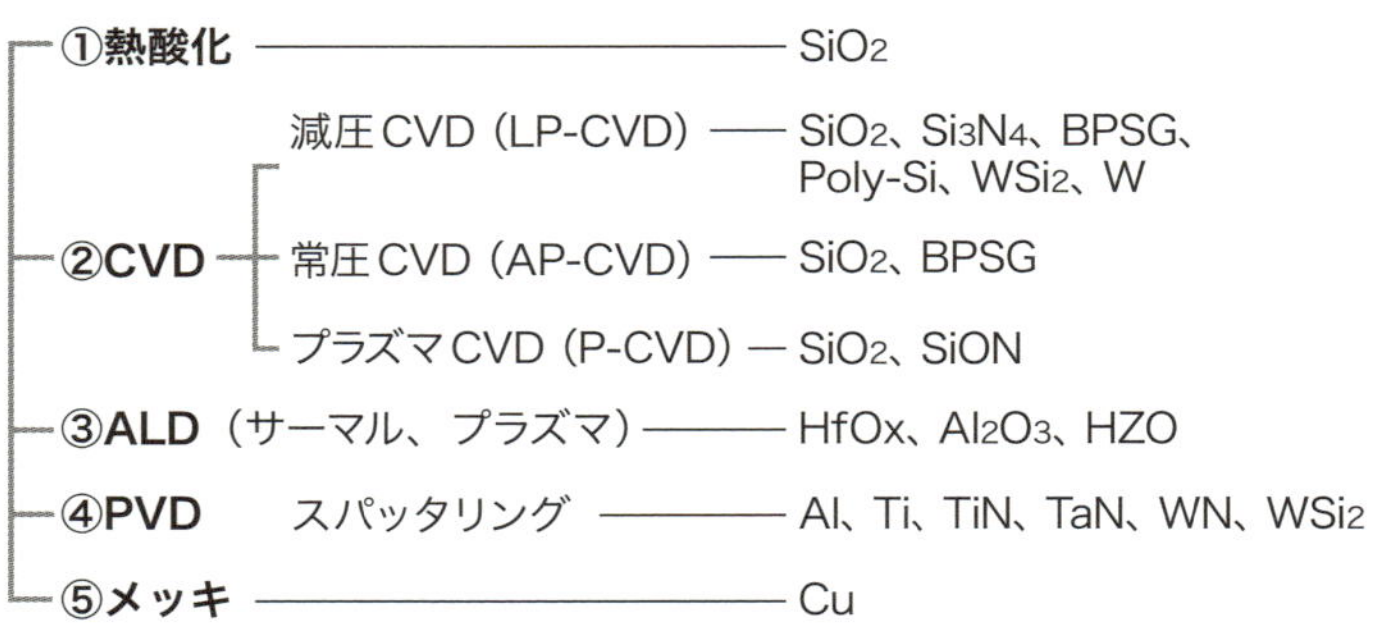

【略語説明】

SiO_2	：二酸化シリコン	CVD	：化学気相成長
LP	：減圧	AP	：常圧
Si_3N_4	：シリコン窒化膜	BPSG	：ボロン・リン添加シリケートガラス
Poly-Si	：多結晶シリコン	WSi_2	：タングステンシリサイド
W	：タングステン	SiON	：シリコン酸窒化膜
ALD	：原子層堆積	HfOx	：ハフニア
Al_2O_3	：アルミナ	HZO	：酸化ハフニウム・ジルコニウム
Al	：アルミニウム	Ti	：チタン
TiN	：窒化チタン	TaN	：窒化タンタル
WN	：窒化タングステン	Cu	：銅

薄膜の作り方、載せ方は

——薄膜を何層にも重ねて作る

薄膜を形成するための主要な5つの方法を図2-6-1にそって紹介してみましょう。

①熱酸化法

熱酸化法では、シリコンを高温の酸化炉に入れ、酸素ガスやスチーム雰囲気中でシリコン（Si）と酸素（O_2）を化学反応させ、二酸化シリコン膜（SiO_2）を成長させます。二酸化シリコン膜は石英の一種です。非常に良質の絶縁膜で、熱酸化法が使えることはシリコンという半導体材料の持っている大きな利点になっています。

ひとくちに「熱酸化」と言っても、流すガスの種類・形態によって、図2-6-2に示すようないくつかの方法があります。

酸素ガスと窒素ガスを流す「ドライ酸化」、加熱純水を潜らせた酸素ガスと窒素ガスを流す「ウェット酸化」、純水の水蒸気を流す「スチーム酸化」、

▶LP　Low Pressure の略。
▶AP　Atmospheric Pressure の略。

図 2-6-2　熱酸化装置の構造模型

ドライ酸化

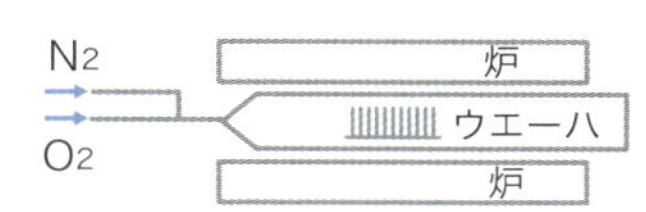

酸素ガスを流して酸化する

ウエット酸化

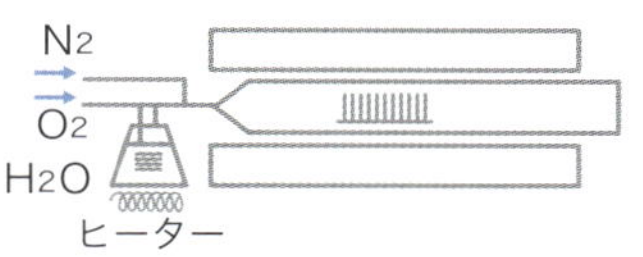

酸素ガスを加熱した純水に潜らせ、それで酸化する

スチーム酸化

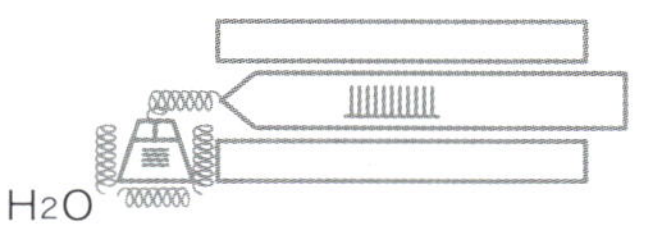

純水を加熱し発生した水蒸気で酸化する

水素燃焼酸化 (パイロジェニック)

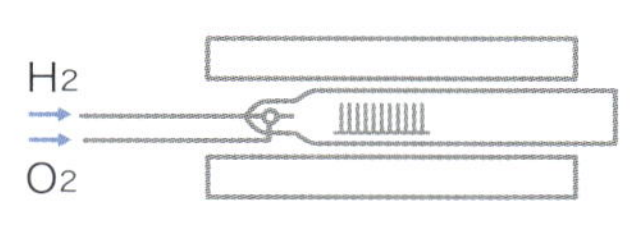

水素と酸素を燃焼させ発生した水蒸気で酸化する

酸素ガスと水素ガスを外部燃焼させ発生したスチームを流す「水素燃焼酸化」(=パイロジェニック酸化)などです。熱酸化では、酸素ガス単独に比べ水素がある状態の方が酸化速度は速くなります。

②化学気相成長法(CVD法)

チャンバーと呼ばれる化学反応器にウエーハを入れ、成膜すべき薄膜の種類に応じた原料ガスを、気体すなわち気相状態で流し、化学触媒反応を利用して膜を堆積させる方法です。このため**CVD法**とも呼ばれます。

触媒反応にはエネルギーを与えてやることが必要ですが、その時のエネルギーの種類と形態にはいくつかの種類があり、熱エネルギーを利用する「熱CVD」、プラズマを利用する「プラズマCVD」に大別されます。

図2-6-3には、プラズマCVDチャンバー内の構造模型を示してあり

▶パイロジェニック　水素ガスと酸素ガスを燃焼させて水蒸気を発生させること。

図 2-6-3　プラズマ CVD 装置の構造模型

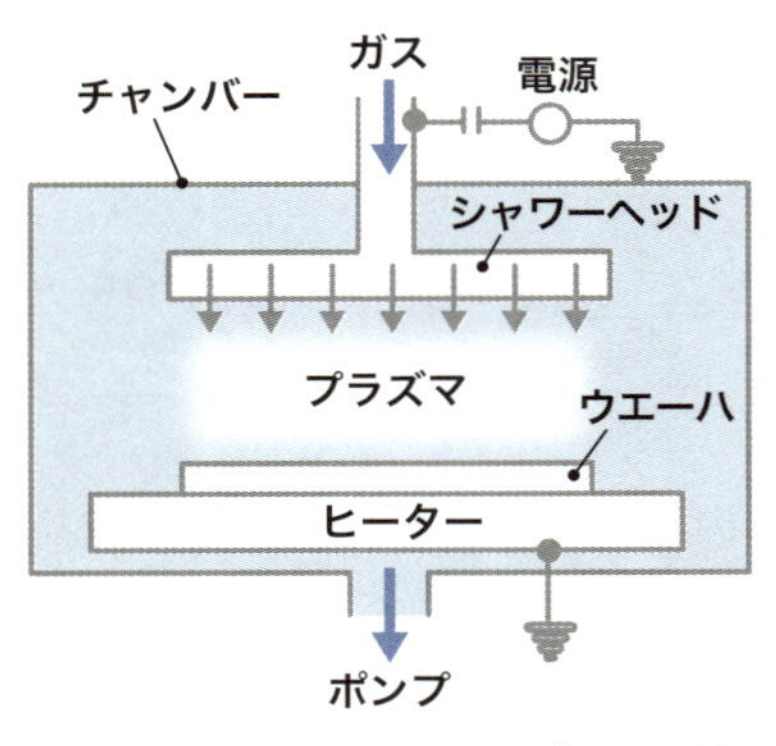

チャンバー内でシャワーヘッドから供給したガスに高周波電圧をかけてプラズマ化し、ヒーターで加熱されたウエーハ上に薄膜を堆積させる。

ます。

熱ＣＶＤには、大気圧よりも低い減圧状態で成長する「減圧ＣＶＤ」と大気圧で成長する「常圧ＣＶＤ」があります。

ＣＶＤ法はＩＣの製造で最も多用されている薄膜成長法です。膜の種類には二酸化シリコン膜（SiO_2）、シリコン窒化膜（Si_3N_4）、シリコン酸窒化膜（SiON）、ボロンとリンをドープ（不純物を添加）した酸化膜（BPSG）などの絶縁膜、多結晶シリコン膜（Poly-Si）などの半導体膜、タングステンシリサイド膜（WSi_2）などのシリサイド膜、窒化チタン膜（TiN）、タングステン（W）などの導電膜があります。

③ＡＬＤ法

ＡＬＤ（Atomic Layer Deposition原子層堆積）は、ナノスケールの薄膜を形成する方法です。特に最近の先端的な半導体デバイスの製造で多く用いられている代表的な成膜法の一つです。

次ページの図２-６-４にＡＬＤ装置の模式図とハフニア（HfO_2）膜の成膜原理を示しています。

ＡＬＤ成膜では、真空チャンバー内に、成膜すべき膜の構成原子を含むプリカーサーと呼ばれる化合物を導入し、熱やプラズマでエネルギー励起（れいき）し、１原子層を堆積します。

そして、素早くアルゴン（Ar）ガスを流してパージ（不要なガスなどを排気・除去すること）し、次に別の構成原子を含むプリカーサーを流して１原子層を堆積し、素早く、再びアルゴンガスでパージし……というプロセスを何度も繰り返します。これらの一連の作業によって、必要とする化学量論的な組成（ストイキオメトリ）を持つ薄膜を堆積していく方法です。

ＡＬＤ法のメリットとしては、原子層を１層ごとに成膜するため、非常に精密な膜厚コントロール、良好な段差

▶減圧 CVD の特徴　ウエーハ表面での反応が均一なため、段差被覆性が比較的に良好。

図 2-6-4　ALD（原子層堆積）法の模式図

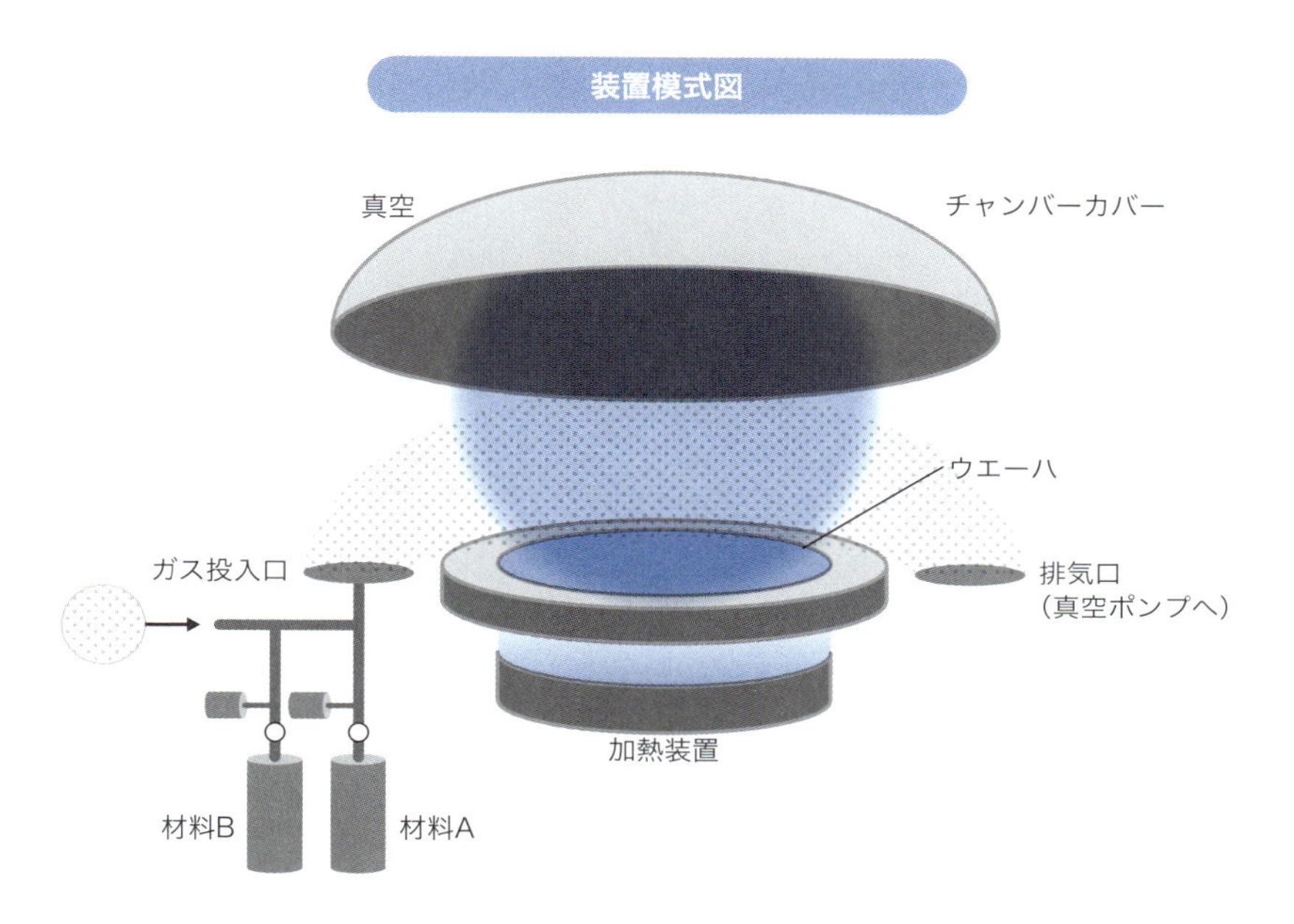

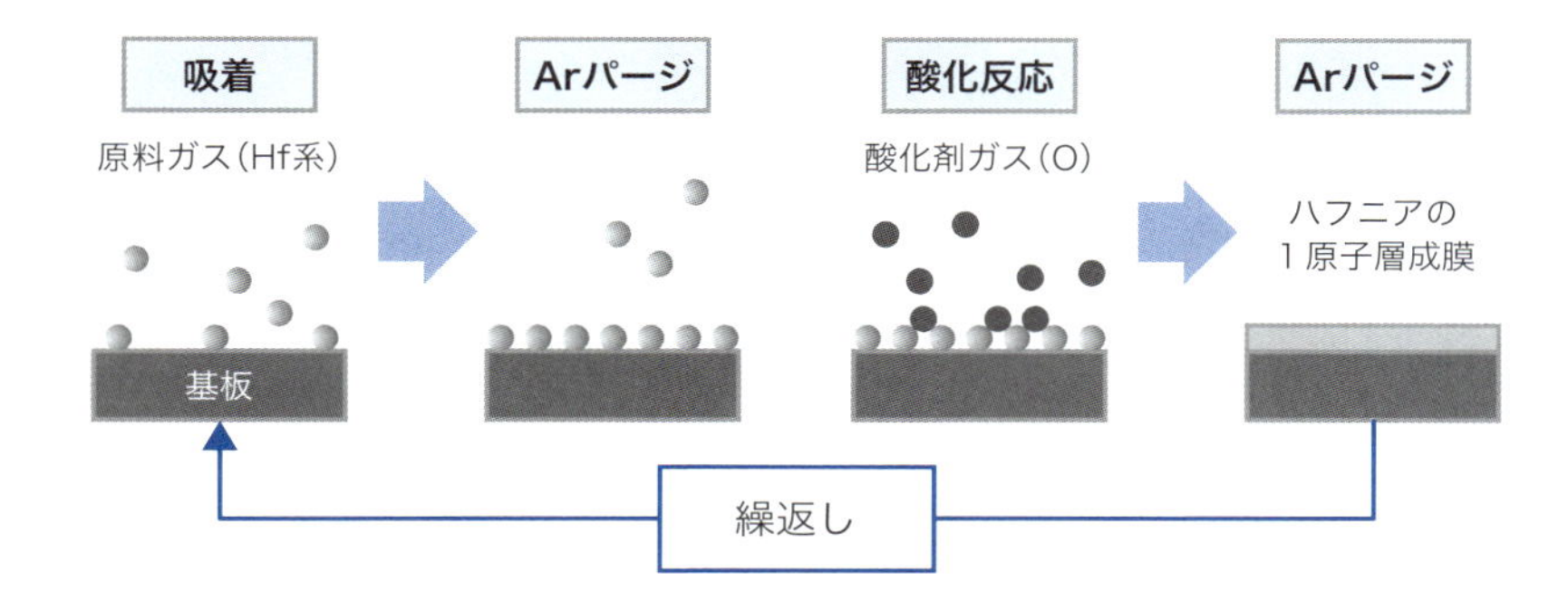

▶ALD の特徴　成長速度が遅くコストも嵩むが、均一で段差被覆性の良好な薄膜を成長できる、いわば贅沢な成膜法。

被覆性、正確な組成（ストイキオメトリ）を実現できるなど、数多くのメリットがあげられます。その反面、メリットの裏返しとして成膜速度の遅いことがあげられます。

ALD法は、先端的なロジックデバイスやメモリなどに広く用いられています。

具体例としては、CMOSトランジスタのゲート絶縁膜としてのハフニア（HfO_2）、バリア膜の窒化チタン（TiN）、強誘電体としてのハフニウムジルコニウム酸化物（HfZrOx）、酸化物半導体のインジウムガリウム亜鉛酸化物（IGZO）やインジウム酸化物（InOx）などがあります。

またこれから開発される新しいトランジスタ構造としてのGAAトランジスタ、あるいはCFETのチャンネル材（2Dチャンネル）、さらにはアトミックチャンネル（半導体の表面を1層ずつエッチングする）として硫化モリブデン（MoS_2）、セレン化タングステン（WSe_2）なども、ALD法を使った開発が検討されています。

④物理気相成長法（PVD法）

CVD法が化学反応を利用しているのに対し、物理的反応を利用した成長法があり、**PVD法**（Physical Vapor Deposition）とも呼ばれます。

PVD法にもいくつかの種類がありますが、現在、IC製造に広く使われているのは「**スパッタリング**」と呼ばれる方法です。

スパッタ（sputter）とは「パタパタ叩く」という意味で、スパッタリング法では超高真空中で金属やシリサイド（高融点金属とシリコンとの合金）のターゲットと呼ばれる円盤に、不活性ガスであるアルゴン（Ar）原子を高エネルギーでぶつけ、アルゴン原子に弾き出された原子をウエーハ表面に付着させることで成膜する方法です。図2-6-5には、スパッタリングの原理図を示してあります。

スパッタリング法は、アルミニウム（Al）、チタン（Ti）、窒化チタン（TiN）、窒化タンタル（TaN）、窒化タングステン（WN）、タングステンシリサイド（WSi_2）などの導電膜の形成に利用されています。

⑤メッキ法

半導体の前工程プロセスにおける「**メッキ法**」は、比較的新しく導入された異色の成膜法と言えます。これは配線材料を従来のアルミニウム（Al）から銅（Cu）に変更するに際して必要不可欠になった技術です。

銅はドライエッチングによる加工がきわめて難しいという反面、メッキが容易にできるという性質があります。ダマシン配線を形成するために比較的厚い膜を成長する必要がありますが、銅のメッキ法はこのために用いられて

▶PVD　物理気相成長にはスパッタリング以外に、「蒸着」「イオンプレーティング」「イオンビームデポジション」などもある。

図 2-6-5　スパッタリングの原理

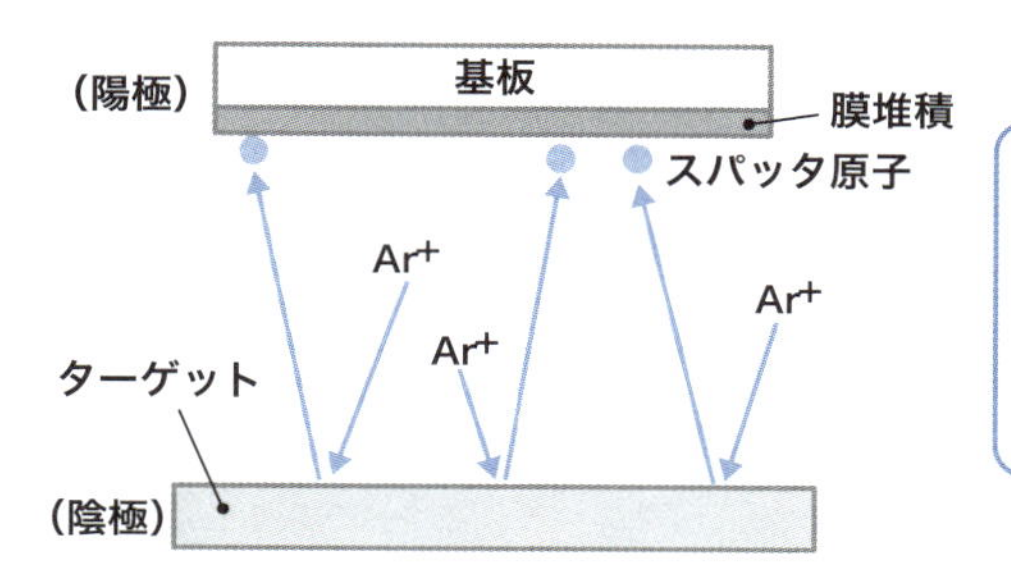

電界加速され、十分高いエネルギーを得てターゲットに入射したアルゴンイオン（Ar^{+}）が、ターゲット構成原子をノックオンさせ、飛び出してくるスパッタ原子を対向するウエーハ表面に付着成膜させる。

図 2-6-6　銅電解メッキ装置の構造模型

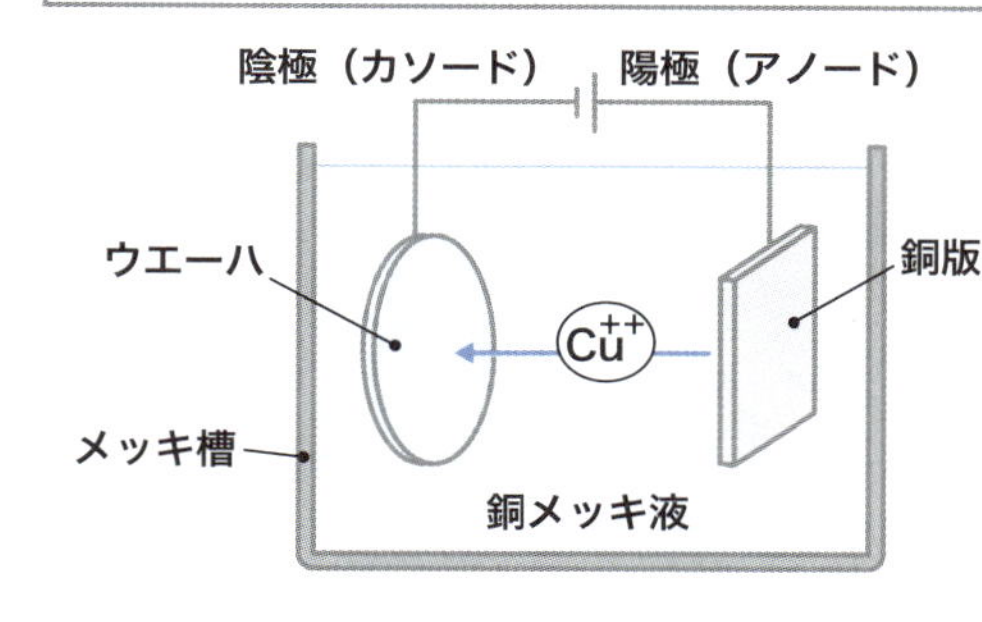

硫酸銅などの銅メッキ液にウエーハを陰極、銅板を陽極にして浸漬し、電流を流してやると銅がウエーハ表面に析出し成膜される。

いるのです。

図2-6-6には、銅の電解メッキ装置の構造模型を示しましたが、硫酸銅などのメッキ液中にウエーハを浸漬（しんせき）し、ウエーハを陰極に銅板を陽極にして電流を流し、ウエーハ表面に銅薄膜を析出させます。

Cuの電界メッキでは、ウエーハがマイナス電極になりますので、ウエーハ表面に電導性を持たせなければなりません。このため、ウエーハ表面にTaNなどのバリア膜、その上にTiなどの薄い**導電膜**（**ライナー**と呼ばれる）を形成してからメッキします。コンタクトホールが微細化すると、このバリア膜／ライナーの存在で、ホールを埋めるCuが細くなり抵抗増大に繋がります。

▶電解メッキ　電気メッキとも呼ばれる。金属塩の水溶液から電気化学反応で金属を還元析出させる。高速メッキが可能であるが、導電体上にしか成長できない。

電子回路をどう焼き込むのか

——回路パターンと写真焼き込み

ICの製造では、各種の材料層を形状加工して、それを順次積み重ねていきます。その時、各層の材料薄膜にパターニングを施すのが「**リソグラフィ**」と「**エッチング**」と呼ばれる工程です。まず、リソグラフィ工程（写真蝕刻工程）について説明しておきましょう。

リソグラフィ工程は、デジタルカメラになる前の銀塩カメラとそっくりの原理を利用しています。以下に、リソグラフィ工程をいくつかの主要な工程に分けて紹介します。

①フォトレジスト塗布

次ページ上図2-7-1に示したように、ある材料層を形成したウエーハを**スピンコーター**（回転塗布機）と呼ばれる支持台の上に真空チャックで固定し、ノズルからウエーハ表面にフォトレジスト（感光性樹脂液）を滴下し、ウエーハを毎秒数千回程度の高速で回転させ、遠心力を利用して均一なフォトレジスト薄膜を塗布します。

このときに形成されるフォトレジストの膜厚は、レジストの粘度、溶媒の種類、ウエーハ回転数などでコントロールします。

フォトレジストは感光性樹脂材料で、温湿度によって特性が微妙に変化する性質があります。このため、フォトレジストを扱うクリーンルームの場所（リソグラフィ・エリア）では長波長の黄色い照明が使われ、温度と湿度も厳しく管理しなければなりません。

②フォトレジストの種類

フォトレジストは感光剤、ベース樹脂、溶媒から成っています。近年のKrF（フッ化クリプトン）やArF（フッ化アルゴン）のエキシマレーザーを光源に用いたエキシマ露光では、図2-7-2に示したような組成を持つ「化学増幅型」と呼ばれる酸発生剤を感光剤として利用したフォトレジストが用いられます。

またフォトレジストには、光が当たった部分が現像で除去される**ポジ型フォトレジスト**と、光が当たっていない部分が除去される**ネガ型フォトレジスト**があり、形成すべきパターンの形状に応じて使い分けられます。

③プリベーク

フォトレジストを塗布したウエーハを窒素雰囲気で80℃位に加熱し、フォトレジスト内に残存する有機溶剤を揮発させ除去します。この工程は「**プリ**

図 2-7-1　スピンコーターによるフォトレジストの塗布

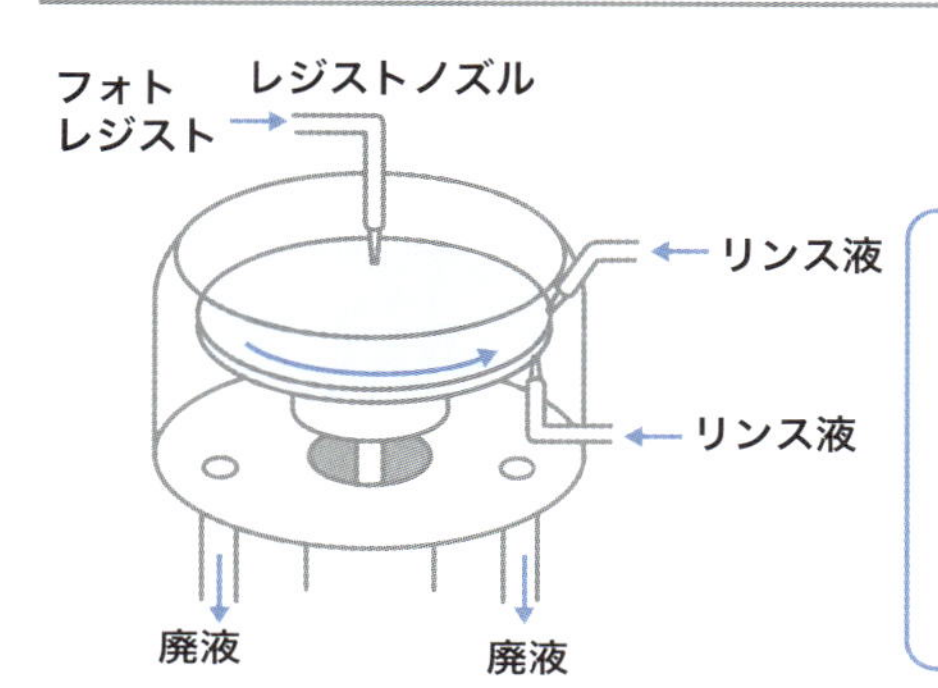

ノズルからフォトレジストをウエーハ上に滴下し、ウエーハを高速回転させフォトレジストを遠心力で周辺へ振り切るようにして均一なフォトレジスト膜を塗る。
リンスはウエーハ周辺に付着するフォトレジストを除去し、ウエーハ裏面へのフォトレジストの回り込みを防ぐ。

図 2-7-2　化学増幅型フォトレジストの例

レジスト材の組成

- **感光材：PAG**（フォト・アシッド・ジェネレータ）
- **樹脂：PHS**（ポリ・ヒドロキシ・スチレン）
- **溶媒：PGMA**（プロピレン・グリコール・モノエチルエーテル・アセテート）

KrFやArFのエキシマレーザー露光用のレジスト。光化学反応で発生する酸を利用。

図 2-7-3　トンネル式ベーク装置の例

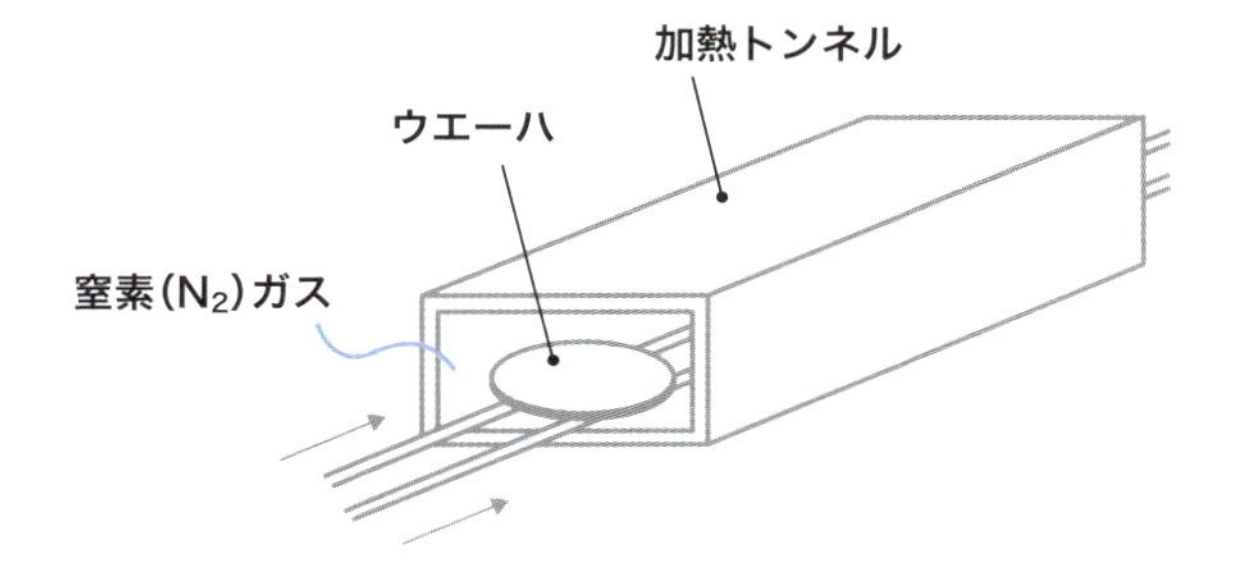

▶エキシマレーザー　excimer laserのカタカナ表記。2原子分子の励起状態（＝エキシマ）を利用して紫外線を放射するレーザー装置あるいはそのレーザー光。

ベーク」と呼ばれます。トンネル式ベーク装置の例を前ページの図2-7-3に示します。

④露光

ウエーハ上のフォトレジスト膜にマスクパターンを転写する工程が「**露光**」です。露光工程では、図2-7-4に示したように、ウエーハを「**ステッパー**」と呼ばれる露光装置にセットします。

ステッパーではいくつかのレンズ系を用い、転写パターンの通常4倍の寸法で作られた**マスク**（「**レチクル**」とも呼ばれる）を通し、光源をウエーハ表面に投影露光します。このためステッパーは「縮小投影露光装置」と呼ばれることもあります。

1チップの露光が終わるとステージが移動し、次のチップを露光し、移動して次のチップを露光し……という動作を繰り返すことでウエーハ全面に**回路パターン**を焼き付けていきます。ステッパーという名称は、このステップ・アンド・リピートの動作からきています。

どのくらい微細なパターンが解像度良く転写できるかというステッパーの性能は、光源の波長（λ）とレンズの明るさ（**NA**：numerical aperture 開口数）で決まります。解像度（R：resolution）は経験定数をkとしてλに比例しNAに反比例します。すなわち、

$$R=\frac{k\lambda}{NA}$$

現在、最先端のリソグラフィでは光源としてArFエキシマレーザー（λ=193nm）が用いられています。nmとはナノメートルのことで、10のマイナス9乗を表わします。

また、より微細な解像度を得るため、つまり経験定数kを小さくするために「超解像技術」と呼ばれるさまざまな工夫が行なわれています。このことについては第4章で改めて紹介します。

ステッパーに、レチクルのスキャン機能を追加した露光装置は「**スキャナー**」と呼ばれます。現在のリソグラフィではこのスキャナータイプが用いられています。スキャナーでは露光にレンズ全面を用いず、スリット状の部分だけを利用してスキャンするため、より広い露光面積が得られること、レンズの収差の影響を少なくできるメリットがあります。

⑤EUV露光技術

2019年に台湾のTSMCは、オランダASML社の**EUV露光機**を用いて、7nmノードプロセスを用いた半導体の量産を世界で初めて開始しました。

波長が13・5nmのEUV光（極端紫外線）を用いたリソグラフィは、微細化が進む最先端半導体の製造には

▶経験定数　特性を表わす式などで、理論的に導かれる定数ではなく、実験データに合うように経験的に定められる定数。

図 2-7-4　ステッパーの構造模型

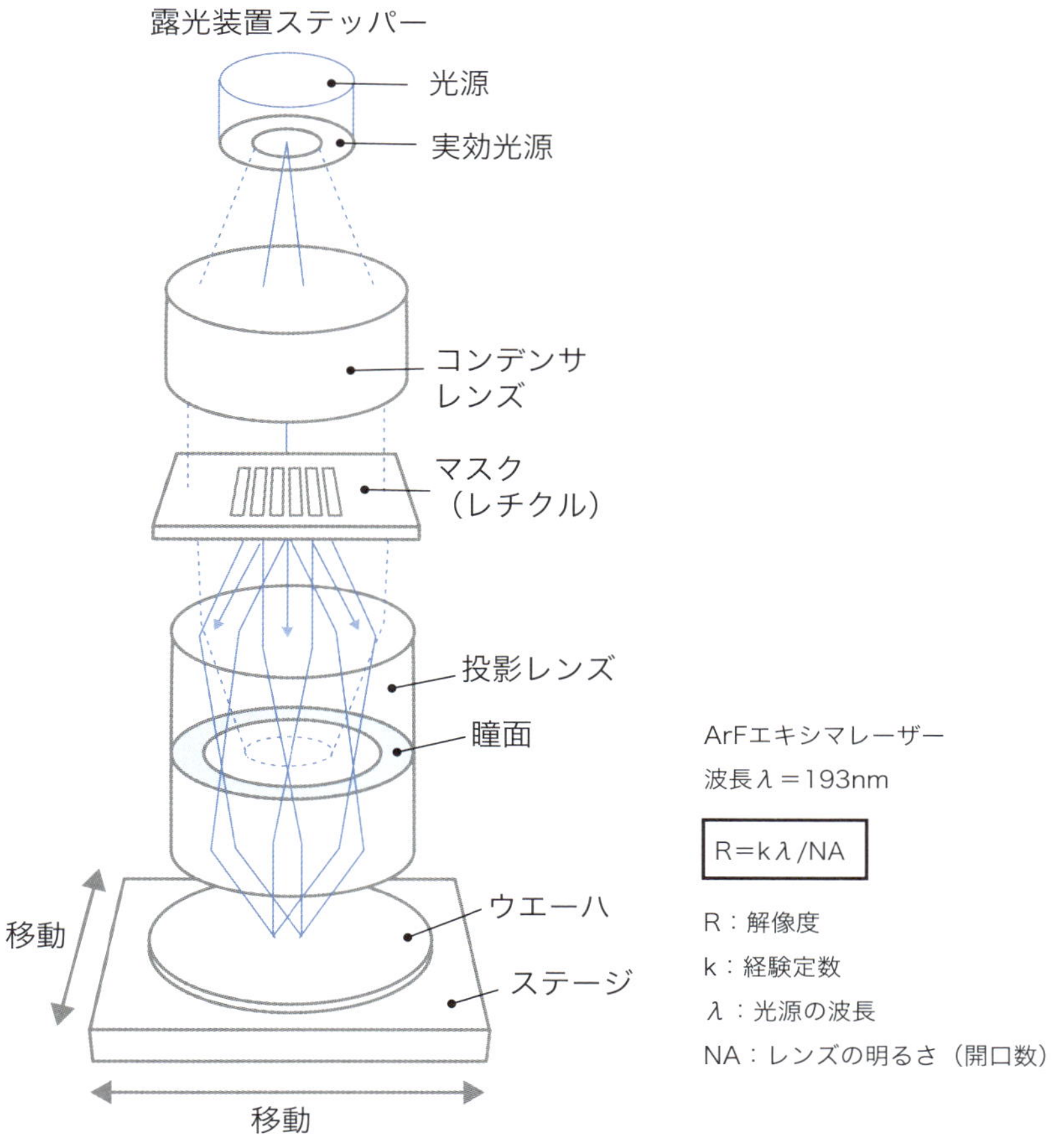

露光装置ステッパー

光源

実効光源

コンデンサレンズ

マスク（レチクル）

投影レンズ

瞳面

ウエーハ

ステージ

移動

移動

ArFエキシマレーザー
波長λ＝193nm

R＝kλ/NA

R：解像度
k：経験定数
λ：光源の波長
NA：レンズの明るさ（開口数）

転写するパターンの４倍の寸法で作られたマスク（レチクル）を通し光源をウエーハ表面に縮小投影する。１チップの露光が終わるとステージが移動し次のチップを露光し…、というステップ・アンド・リピート動作を繰り返しウエーハ全面にパターンを焼き付ける。

▶レチクル　reticle のカタカナ表記。もともとは光学機器の焦点面に付ける網線や十字線の意味。

なくてはならないコア技術になっています。

EUV露光機の概念図を次ページ図2-7-5に示します。EUV光源として、スズ（Sn）の液滴に炭酸ガス（CO_2）レーザーを照射した時に発生する波長13・5nmの極端紫外線を用いています。

発生したEUV光は、何枚もの反射鏡で方向を変えながらレチクル（マスク）に照射され、反射したEUV光はさらに反射鏡で4分の1のパターン寸法に縮小されてウエーハ上に投影されます。

EUV光は、これまでの露光光源のように屈折レンズによる光学系を用いることができませんので、レチクルを含め反射鏡が使われています。

レチクルを例に取ると、裏面に導電性膜をコーティングした石英などの低熱膨張材の上にモリブデン／シリコン（Mo/Si）を数十層積層した多層膜、その上にルテニウム（Ru）のキャップ、さらにその上に反射防止膜で覆われた窒化タンタル（TaN）などの吸収体パターンが形成されています。

微細リソグラフィでのパターン形成で、7〜5nmノードまでは、例えばArF液浸の多重露光で何とかカバー可能でしたが、コスト面やプロセスの煩雑さからEUV露光が望ましく、さらに3nm以降の微細化にはEUV露光は必須の技術になります。

これまでのEUV露光機は、NA（Numerical Aperture 開口数）が0・33でしたが、さらに解像度を上げるため高NA EUV露光機も開発されていて、NA＝0・55のプロトタイプ機が2024年4月、インテルのオレゴン州ヒルズボロ研究開発施設に設置されました。

また、さらなる高性能EUV露光機として、NA＝0・75の装置開発も進んでいるようです。

EUV露光機は、人類が作った最高の製造装置と言われるほど、精密で高価（NA＝0・55の装置で約600億円）な大型の機械ですが、現在、それを作れるのはオランダのASMLの1社だけです。

また現在、EUV露光装置を使いこなせるのはTSMC1社だけで、次いで韓国のサムスン、さらにアメリカのインテルがその後を追っている状況です。それだけEUV露光技術は維持・保全・管理の難しい装置と言えます。

EUV露光では、使われるフォトレジストも従来のレジストとは異なるものが必要になります。特に高NA EUV露光では**メタルレジスト**（金属酸化物を利用して露光・未露光部分の溶解性を変化させたレジスト）の開発も鋭意行なわれています。

またレチクルを保護するためのペリクルとして、カーボンナノチューブを使用する検討も進められています。

▶国内初のEUV露光機　2024年12月18日に国内では最初のEUV露光機がラピダスのIIM-1に搬入された。

図 2-7-5　EUV 露光装置の模式図

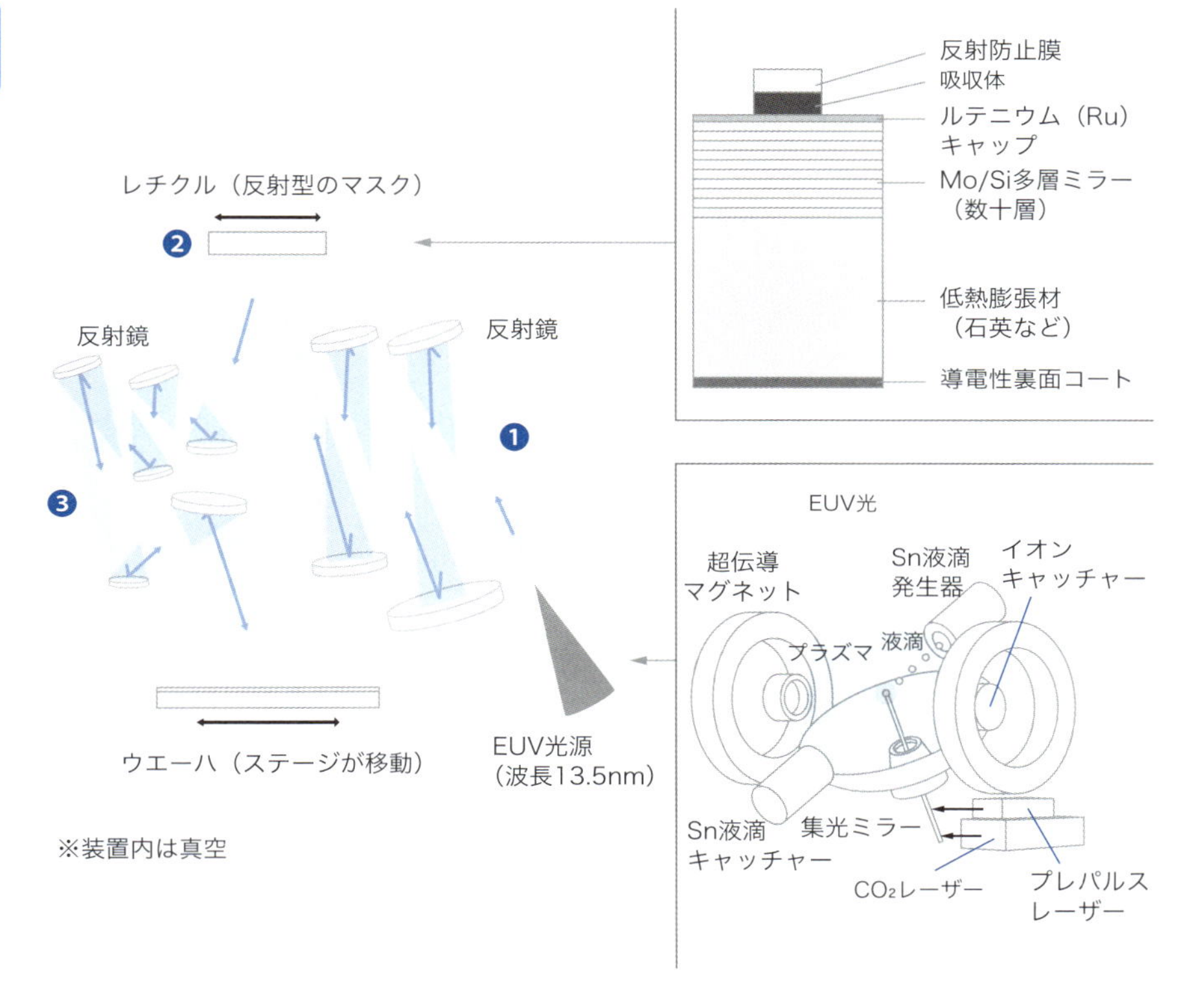

❶ **EUVを反射しながら方向を変える**

❷ **レチクルが移動しながらEUVを反射**

❸ **レチクルのパターンを縮小してウエーハに投影**

⑥ 現像

露光が終わったウエーハは、露光後、**焼きしめ**（PEB：post exposure bake）と呼ばれる軽い熱処理を受けます。これは露光時の定在波の影響を減らし、パターン端部をシャープにし、化学増幅型フォトレジストの酸の発生を加速するために行なわれているものです。

▶EUV 光源　1 秒間に 5 万個放出される直径約 25 μ m のスズの液滴に、25 k W の CO_2 レーザーを液滴 1 個当たり 2 回照射する。

Section 08

エッチング工程で形状加工する

——材料薄膜を加工する

化学反応を利用して各種の材料薄膜に形状加工を施すのが「**エッチング**」という作業です。エッチングには、大きく分けて材料とガスの反応を利用する**ドライエッチング**（乾式蝕刻）と、材料と薬液の反応を利用する**ウエットエッチング**（湿式蝕刻）という2つの方法があります。

以下に、この2種類のエッチングについて具体的に説明します。

①ドライエッチング

最も一般的なドライエッチングは「反応性イオンエッチング」と呼ばれるものです。これは、対応する英語名Reactive Ion Etchingの頭文字をとってしばしば**RIE**（アールアイイー）とも略称されます。

図2-8-1は平行平板型RIE装置の断面構造模型を示しています。ガスを抜いて真空にした**チャンバー**と呼ばれる化学反応室にウエーハを入れ、材料層の種類に応じたガスを導入します。接地された上部電極と平行に配置された下部電極（ウエーハホルダー）間に高周波電圧を加えると、ガスはプラズマ化され、正・負のイオン、電子、ラジカル（遊離基）と呼ばれる中性活性種などに分離されます。

これらのエッチング種が材料層の表面に吸着されて化学反応を起こし、揮発性の生成物を作ります。すると、それが離脱して外部に排気放出されエッチングが進行します。したがってドライエッチングの神髄は、材料層と化学反応を起こさせ揮発性の生成物を作ることに尽きると言えます。

ドライエッチングでは、フォトレジストのパターンに忠実に高精度微細加工を行なうため、材料層とフォトレジストのエッチング速度の差（選択比）を大きく取り、かつエッチングの進行の異方性を確保すること（主に材料層の厚さ方向にだけ進む）、結晶欠陥・不純物導入・帯電などの損傷を減らすこと、パターンの疎密でエッチング速度の違い（**マイクロ・ローディング効果**）を減らすことなどが重要です。

②ウエットエッチング

ウエットエッチングとは、薬液を用いて材料層を溶解する加工法です。エッチング槽に薬液を溜め、そこにキャリアに入れたウエーハを漬けるディップ式（DIP浸漬式）と、図2-8-2に示したような、ウエーハを回転させながら薬液をスプレーするスピン式があります。ウエットエッチングは等

▶マイクロ・ローディング効果　ドライエッチングで下地パターンの疎密によりエッチングガスの供給と反応生成物の除去の関係で、エッチング速度が異なる現象。

方的に進行するため微細加工が難しい、フォトレジストをマスクにしにくい、などの理由から現在は全面エッチングなどの一部の工程に限って用いられています。

エッチングが終わり不要になったフォトレジストは、**剥離工程**でプラズマや薬液で除去されます。プラズマ剥離は**アッシング**とも呼ばれます。

図 2-8-1　平行平板型リアクティブイオンエッチング装置の断面構造模型

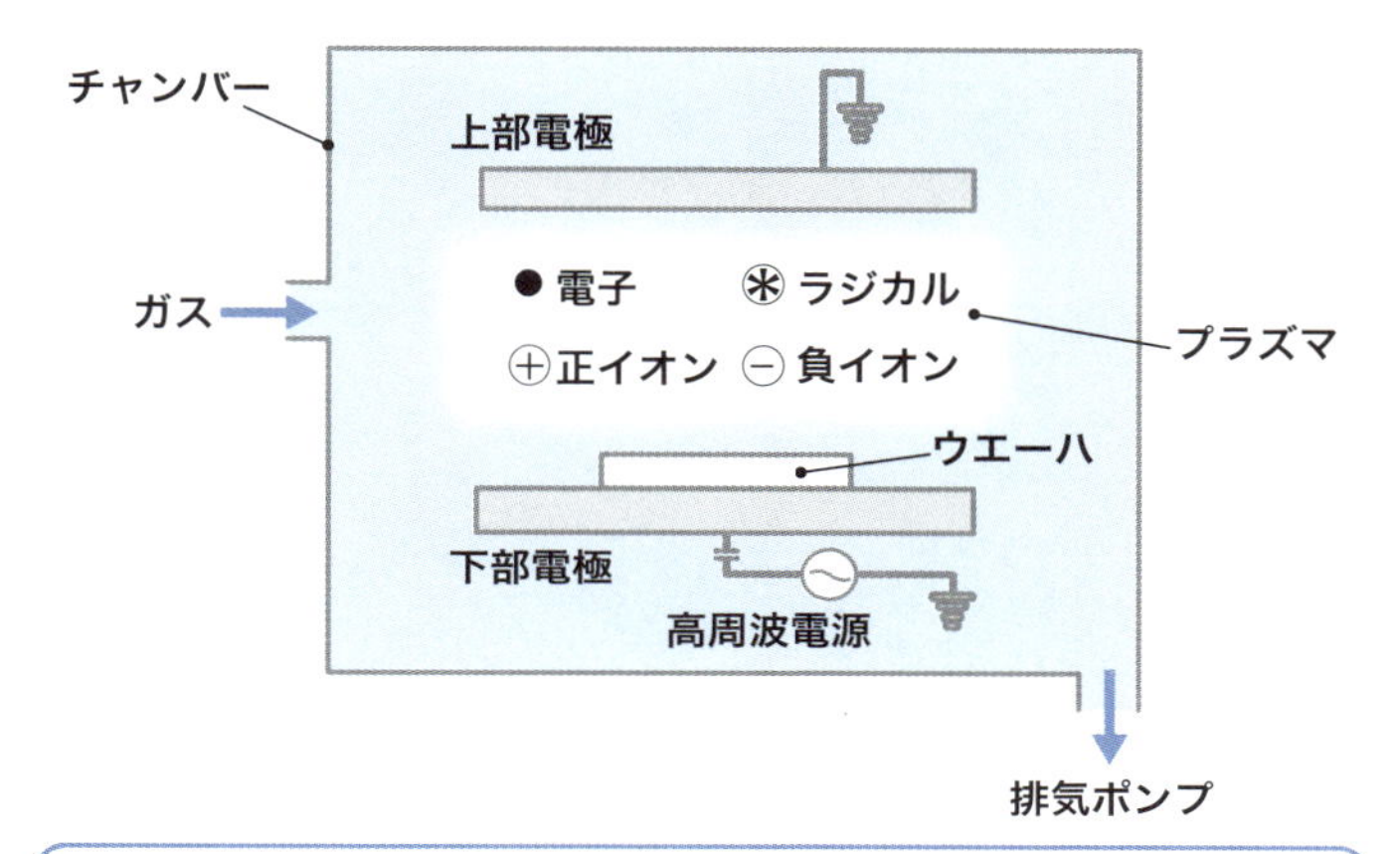

チャンバー内のウエーハが載った下部電極と平行に置かれた上部電極の間に高周波電圧を加え、導入したガスをプラズマ化し発生した正・負のイオン、電子、中性活性種（ラジカル）と材料層を反応させ、揮発性の生成物を排気除去してエッチングする。

図 2-8-2　スピン式ウエットエッチング装置の例

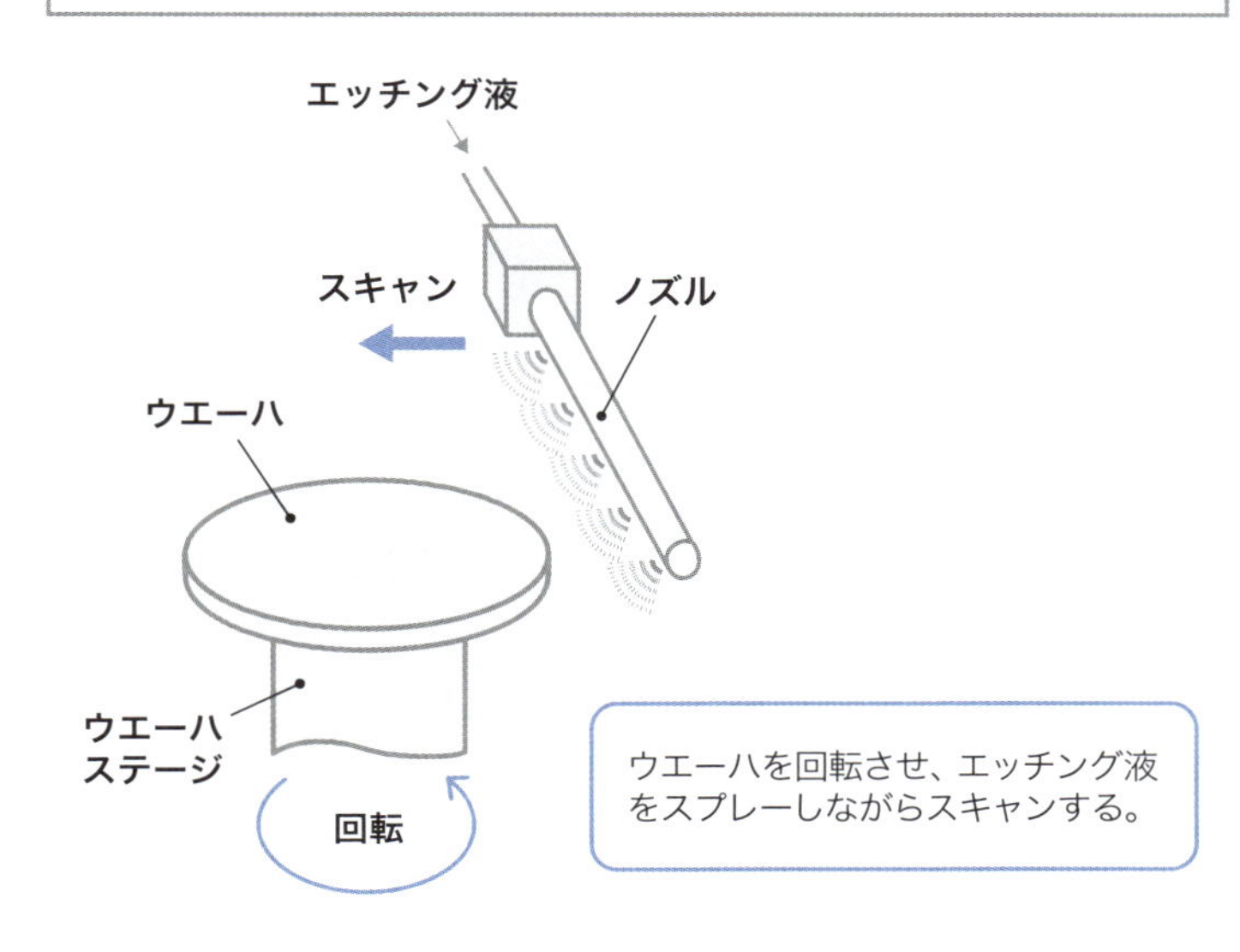

ウエーハを回転させ、エッチング液をスプレーしながらスキャンする。

▶アッシング　ashing のカタカナ表記で「灰化」の意味。不要になったフォトレジストをオゾンやプラズマで灰化すること、あるいはその工程。

99・9…の純度の中に不純物を?

──なぜわざわざ不純物を入れるのか?

シリコンウエーハはイレブン・ナイン（99.999999999%）以上という超高純度、すなわち9が11個以上も並ぶ材料です。

しかしウエーハ上にICを作り込むには、シリコン基板の表面近くに部分的に**不純物**を混入させなければなりません。せっかく超高純度に仕上げたウエーハに、わざわざ不純物を入れるというと、「何か変だな」という印象を持たれるかもしれませんね。これは、特殊な不純物でシリコンの電気的性質を変化させることが目的なのです。

シリコンは周期表で第Ⅳ族の元素ですが、単結晶ウエーハの状態では電圧をかけてもほとんど電流が流れず、絶縁物に近い性質を示します。

ところが、このウエーハに第Ⅴ族の元素、例えばリン（P）やヒ素（As）などを少し添加するだけで、電気が一気に通るようになります。このとき電気を運ぶのは、シリコン原子に束縛されずに自由に動き回れる「**自由電子**」です。電子はマイナス（negative）の電荷を持っていますので、リンやヒ素などの不純物は「n型の導電型不純物」と呼ばれます。

いっぽう、第Ⅲ族の元素、例えばボロン（B）を微量添加すると電気をよく通すようになります。このとき、電気を運ぶのは電子の抜け孔としての「**正孔**」で、正孔（hole：**ホール**）は見かけ上プラス（positive）の電荷を持っているように見えますので、ボロンなどの不純物は「p型の導電型不純物」と呼ばれます。

ウエーハの表面近くにn型やp型の導電型不純物を添加するには、大きく分けて「熱拡散」と「イオン注入」と呼ばれる2つの方法があります。

熱拡散法（上図）では、ウエーハを載せた石英治具（ボート）を加熱された拡散炉内の炉心管に挿入し、不純物ガスを流します。このとき、添加不純物の濃度プロファイルは温度、ガス流量さらに時間で制御します。

いっぽう、**イオン注入法**（下図）では、ボロン、リン、ヒ素などの不純物ガスをアーク放電でイオン化し、磁場による質量分析器で注入種と荷電種（イオンの価数）を選択し、電界加速してウエーハ表面から打ち込みます。ウエーハ全面に打ち込むにはイオンビームの走査とウエーハの移動が必要です。イオン注入法は熱拡散法に比べ、レジストをマスクに使え、不純物のプロファイルを精確に制御できる利点があり、最近のICで多用されています。

▶n型の導電型不純物　このタイプの不純物は自由電子を放出するため「ドナー」とも呼ばれる。

図 2-9-1　熱拡散法による導電型不純物の添加

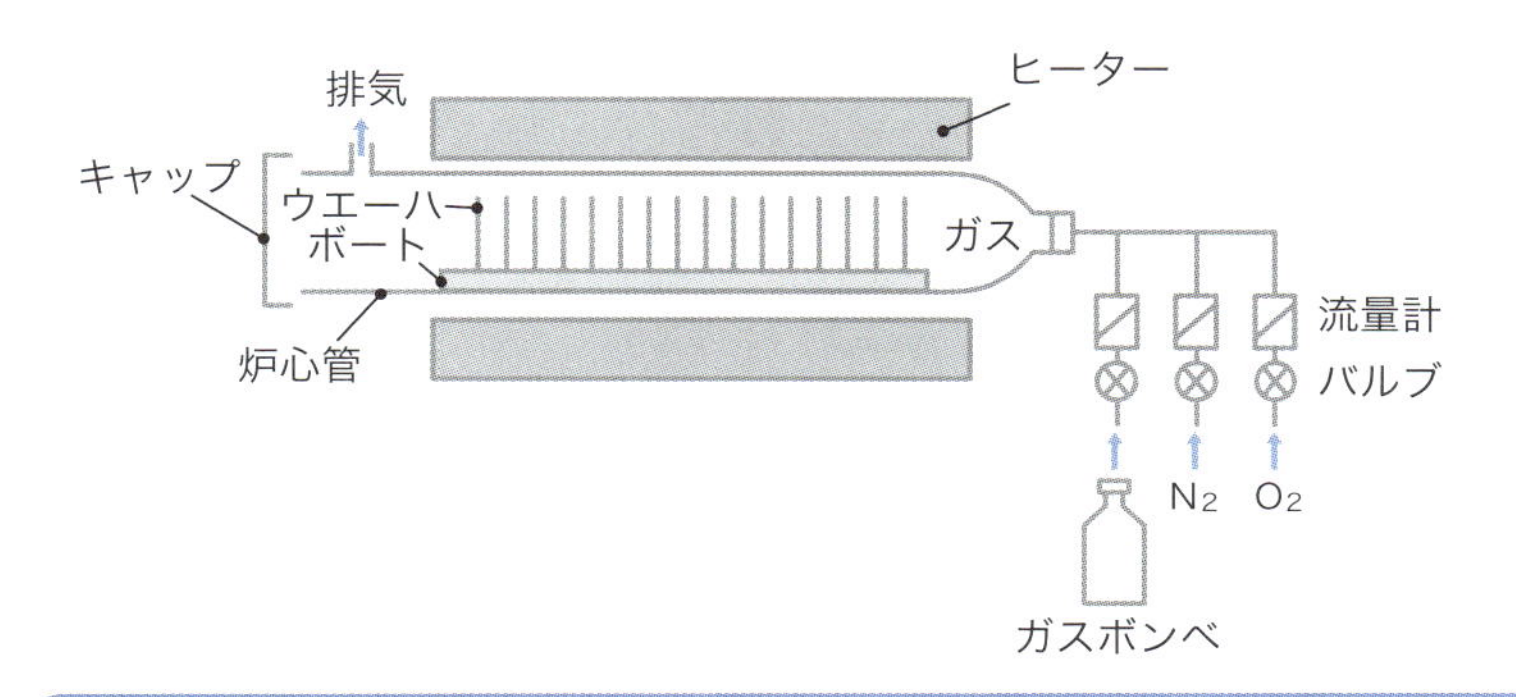

温度を上げた拡散炉の石英製の炉心管に、石英ボートに載せたウエーハを挿入し、導電型不純物を含むガスを流し、拡散現象を利用して不純物をシリコン表面近傍に添加する。導入された不純物の濃度プロファイルは温度・時間・ガス流量で制御する。

図 2-9-2　イオン注入による導電型不純物の添加

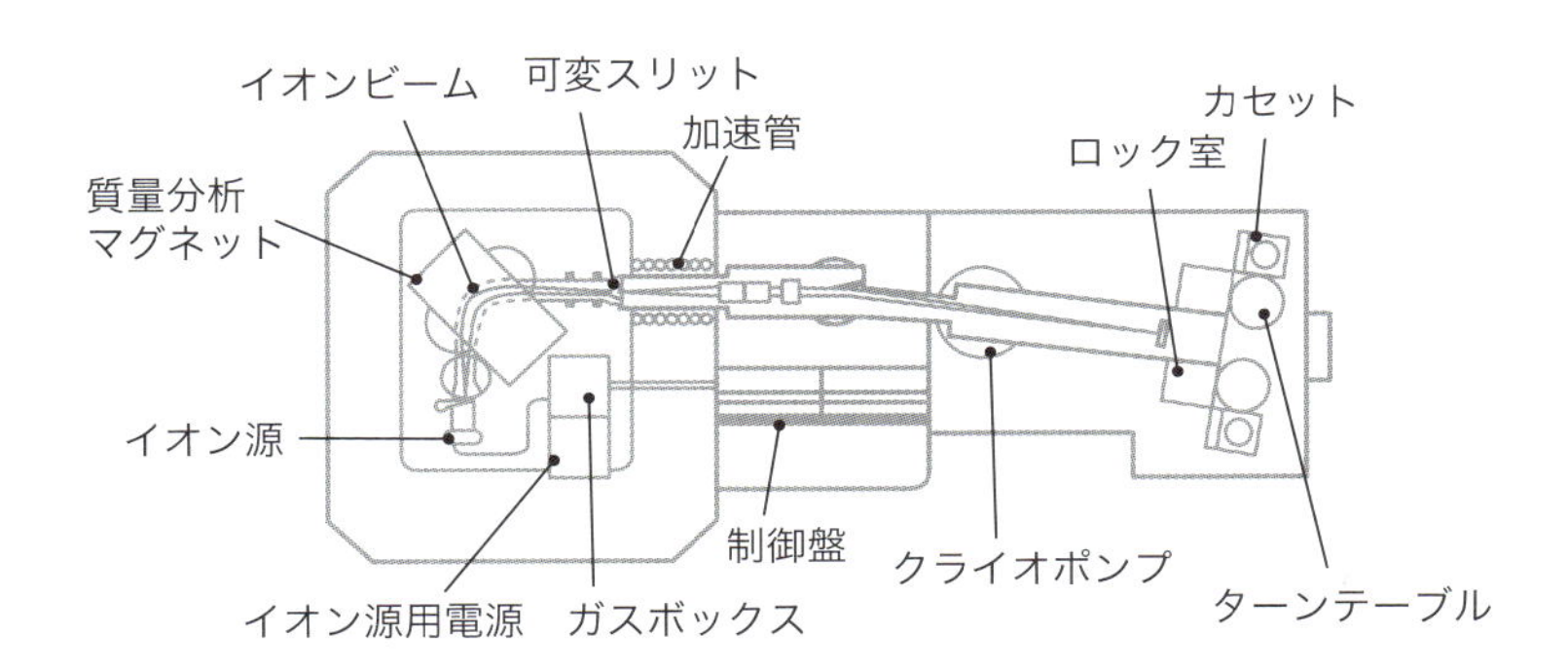

イオン源から放出された導電型不純物イオンは、質量分析マグネットで荷電種が選ばれた後、電界で加速されてウエーハ表面から打ち込まれる。不純物の濃度プロファイルは打ち込みエネルギーとイオンビーム電流で制御される。

▶p 型の導電型不純物　このタイプの不純物は電子を受け取り正孔を生じるため「アクセプター」とも呼ばれる。

Section 10

ウエーハを熱処理する

――熱処理の目的と主な工程

ＩＣ製造における**熱処理**とは、シリコンウエーハを窒素（N_2）やアルゴン（Ar_2）などの不活性ガス雰囲気中で熱エネルギーを与えて処理することを意味します。

ただし、純粋な不活性ガスだけでなく、微量な酸素（O_2）を添加して薄い酸化膜を成長させながら行なう処理や、水素（H_2）を添加して熱酸化膜とシリコン界面の電気的特性を安定化させる処理などを含むこともあります。

熱処理には、図2-10-1に例を示したように、さまざまな工程と目的があります。

▼熱処理の目的別に見た工程

「**押込み**」では、シリコン表面近くに添加した導電型不純物を熱拡散現象によって再分布させることで必要な不純物プロファイルを実現します。このためには、熱処理の温度と処理時間で制御します。

「**リフロー**」では、ボロンやリンあるいは両方を含んだ融点の低いBPSG膜（ボロン・リン・シリケートガラス）を高温で流動化しウエーハ表面をなだらかにします。BPSGに含まれるボロンとリンの濃度、熱処理温度、処理時間で制御します。

「**シリサイド化**」では、ニッケル（Ni）とシリコン（Si）を熱反応させ、ニッケルシリサイド（$NiSi_2$）を形成します。このニッケルシリサイドは、MOSトランジスタのゲート電極やソース・ドレイン拡散層の表面に積層し、層抵抗を下げる目的で利用します。

「**活性化**」では、ウエーハに熱を加えてシリコン結晶格子を振動させることにより、イオン注入された導電型不純物を正しく格子点に入れることで、電気的に活性化させます。

「**界面安定化**」では、熱酸化膜（SiO_2）とシリコン（Si）の界面にある未結合手（ダングリング・ボンド）を水素（H）で終端することで電気的特性を安定化します。このために窒素で希釈した水素ガス（**フォーミングガス**）が利用されます。

「**アロイ**」では、シンターとも呼ばれますが、金属配線とシリコンとのオーミックな接続を確保するため熱処理によって共晶反応を起こさせます。

熱処理を行なう装置には、次ページ下図に示したように、「**熱処理炉**」と「**ランプアニーラー**」があります。ランプアニーラーでは赤外線ランプによる急速な昇降が可能で、特に短時間の高温熱処理に適しています。

▶シリサイド　silicideのカタカナ表記。シリコンと金属からなる化合物。一般にMを高融点金属として、金属とシリコンの比率がx、y（M_xSi_y）のシリサイドのx、yをストイキオメトリー（化学量論的組成）と呼ぶ。

図 2-10-1　熱処理の主要な工程と目的

主な工程	流すガスの種類	温度	目的
押込み	N_2、Ar_2 または 微量 O_2 添加	900-1100℃	シリコンに添加した導電型不純物を再分布させる
リフロー		950-1100℃	低融点ガラスの BPSG（ボロン・リン・シリケートガラス）を熱で流動化させ表面を滑らかにする
シリサイド化		350-450℃	ニッケルとシリコンを熱で反応させニッケルシリサイドを作る
活性化		850-1000℃	シリコンにイオン注入した導電型不純物を熱で格子点に入れる
界面安定化	H_2　または $H_2 + N_2$	800-1000℃	シリコンとシリコン酸化膜界面の未結合種を水素で終端し電気特性を安定化させる
アロイ		450-500℃	金属配線とシリコンの共晶反応によりオーミック接続を取る

図 2-10-2　熱処理装置

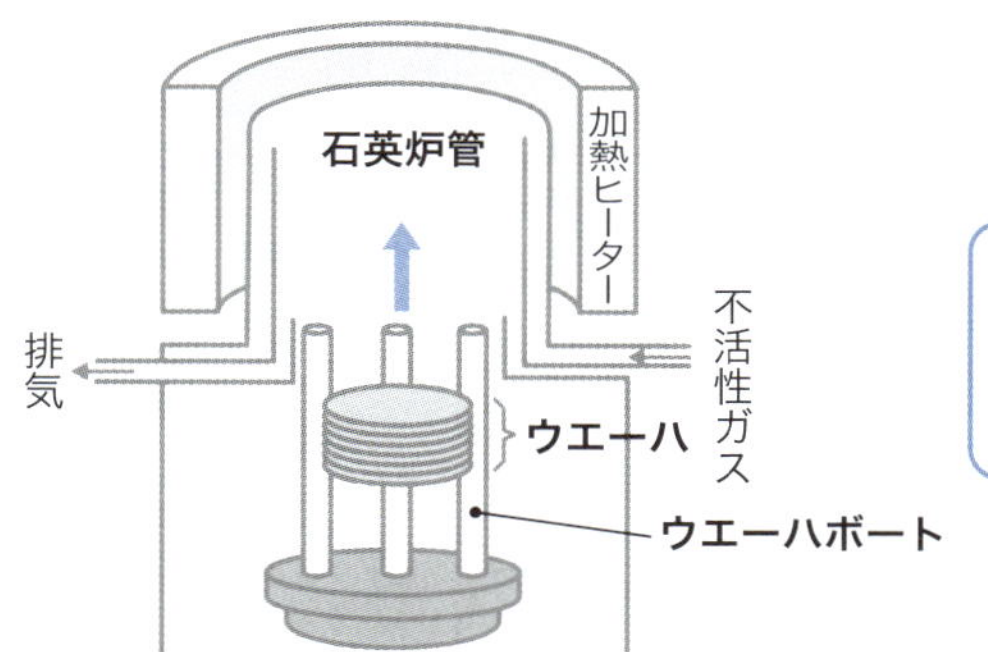

石英製のボートに複数枚のウエーハを載せ、加熱された熱処理炉の石英炉心管内に挿入する。

ランプアニーラー

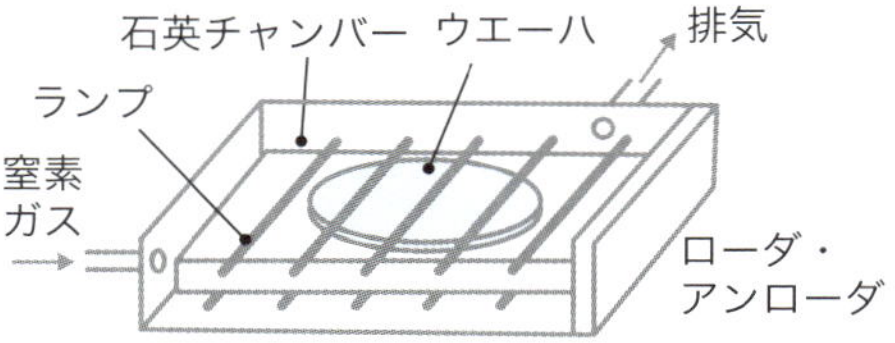

石英チャンバー　ウエーハ　排気
ランプ
窒素ガス
ローダ・アンローダ

石英チャンバー内のウエーハを石英チャンバー外に並べられた多数の赤外線ランプをオン・オフすることで急速な昇降温処理を行なう。

▶共晶反応　高温で溶融した２種類の金属の液体を冷却させるときに、合金の組織の一形態である結晶の混合物を生じる反応。

表面を平坦化させるCMP工程

——ウエーハ表面に凹凸があると信頼性に難

▼完全平坦化技術「CMP」

ICの素子サイズを微細化していくには、各製造工程におけるウエーハ表面の**平坦化**が必須になります。というのは、ウエーハ表面の凹凸が増えてくると、2つの大きな問題が顕在化してくるからです。

その1つは薄膜形成時に段差部での被覆性（ステップカバレッジ）が悪化し、配線の断線（オープン不良）による歩留まり低下や、あるいは段差部の配線膜厚が薄くなることで信頼性の劣化を引き起こすことです。

もう1つは、リソグラフィ工程において、段差部でフォトレジストの膜厚が薄くなったり、露光時にレンズの焦点距離が凹凸によって変動するため、設計寸法に忠実で高精度な微細パターンの解像が難しくなります。特にロジック系ICでは集積度と性能の向上のため多層配線が必須で、ウエーハ表面段差の問題はより深刻です。

図 2-11-1　CMP 装置の構造模型

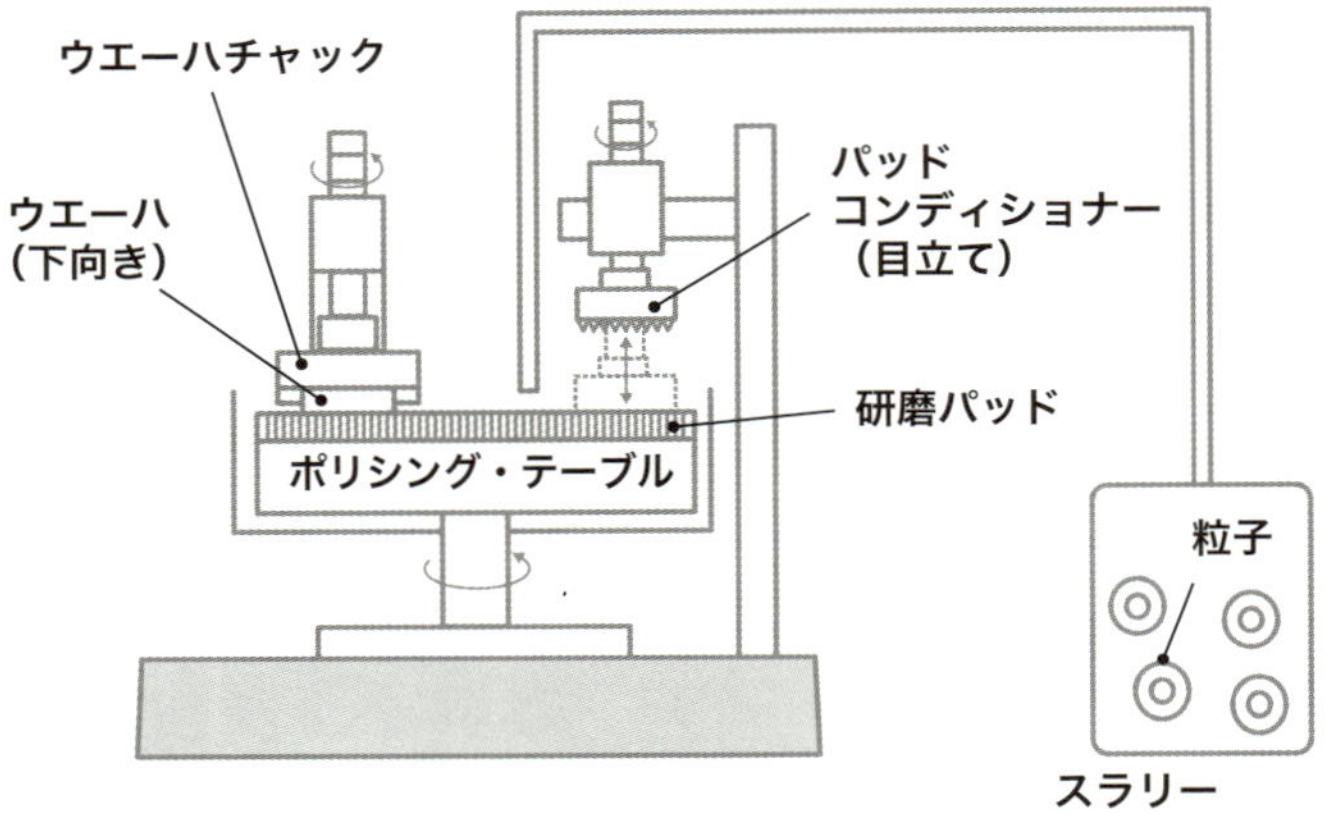

スラリーの研磨材にはシリカ（SiO_2）、アルミナ（Al_2O_3）、セリア（CeO_2）、酸化マンガン（Mn_2O_3）などが研磨すべき膜材質に応じて使い分けられる。

▶スラリー　slurry のカタカナ表記。固体粒子が液体中に分散している混合物、流動体。

この問題に対処するため開発・導入されたのが、「平坦化技術の決定版」とも呼ぶべき、**CMP**（Chemical Mechanical Polishing）です。

▼ウエーハ表面を研磨する技術

CMPには化学機械研磨、化学的機械研磨、化学的機械的研磨などさまざまな呼び方がありますが、要するに「化学的反応と機械的な力を合わせてウエーハ表面を研磨する」ものです。

CMPはもともとシリコンウエーハ加工の**鏡面研磨**（ミラーポリシング）として利用されていましたが、半導体プロセスの中では、どちらかと言えば「汚ないプロセス」と見なされ、敬遠されていました。それが、清浄化の工夫を重ね、前工程プロセスとしてクリーンルームに入れられる技術になったのです。

CMPでは、前ページの図2-11-1に示すように、研磨材を含んだ**研磨液（スラリー）**を流しながら、スピンドルに下向きに貼りつけたウエーハの表面を回転テーブル（ポリシングテーブル）表面の研磨パッドに押し付けて研磨します。

スラリーには、研磨材として粒径が数十～数百ナノメートルのSiO_2、Al_2O_3、CeO_2、Mn_2O_3などに加え、アルカリ成分、分散剤、界面活性剤、キレート剤、防腐剤などが含まれ、研磨材は研磨すべき膜材質によって選ばれます。

また研磨パッドには樹脂、不織布、ウレタンフォームなどが使われます。さらに研磨パッドは徐々に「へたり」ますので、コンディショナーで「目立て」をしながら研磨します。

CMPを利用する主な工程を次ページの図2-11-2に示しました。大きく、絶縁膜系と配線のメタル系に分けられます。絶縁膜系には、素子分離としてのSTIや多層配線の層間膜（ILD）、また配線系としてはコンタクトホールやビアホールのタングステン埋め込み（Wプラグ）、銅のダマシン配線などがあります。

スラリーは大きく「メタル膜用」と「絶縁膜系用」に分かれていて、スラリーの供給メーカーにもそれぞれ得意分野が存在しています。メタル膜系としては、ダマシンプロセスでメッキ形成した銅（Cu）のバルク用には富士フイルムプラナーソリューション、バリヤ用には富士フイルムプラナーソリューションや日立化成、プラグコンタクトのタングステン（W）用にはキャボット、絶縁膜系（酸化膜SiO_2など）にはキャボット、ニッタ・ハース、日立化成などがあります。

▶焦点距離　焦点深度（D_{OF}）とも呼ばれる。kを経験定数、λを光源波長、NAを開口率として$D_{OF}=k\lambda/NA^2$の関係がある。

図 2-11-2　CMPを利用する主な工程

材料分類	主要工程	内容	断面模型
絶縁膜系	トレンチ分離	素子間を電気的に分離するための埋め込み絶縁膜を形成	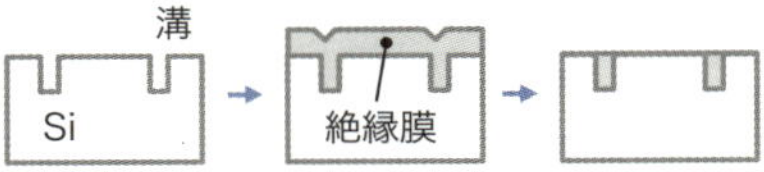 溝 / Si → 絶縁膜 →
	メタル配線下絶縁膜	1層目メタル配線下の絶縁膜の平坦化	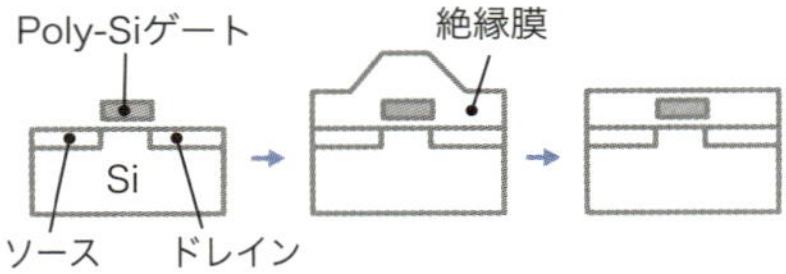 Poly-Siゲート / Si / ソース / ドレイン → 絶縁膜 →
	メタル配線層間絶縁膜	多層メタル配線の層間絶縁膜の平坦化	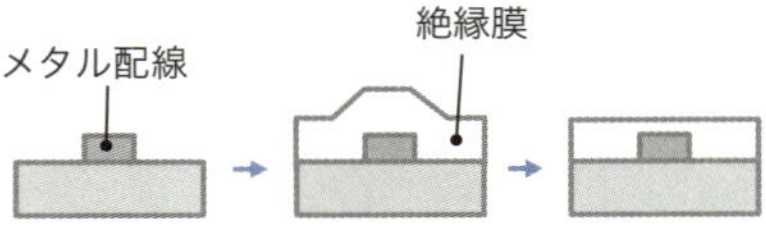 メタル配線 → 絶縁膜 →
メタル系（配線系）	タングステン埋め込み（Wプラグ）	アスペクト比の大きいコンタクトホールやビアホールをWで埋め込んで平坦化	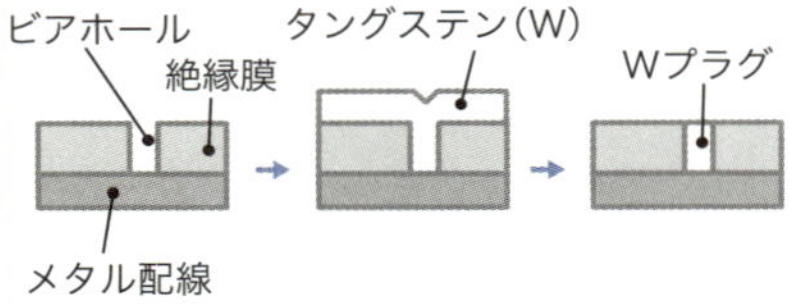 ビアホール / 絶縁膜 / メタル配線 → タングステン（W） → Wプラグ
	ダマシン配線	絶縁膜に埋め込まれたCuなどの平坦化配線。コンタクトホールやビアホールを配線と同時に形成することもある	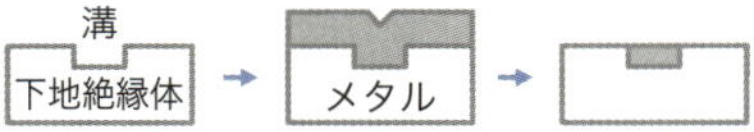 溝 / 下地絶縁体 → メタル →

▶キレート　ギリシャ語で「蟹のハサミ」の意味。2個以上の原子を持つ分子やイオンが金属に配位して生じる環状構造の化合物。

第３章

ＩＣづくりを支える
裏方プロセスを追う

洗浄でゴミを徹底的に取り除く

——化学的な分解、物理的な除去の2つの方法がある

ICの製造では、微小な**パーティクル**（ゴミ）や微量不純物の存在も、高歩留まり・高信頼性を実現するうえでの大敵になります。例えば、ウエーハ上に付着したゴミがパターン欠陥を発生させたり、不要な不純物がシリコン基板や絶縁膜に入り込んで初期的な電気特性の変化や信頼性の低下を引き起こすからです。

ICの製造ラインであるクリーンルーム（CR）は、文字通り非常に清浄な空間で、パーティクルや有機・無機の不純物の持ち込みや発生を抑えるように工夫されています。しかし、ウエーハの保管・搬送・ハンドリングやプロセス工程そのものでの微量な汚染を100%避けることはできません。

▼ウエーハの付着物を洗浄

このように不可避的にウエーハに付着する異物を、次のウエーハ処理を行なう前にウエーハから除去し、きれいな状態にして次工程に送るのが**洗浄工程**の役目です。洗浄工程は全製造工程の20~30%を占める裏方的な存在です。

洗浄には、異物を化学的に分解して除去する方法と物理的な力で除去する方法があります。また洗浄媒体によって薬液や純水を用いる「**ウエット洗浄**」と、炭酸ガスやオゾンガスあるいはプラズマを用いた「**ドライ洗浄**」に分類することもできます。

洗浄法の中で最も一般的なのは、薬液を用いて化学的に分解・除去する方法ですが、図3-1-1に示したように、除去すべき汚染の種類によっていくつかの種類があります。薬液として、水酸化アンモニウムと過酸化水素水の混合液（APM）、フッ酸と過酸化水素水の混合液（FPM）、塩酸と過酸化水素水の混合液（HPM）、硫酸と過酸化水素の混合液（SPM：ピラニア洗浄液）、フッ酸の純水希釈液（DHF）などがあり、通常これらを組み合わせて利用されます。

ただし金属配線を形成した後の洗浄では、酸などの薬液に金属が侵されますので、水ではなくアルコールやアセトンなどの**有機溶剤**が用いられます。

ウエット洗浄装置は、図3-1-2に示したように、多数枚のウエーハを同時に処理する「**バッチ式洗浄装置**」とウエーハを1枚ずつ洗浄する「**枚葉式洗浄装置**」に大別されます。バッチ式には、洗浄効果の異なる複数の薬液槽にウエーハを順次浸漬させる浸漬タイプと1つの薬液槽に複数の薬液を順次供給するワンバス方式があります。

▶ピラニア洗浄液　有機物に対し強力な除去作用がある液剤のため、獰猛な魚であるピラニアの名が付されている。

図 3-1-1　主なウエット洗浄の種類と特徴

洗浄名	薬液の組成	除去効果
APM	NH_4OH、H_2O_2、H_2O (水酸化アンモン/過酸化水素/水)	パーティクル、有機物
FPM	HF、H_2O_2、H_2O (フッ酸/過酸化水素/水)	金属、自然酸化膜
HPM	HCl、H_2O_2、H_2O (塩酸/過酸化水素/水)	金属
SPM (ピラニア洗浄液)	H_2SO_4、H_2O_2 (硫酸/過酸化水素)	金属、有機物
DHF	HF、H_2O (フッ酸/水)	金属、自然酸化膜

図 3-1-2　ウエット洗浄装置

バッチ式洗浄装置

液温コントロールシステム/
自動薬液供給・排液システム
排気
搬送ロボット
ウエーハ
ロード
ウエーハ
アンロード
薬液槽および水洗槽
乾燥機

枚葉式洗浄装置

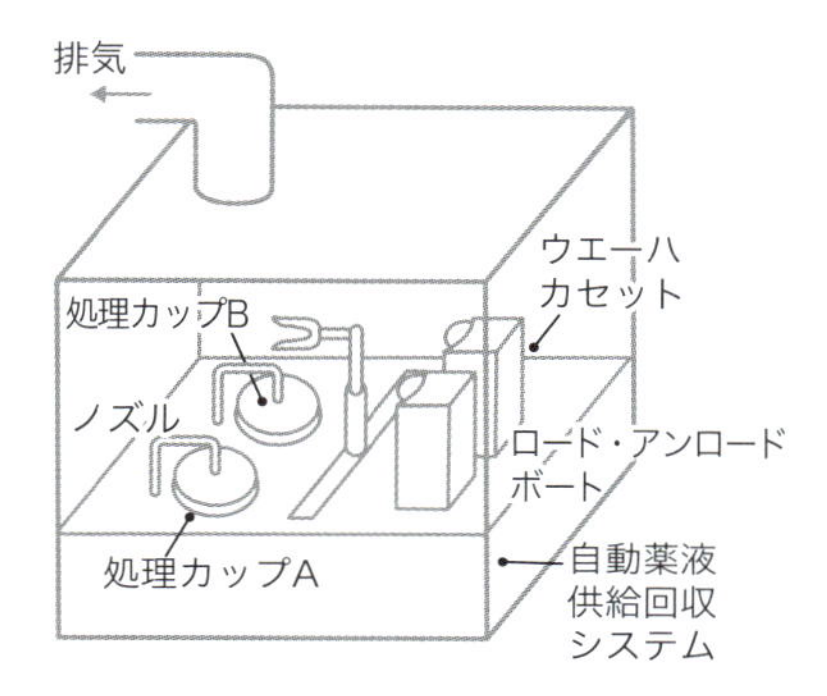

▶バッチ　batch のカタカナ表示。一定量をまとめて処理すること。

Section 02

洗浄後は「リンス→乾燥」
――リンスは超純水、水分は吹き飛ばす

薬液を用いたウエット洗浄やウエットエッチングなどの処理の後には、必ずウエーハ上に残留している薬品を洗い流すためのリンスと乾燥が必要です。これは通常の洗濯（ウエットクリーニング）におけるのと同様です。

リンスは**超純水**で行なわれますが、この濯ぎに使われる分量は、半導体工場で使用される超純水の多くの割合を占めています。

リンスの後はウエーハ上に残っている水分を完全に取り除かなければなりません。そのために行なう乾燥には、遠心力で水分を吹き飛ばす「スピンドライ法」、乾燥窒素などを吹き付ける方法、イソプロピルアルコールで水分を置換する「IPA乾燥」などがあります。

図3-2-1に示した**スピンドライ法**では、窒素ガスとの摩擦により、回転するウエーハ表面が帯電し、素子が静電気破壊されるのを防ぐために、電子シャワーと組み合わせて静電気を除去しています。

▼ウォーターマークを残さないIPA

乾燥ではウエーハ上に水分を残留させないこと、乾燥工程や乾燥設備でパーティクル（ゴミ）・有機物・金属などの異物の発生を抑えウエーハに付着させないことが重要ですが、さらに「**ウォーターマーク**」が大きな問題になります。

ウォーターマークとは、乾燥工程でウエーハの一部に残った水分によって、ウエーハ上に形成されるごく薄いシリコン酸化物の水和物や残留した不純物の形跡を意味します。

ウォーターマークはシリコンが疎水性であるため、シリコンの露出面や多結晶シリコン膜表面で乾燥が不均一になり、超純水リンスの液滴が部分的に残ることで発生します。

このウォーターマークを残さないために工夫されたのが**IPA乾燥**です。IPA乾燥には、図3-2-2に示したように、大きく3種類の方法があります。

①**IPA蒸気乾燥**：IPA蒸気中にリンス済みのウエーハを入れ、純水とIPAを置換して乾燥させます。

②**マランゴニ乾燥**：純水からウエーハを引き上げる際に、IPA蒸気と窒素ガスをウエーハ面に平行に当てて純水を引きずらないように乾燥させます。

③**ロタゴニ乾燥**：スピンドライとマランゴニ乾燥を組み合わせた乾燥法です。

▶マランゴニ乾燥　IPAガス層と超純水層の表面張力の勾配に伴う力（マランゴニ力）を利用した乾燥法。マランゴニ力による現象として、エタノールの表面張力が水よりも弱いために起きる「ワインの涙」が知られている。

図 3-2-1　スピンドライ乾燥法

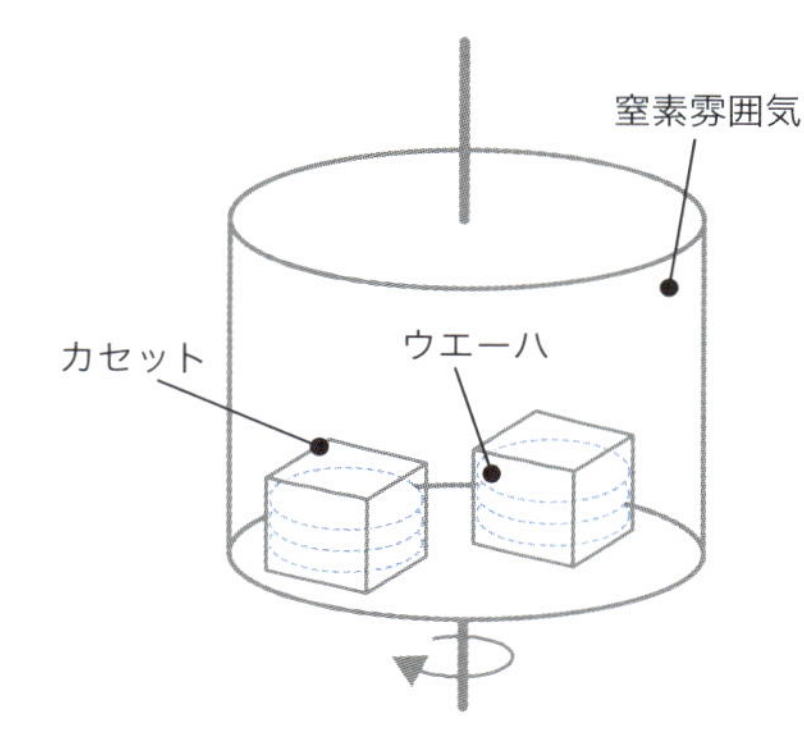

遠心力で水を飛ばす。回転するウエーハと窒素ガスとの摩擦による静電気を除去するため、エレクトロンシャワーを併用する。ウォーターマークが発生しやすい。

図 3-2-2　IPA を用いた乾燥法

①IPA 蒸気乾燥

ウエーハ
IPA
蒸気雰囲気
IPA
IPA 蒸気
排水
ヒータ

IPA蒸気で水を除去。

②マランゴニ乾燥

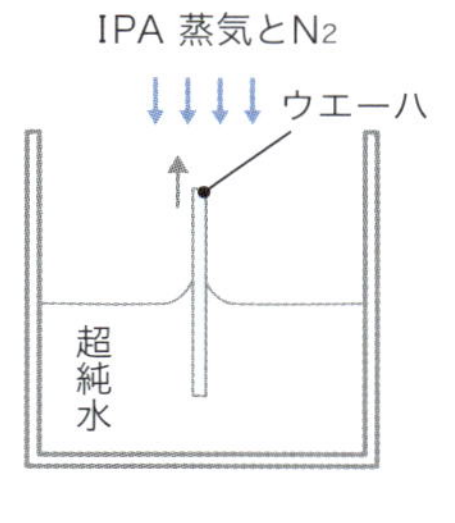

IPA蒸気と窒素の雰囲気中でウエーハを引き上げる。

③ロタゴニ乾燥

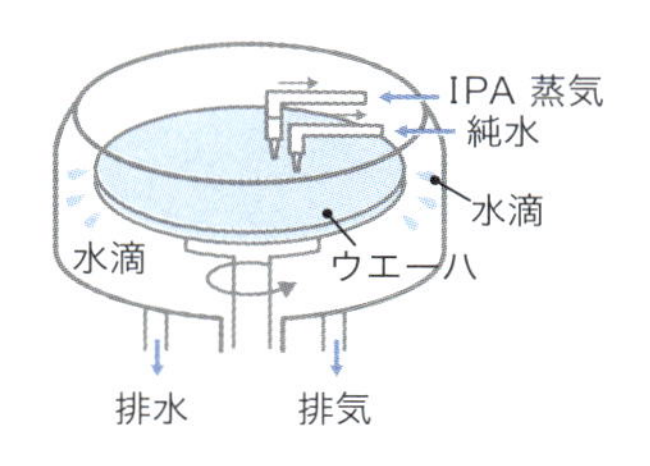

中心から外周に向かって純水とIPA蒸気を吹き付けながらノズルを移動。

▶ロタゴニ乾燥　ウエーハの回転に伴う遠心力とマランゴニ力を利用した乾燥法。

Section 03

配線は象嵌細工技術で
——ダマシンプロセスのルーツは金工象嵌

以前のICでは、配線材料として主にアルミニウム（Al）が用いられていました。

通常、ICの配線は、スパッタリング法などを用いてアルミニウムの薄膜を成長し、その上にリソグラフィ技術を利用して配線のフォトレジストパターンを形成し、それをマスクにしてアルミニウムをドライエッチングで加工することで実現されていました。

しかし、ICを高集積化するための微細加工技術の進展に伴って、配線幅はどんどん細くなりました。その結果、配線の電気抵抗が増大し、配線内を流れる電気信号の遅れがICの動作速度を律速するようになると同時に、「**マイグレーション**」と呼ばれる配線の信頼性に関する問題が顕在化してきました。

代表的なマイグレーションである**エレクトロマイグレーション**（EM）では、**アルミニウム配線**の中を流れる高密度の電子流（＝電子風）によってアルミニウム原子が風下に流され、配線の一部が薄膜化したり断線したり、また風下に**ヒロック**と呼ばれる微細な突起を生じさせます。

▼アルミ配線から銅配線へ

このような、アルミニウム配線の問題に対処するために、アルミニウムより電気抵抗が低くマイグレーション耐性に優れたより重い元素として、銅（Cu）が注目されるようになりました。

このように**銅配線**はアルミニウム配線に比べ好ましい性質を持っていますが、ドライエッチングによる加工が極度に難しい欠点があります。

そこで開発されたのが象嵌細工を意味する「**ダマシンプロセス**」を用いた配線技術です。象嵌、特に金工象嵌はシリアのダマスカスで生まれ、我が国でも日本刀の鍔や鏡あるいは装飾品などに利用されてきました。

ダマシンプロセスでは、図3-3-1に示したように、下地の絶縁膜表面に配線パターンの溝を形成し、その上にメッキによって比較的厚い銅膜を形成し、その後でCMP（化学機械的研磨）によって表面を研磨することで、完全に平坦化された銅の埋め込み配線（＝**ダマシン配線**）を実現します。

銅はメッキが容易なことも幸いしました。

このようなダマシンプロセスによって、図3-3-2に示したように、IC表面に凹凸のないフラットな多層配線構造が可能になったのです。

▶ヒロック　hillockのカタカナ表記。もともと小山、こぶ、塚などの意味。

図 3-3-1　ダマシンプロセスによる銅の埋込配線の形成法

(a) ダマシンプロセス

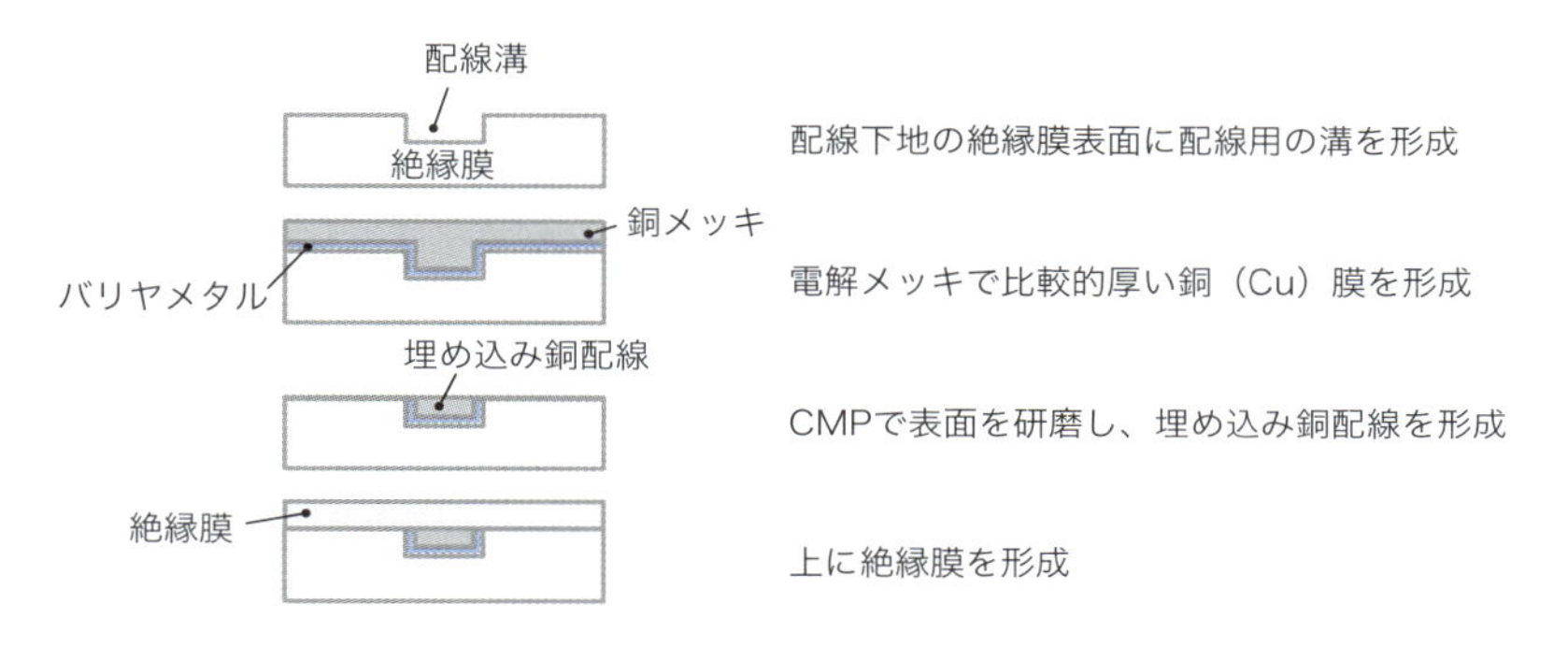

(b) ダマシン配線構造

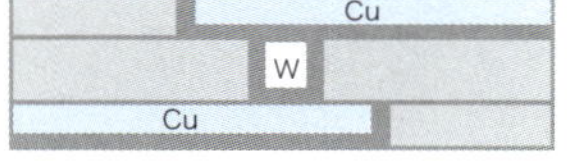

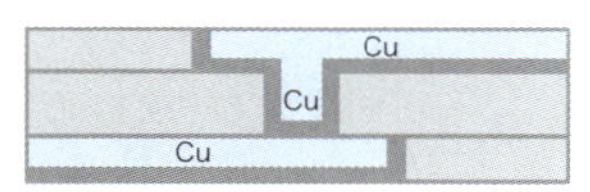

ビアホールはWプラグコンタクトで配線のみ銅のダマシン。

ビアホールと配線の両方を銅のダマシンで同時に形成。

図 3-3-2　シングルダマシンとデュアルダマシンを組み合わせた銅の 5 層配線の例

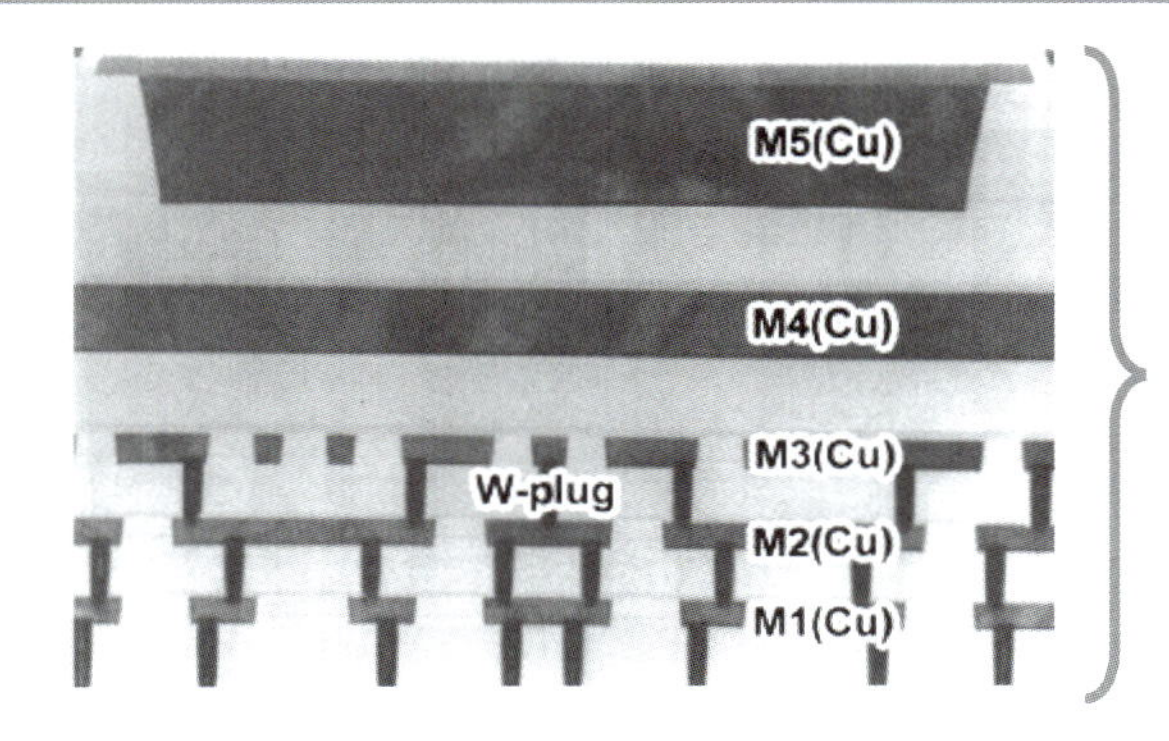

ダマシンプロセスによって、凹凸のない平坦な5層配線を実現している(断面図)。

▶配線　多層配線における電源線やグラウンド線は信号線に比べ、電圧降下（IR ドロップ）を抑えるため厚く幅広の配線が用いられる。

Section 04

ICチップは全量検査
——ウエーハ検査工程でのチェック法

ウエーハ上に作り込まれた多数のICは、1個1個のチップごとに良・不良が判定されます。この工程は「**ウエーハ検査工程**」とも呼ばれます。

▼ICチップに切り分ける前に……

一般に、物の製造では後の工程に進むほど仕掛品(しかかりひん)の付加価値が増しますから、最終的に不良品となる可能性の高いものは、できるだけ前の工程で除いておいた方が工数とコストの両面で有利になります。

特にICの製造における前工程では、シリコンウエーハ上に多数のICチップを一括して作り込みますので、途中工程で不良品のチップだけを除去することはできません。したがって、ウエーハが完成し1個1個のICチップに切り分ける前に良否判定を行なうことになります。

良否の判定基準は、ウエーハ状態と最終IC製品の状態では異なります。さまざまな条件の違いが出てきますので判定規格の適切な設定が重要です。すなわち「**甘過ぎず、厳し過ぎず**」です。なぜなら、規格が甘過ぎれば不良品を後の工程に流すことになり、厳し過ぎれば良品まで落としてしまうことになるからです。

このウエーハ検査工程では、図3-4-1に示すように、ウエーハを「**プローバ**」と呼ばれる機器の測定ステージにセットし、チップ上の外部引き出し用の電極パッド全てに**プローブ**と呼ばれる探針を1本1本接触させます。このため、ICごとに全電極パッドに合わせてプローブを配置した「**プローブ・カード**」と呼ばれるものが利用されます。

プローブ・カードのプローブからは、電源線・接地線・入出力信号線・クロック信号線などが引き出され、テスターとよばれるコンピュータを内蔵したIC測定器に接続されています。

テスターからICに一定の信号波形を入力した時、ICが出力してくる信号波形をあらかじめプログラムされた正しい信号と比較することでチップの良否が判定されます。もちろんICからの信号応答がない場合も不良と判定されます。

こうして不良判定されたチップは打点などで自動的にマーキングされます。1個のチップの測定が終わると、プローバのステージが次のチップの箇所に移動して次のチップの測定を行ないます。こうしてウエーハ上の全ICチップが測定され良否が判定されます。

▶プローブ　「探針」と訳される。測定したい試料に接近させ、その物理的・電気的特性などを測定する。タングステン（W）線の先端を電解研磨して尖らせた針などが用いられる。

図 3-4-1　ウエーハ検査

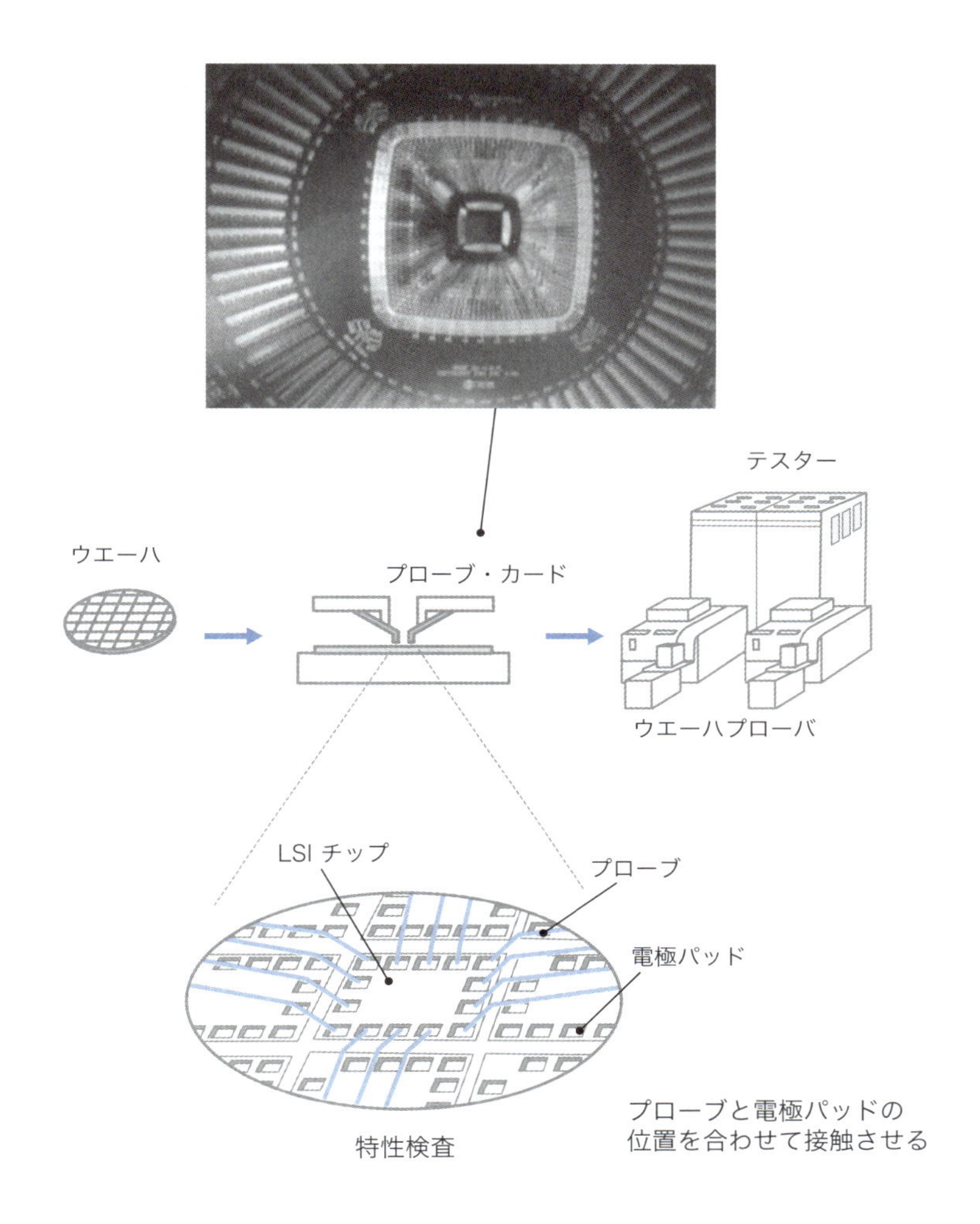

前工程が終了したウエーハをプローバにセットし、プローブ・カードを当てて、プローブをチップ上の電極に１本１本接触させ、プローバに接続されたテスターでチップの電気特性を測定し良否を判断する。

▶プローブ・カード　IC製品によっては2000本を超えるプローブ（探針）を持ったものがあり、高精度の共平面性が求められる。

Section 05

「冗長回路」という保険の導入

――「万が一」に備えた予備メモリのしくみ

半導体メモリ、例えば1GDRAM（ギガ・ディーラム）では、1個のICチップの上に、1ビットの情報を記憶する単位としてのメモリセルが10億個（10^9）も作り込まれています。

もし、この10億個のメモリセルのうち、たった1個でも不良のセルがあれば、それだけでICとしては不良になってしまいます。しかし考えてみるとこれはあまりにも不経済であると言わざるを得ません。

▼予備メモリをどのくらいもつか

そこで工夫されたのが「**冗長度**」（**リダンダンシー**）と呼ばれる手法です。リダンダンシーでは、メモリの記憶容量に応じた本来のメモリセル以外に「予備のメモリセル」を追加して作り込んでおき、万が一、本来のメモリセル部に不良があった場合には予備のセルに切り替えることでICとしてできるだけ救済させようとします。

これは、脳梗塞などで身体機能の一部が障害を受けた時、リハビリをすることで死んだ脳細胞の働きを他の使っていなかった脳細胞で代行させようとするのに似ています。

ICの冗長回路は、図3-5-1に示したように、予備のメモリセル、および本来のメモリと予備のメモリセルを切り替えるための回路から構成されています。

メモリセルの切り替えは、通常、ICチップ上に作られている多結晶シリコンのヒューズをレーザーでカットすることで行なわれます。

ウエーハ検査工程でテスターは、メモリICの不良内容や不良メモリセルのチップ内位置、さらに点状欠陥・線状欠陥・クラスター状欠陥か、などにより置換可能か否かを判定しデータ記憶しておきます。

置き換え可能と判断されたチップを含むウエーハは「**レーザートリマー**」と呼ばれる装置にかけられ、データに基づく修正内容に従ってトリミングされます。トリミングされたICチップは再びウエーハ検査工程にかけられ、置き換えが成功していれば良品ICとして救済されます。

以上の説明からもわかるように、予備のメモリセルをどのくらい持たせるかの判断が重要です。すなわち予備のメモリセルが多いほど救済率は高くなりますが、ICチップのサイズも大きくならざるを得ず、ウエーハ上のICチップ数が減少するからです。図3-5-2には救済率の例を示しています。

▶デコーダ　decoderのカタカナ表記。復合器とも呼ばれる。符号化された信号を一定の規則に従って元の信号に変換する（戻す）回路。

図 3-5-1　IC の冗長回路の例

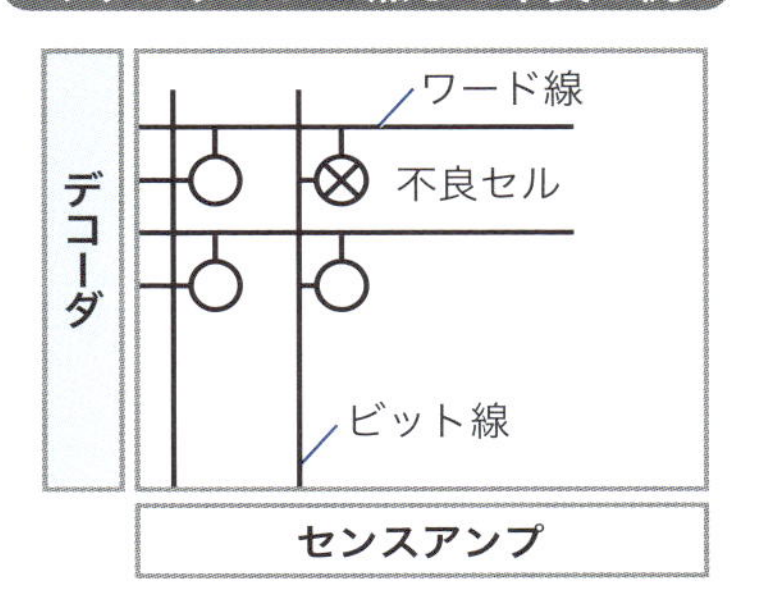

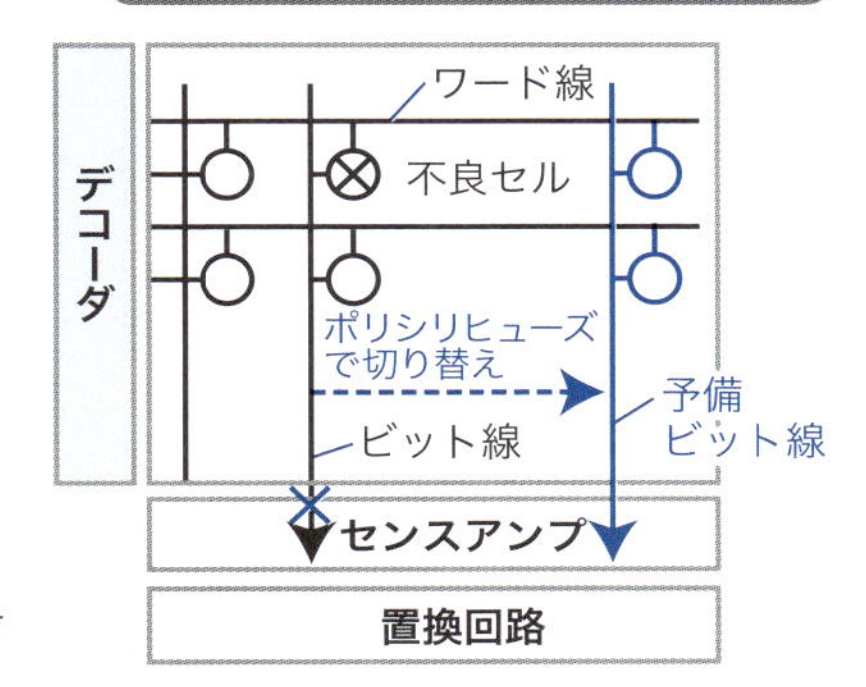

あるビット線上に不良セルがある場合、そのビット線をそっくり予備ビット線に置き換えて不良を救済する。その切り替えには多結晶シリコンで作りつけたヒューズ（ポリシリヒューズ）を利用する。

図 3-5-2　DRAM に対するリダンダンシー効果の見積もり

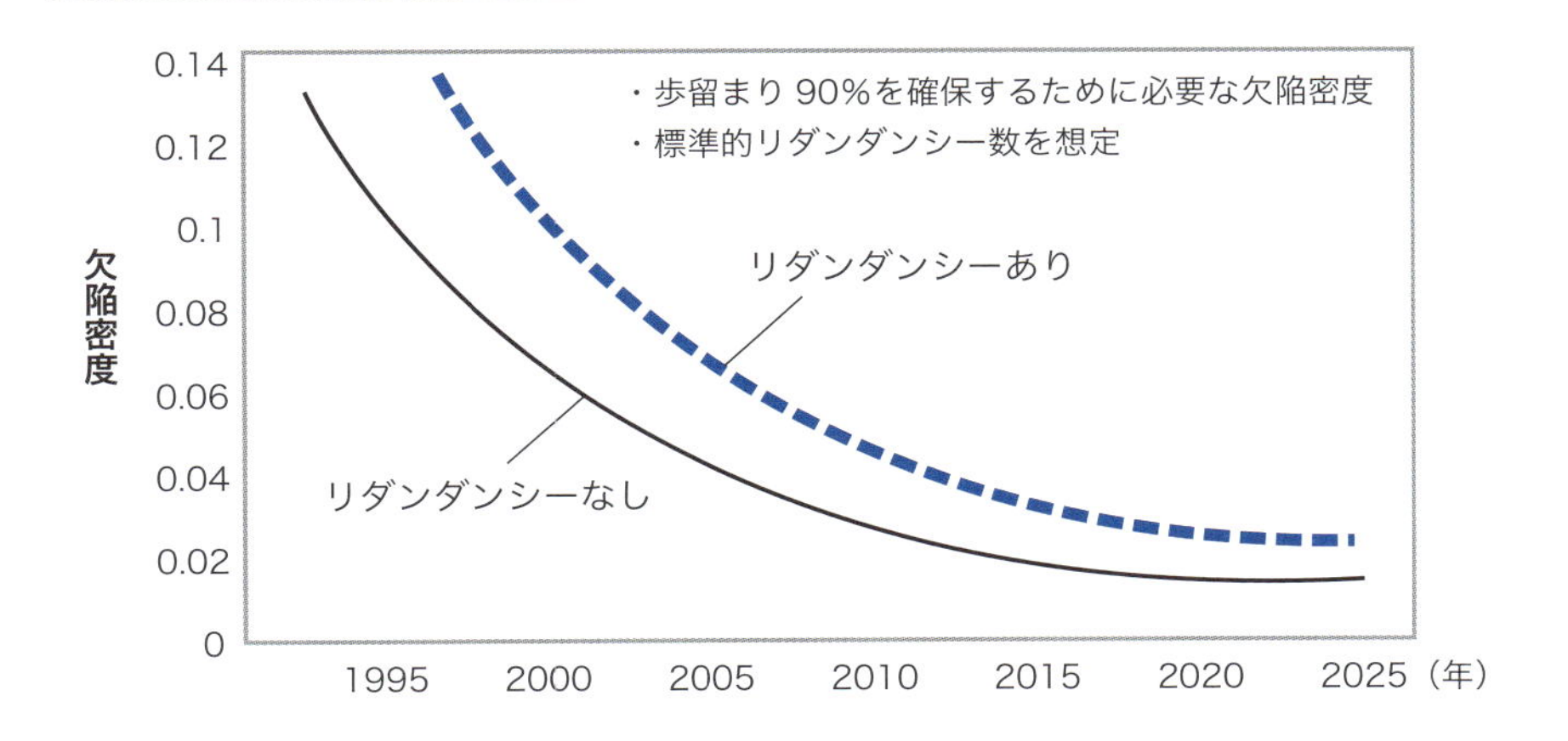

冗長回路を入れると、その分チップ面積は大きくなるが、救済率との関係で最適冗長回路の規模が決まる。図は、標準的なリダンダンシー数を想定し、歩留まり 90%を確保するための欠陥密度の違いを示している。

▶センスアンプ　sense amplifier のカタカナ表記。信号電圧や電流を検出しやすいように増幅するための回路。

Section 06

チップに切り分けるダイシング

——人間の髪の毛を10本に切り分ける

▼スクライブ線という切り代

良品と判定されたウエーハは、裏面研削工程に送られ、必要な厚さに削られます。口径300ミリウエーハでは厚さ0・775ミリでスタートしますが、図3-6-1に示したような裏面研削（バックグラインド）で0・3ミリ以下に薄くします。これには、ウエーハの切り分けを容易にし、チップを搭載するパッケージの高さを抑え、シリコン基板の電気抵抗を下げる目的があります。

次にウエーハは、**ダイシング**で1個1個のチップに切り分けられます。ICチップは**ダイ**（die）とも呼ばれるため、この名があります。チップはまた**ペレット**とも呼ばれるのでペレッタイジング、あるいは切り分けるという意味で**スクライビング**とも言われます。ダイシング装置はダイサーと呼ばれます。

ダイシングでは、図3-6-2に示したように、裏面研削済みウエーハを紫外線を照射すると粘着力が弱くなる特殊なUVテープに貼りつけ、全体をフレームに固定します。次にダイヤモンド微粒を表面に貼りつけた極薄の円形刃（**ダイヤモンド・ソー**）でカットします。ウエーハ上に縦横に配置されたチップ同士の間は**スクライブ線**と呼ばれる、幅が約100μメートルの切り代が取ってあり、製造工程でスクライブ線の領域はシリコン基板表面が露出されていて、この線に沿ってカットします。この時、人間の髪の毛を縦に10本に切り分けられる程の精度を持っています。ダイシング装置としてブレード（刃）の代わりにレーザーを用いるレーザーダイサーもあります。

▼1個1個のチップに

ダイシングが終わると、特殊な治具でUVテープを引き伸ばすと、カットされたチップは一緒に引っ張られてお互いの間に隙間ができ、1個1個のチップに分離されます。

ここで、ウエーハの裏面から紫外線（UV光）を照射するとUVテープが光化学反応を起こして粘着力が落ち、チップをテープから簡単にピックアップでき、取り扱いが容易になります。

最後に顕微鏡でICチップの欠けやキズなどの外観チェックを行ない、欠陥が見つかったチップは取り除かれます。またウエーハ検査で不良のマーキングがされたチップもこの段階で除去されます。こうして選ばれたチップは、フレームごと次の工程に送られます。

▶バックグラインディング　裏面研削。チップスタックと呼ばれる構造のパッケージング用にはチップの厚さが50ミクロンメートル程度になるまで研削する。

図 3-6-1　裏面研削で 0.3 ミリ以下に

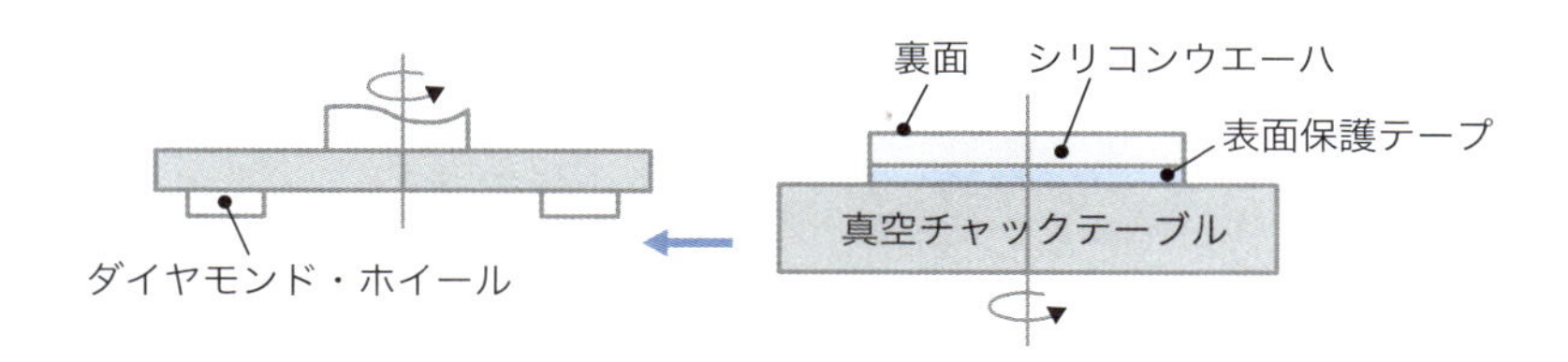

ウエーハの表面を保護テープで覆いターンテーブルに真空チャッキング（固定）し、ダイヤモンド・ホイールで裏面側を必要な厚さまで研削する。

図 3-6-2　ダイシング工程

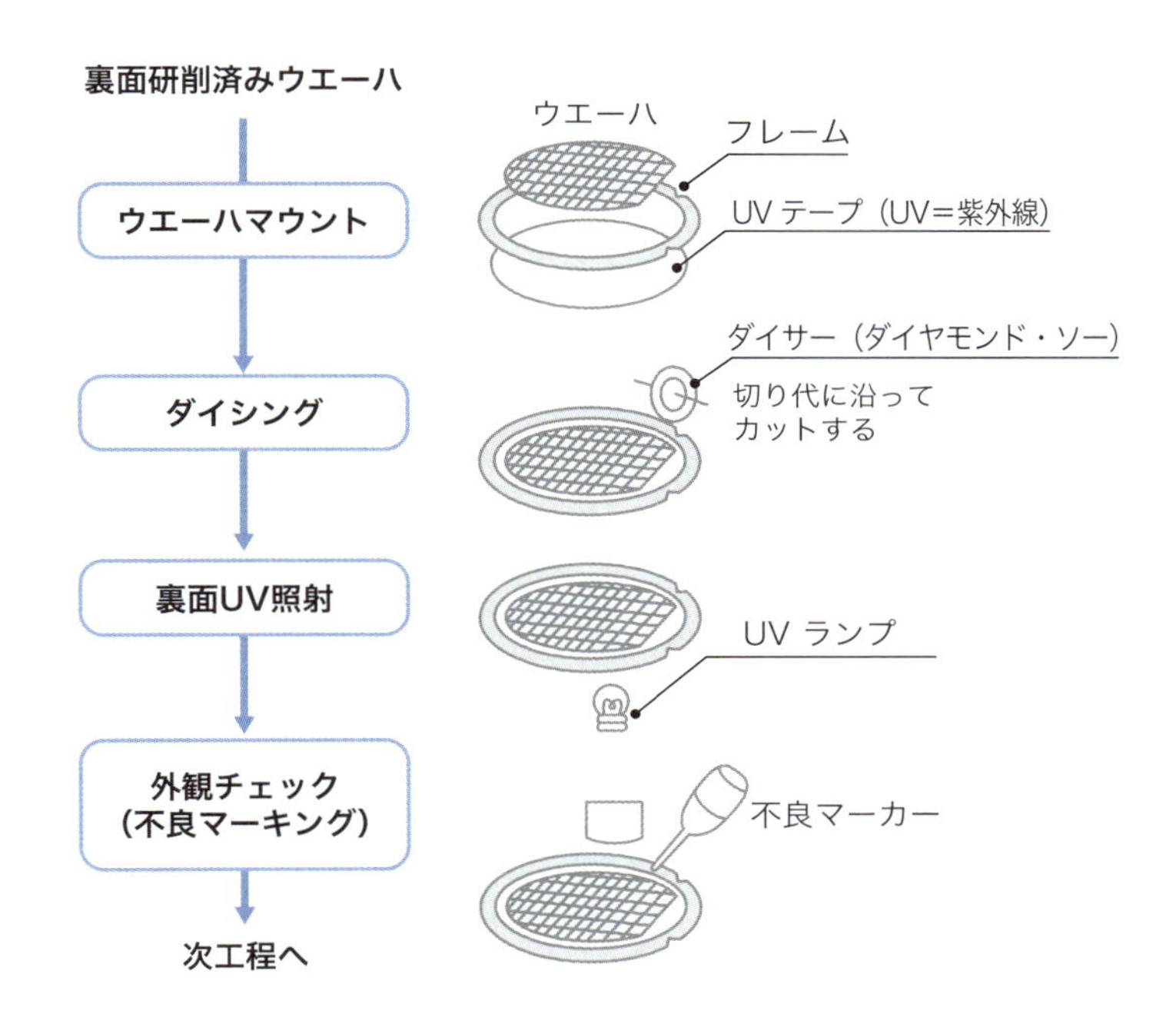

▶表面保護テープ　基材として PET（ポリエチレン・テレフタレート）や PO（ポリオフレン）などが用いられる。

ケースにマウントする

――パッケージに精確に収める作業

ダイシングで切り分けられ、「良品」として判定されたICチップは、1個1個、別々のパッケージ（IC搭載用ケース）に収められます。

そのため、まずチップをパッケージのアイランド部分に載せて貼りつけなければなりませんが、この工程は**マウント**あるいは**ダイアタッチ**、またこれを自動的に行なう装置は**マウンター**あるいは**ダイボンダー**と呼ばれます。

パッケージにはさまざまな種類があり、チップの収納法も違いますが、ここでは最も多く利用されている「**モールドパッケージ**」を例に、マウント工程を見てみましょう。

▼マウント工程のさまざまな方法

マウンターは、図3-7-1に示したように、UVテープの上に並べられた良品チップを1個ずつピックアップし、セットされている**リードフレーム**と呼ばれる金属製の枠のアイランド部に載せて貼りつけます。

貼り付けは通常、銀メッキされたアイランド部の温度を常温から250℃に上げ、そこに導電性の**銀ペースト**をポッティングし（樹脂を流し固める）、その上からチップを軽く押しつけて固着します。このようなマウント法は「**樹脂マウント**」とも呼ばれます。

最近は全自動マウンターが使われていますので、動作はデジタルカメラとコンピュータで制御されており、チップやリードフレームのハンドリングなどにはロボット技術が利用されています。人が介在することはありません。

このような銀ペーストによる樹脂接着法以外にも、図3-7-2に示したように、①アイランドの温度を約400℃にまで上げておき、金メッキされたアイランド部に直接、②または金テープの小片を介して圧着し、軽く擦り合わせてチップ裏面とAu-Si共晶を形成することで固着させます。これらは、それぞれ「**共晶マウント**」「**金片マウント**」と呼ばれます。

このように高温でのマウント法では、金属部材の酸化を防ぐため、窒素雰囲気中での作業が必要になります。

共晶反応を用いたマウント法は、主にセラミックパッケージなどを用いた高信頼性ICに利用されています。

マウントでは、チップをアイランド上の決まった位置にしっかり正確に固定することはもちろん、アイランド部とチップの間の電気抵抗や熱抵抗を下げることにも留意しなければなりません。

▶マウント　mount のカタカナ表記。載せる、置くなどの意味。
▶ダイアタッチ　die attach のカタカナ表記。付着する、結合するなどの意味。

図 3-7-1　樹脂マウント法

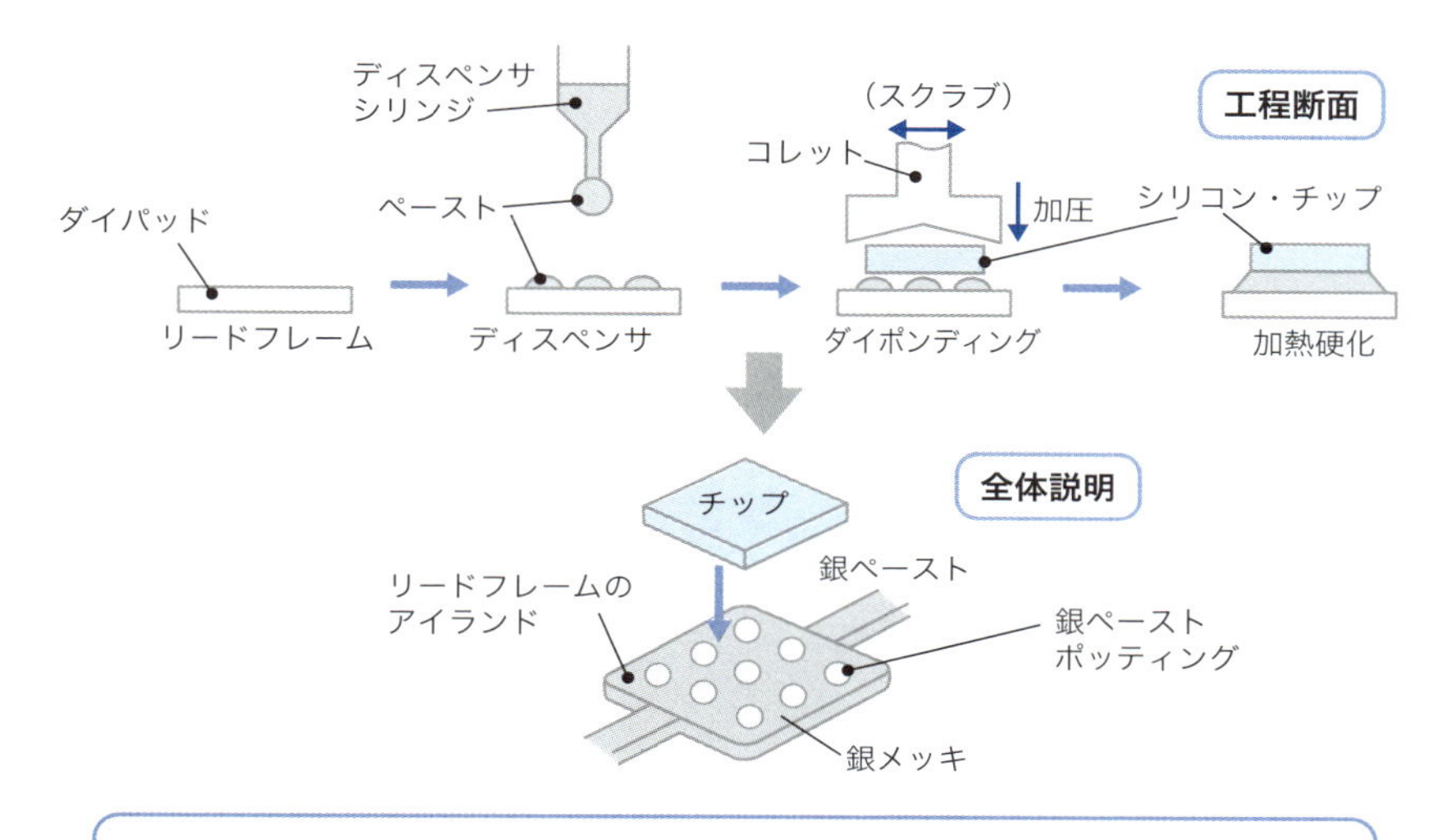

リードフレームのアイランド部に銀ペーストをポッティング（流し固める）する。そこにUVテープ上から真空チャックでピックアップした良品チップを載せて貼りつける。

図 3-7-2　金片マウントと共晶マウント

❶共晶マウント

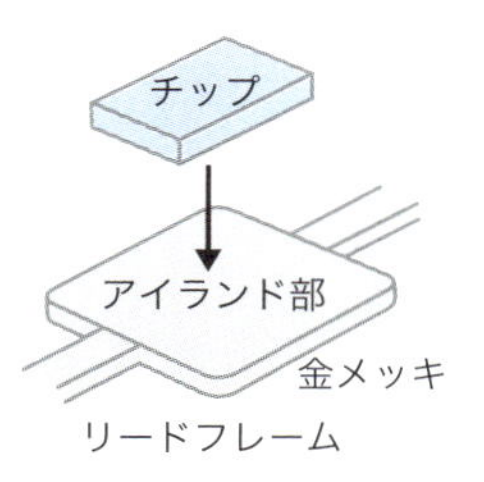

チップを金メッキされた温度を上げたアイランド部にすりつけAu-Si共晶を形成して貼り付ける。

❷金片マウント

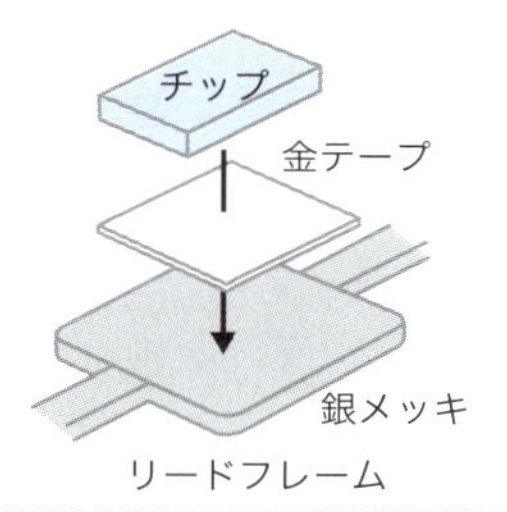

アイランド部とチップの間に金片を挟み、温度を上げてチップをアイランド部に貼りつける。

▶共晶　共融混合物あるいは共析晶とも呼ばれる。2成分以上の物質の液体状態から同時に析出する結晶の混合物。その反応を共晶反応という。

Section 08

ボンディングで金線接続
——わずか100分の1秒の世界

▼チップのリードと電極を結ぶ

マウント済みのICチップと外部の電気信号のやり取りを可能にするため、図3-8-1に示したように、チップの表面周辺部に配置された電極引出し用のボンディングパッドとリードフレーム側のリード電極を1つずつ金細線で接続します。この工程は**ワイヤーボンディング**、その装置を**ワイヤーボンダー**と呼びます。現在のワイヤーボンダーは完全自動化されています。

ボンディングすべきICのパッド電極配置や、使用するリードフレームのタイプに応じてリード電極配置に関する情報をボンダーにインプットしておきます。

ボンダーに内蔵されているデジタルカメラで、アイランド上のチップの位置や傾き、各パッド電極とリード電極の相対的位置関係などを読み取り、それにデータ処理を施してボンディング操作を微調整します。そのデータに基づき、ロボットアームを用いてパッド電極とリード電極を1本1本、直径約30μメートルの金線で接続します。

1個のICチップの全電極に対するボンディングが終わると、ボンダーはリードフレームを次のチップ位置に送りボンディングを行なう、という動作を繰り返します。

このボンディング操作は非常に高速で、肉眼では単に両方の電極を繋いでいるだけに見えるかもしれませんが、実際には、図3-8-2に示したように、ごく短い時間内にいろいろ複雑な動作をしています。すなわち、ボンディング線がチップ周辺部に触れないようにループ形状を制御し、チップとリードフレームの温度を上げ、パッドおよびリードとボンディング線を擦りつけて接続し、チップ側からリード側への1本のボンディングが終わると素早く金線の切り離しをする——などです。

この時、金線とパッド電極の接続には、温度が約350℃で熱圧着する方式と250℃程度で超音波エネルギーを併用した方式があります。また金線とリード電極の接続には加熱と超音波を併用します。

ボンダーはこれら一連の動作を100分の1秒ほどのスピードでこなします。テレビなどで半導体工場の映像が流れることがありますが、一般の人にも見栄えが良いせいか、このボンディング工程が使われることが多いようです。

図3-8-3に、ボンディング済みの顕微鏡拡大写真の一例を示します。

▶ボンディング　ボンディング（bonding）とは、繋ぐ、結合するの意。ICによっては2000本を超えるボンディング線を持つものもある。

図 3-8-1 ワイヤーボンディングの模型

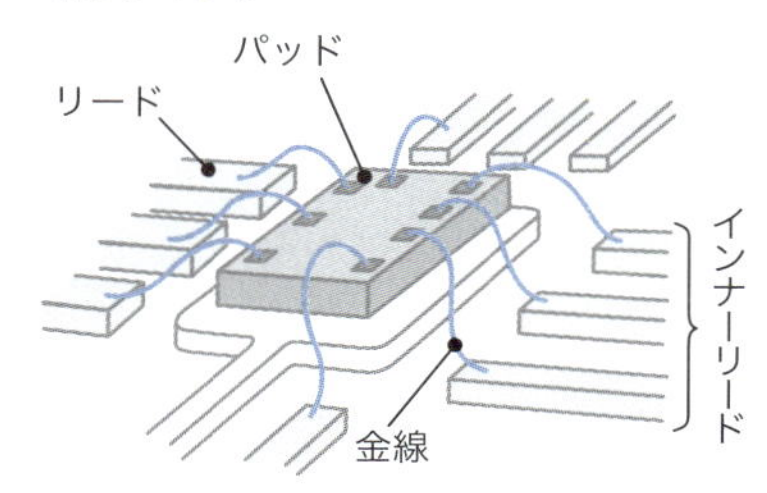

ボンディングとは、チップ表面の周辺部に配置された電極パッドとリードフレームのリード（インナーリード）を金細線（Au線）で1本ずつつなぐことをいう。

図 3-8-2 ワイヤーボンディングの工程

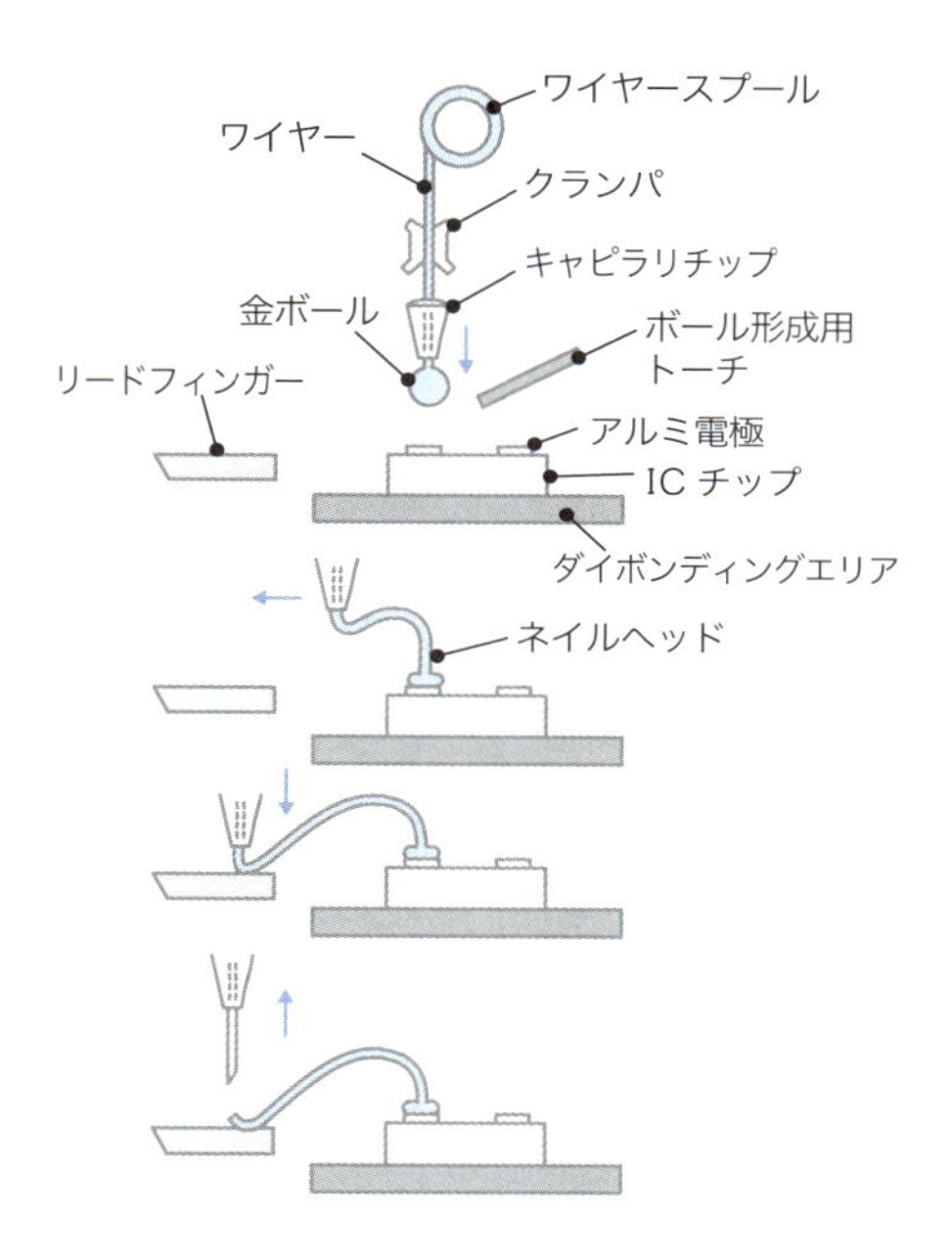

図 3-8-3 ワイヤーボンディングの顕微鏡写真例

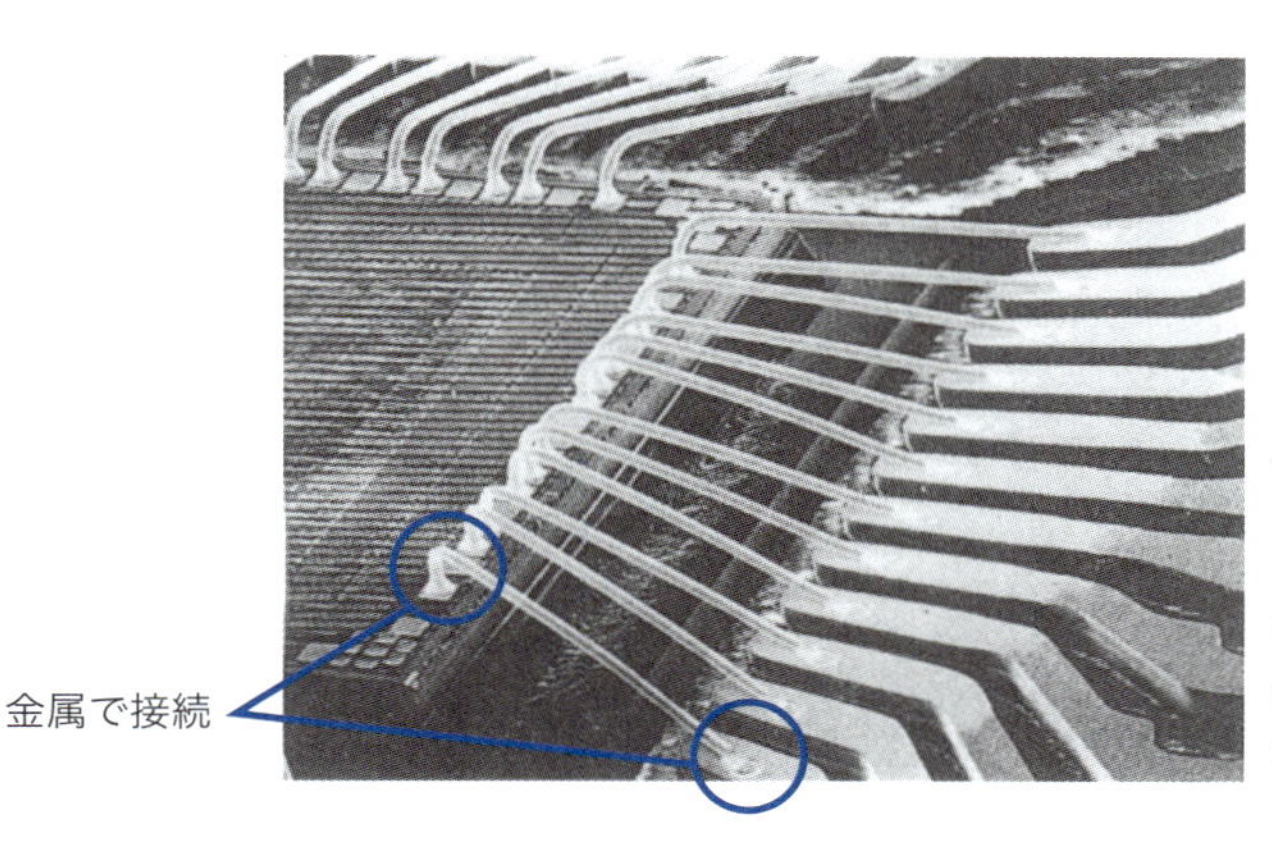

チップのボンディングパッドとパッケージのリードを繋ぐ金細線は、チップエッジなどに接触しないようループ形状に制御されている。

▶ボンディング線　金（Au）線の代わりにアルミ（Al）線が用いられることもある。

リード表面処理
——外装メッキで強度向上、錆の防止効果

▼バリ取り作業後にメッキ処理

モールドIC製品では、樹脂による封止工程が終了すると、**リードフレーム**の外部端子リード部にハンダメッキあるいはハンダ浸漬（しんせき）（ディップ）をして、ハンダの保護膜を形成します。

樹脂封止工程で、上下金型とリードフレームを密着させて樹脂を流し込んだ時、リードフレームと金型のわずかな隙間から樹脂が漏れ込み、薄いバリが発生します。この薄バリがあると、その部分にメッキがされませんので、**バリ取り**をしなければなりません。そのためアルカリ電解質溶液中で陰極に樹脂封止されたリードフレームを浸漬し、電界をかけることでリードフレームの界面から水素ガスを発生させ、樹脂の薄バリを浮き上がらせます。

こうして膨潤した樹脂バリ部に、図3-9-1に示したように、高圧水やガラス粒流などを吐きつけて、衝撃力を利用してバリを取り除きます。バリ取りの終わったリードフレームは、外装ハンダメッキ装置で外部リードにメッキが施されます。

一般的な外装メッキとして使われる電解メッキでは、スズイオンと鉛イオンが含まれるメッキ槽中で、陽極側にハンダ板を、陰極側にリードフレームを吊るし、電流を流します。この時マイナス電荷の電子を失った陽極側のハンダが電解質溶液に溶け込み、スズと鉛のプラスイオンがリードフレームに付着しハンダが析出します。析出するハンダの組成はハンダ板とメッキ液の組成で制御できます。

外装メッキ装置には、リードフレームをバッチ式で搬送し数十枚のリードフレームを一括処理するラック搬送方式と、一枚一枚のリードフレームをベルトで搬送し処理を行なうリードフレーム搬送方式があり、目的により使い分けられます。

このようなリード表面処理としての外装メッキには、リード形状加工での曲げなどに対する機械的強度を上げ、プリント板への実装時のハンダ濡れ性を向上させ、錆（さび）を防止するなどの目的があります。

メッキが終わったリードフレームの端子部を金型で押さえ込み、図3-9-2に示したように、端子間の**ダムバー**（タイバーとも呼ばれる）を抜き型と抜き刃でパンチして切り取ります。ダムバーとは樹脂封止工程で、リードフレームの厚さ方向の金型の隙間から漏れだす樹脂の流れを止めるダムの役目をするものです。

▶ハンダ濡れ性　ハンダが金属表面で濡れたように広がることで、ハンダの接続信頼性を示す。固体表面上の液体の接触角が小さい状態は「濡れ性が良い」とされる。

図 3-9-1 リード表面のメッキ処理

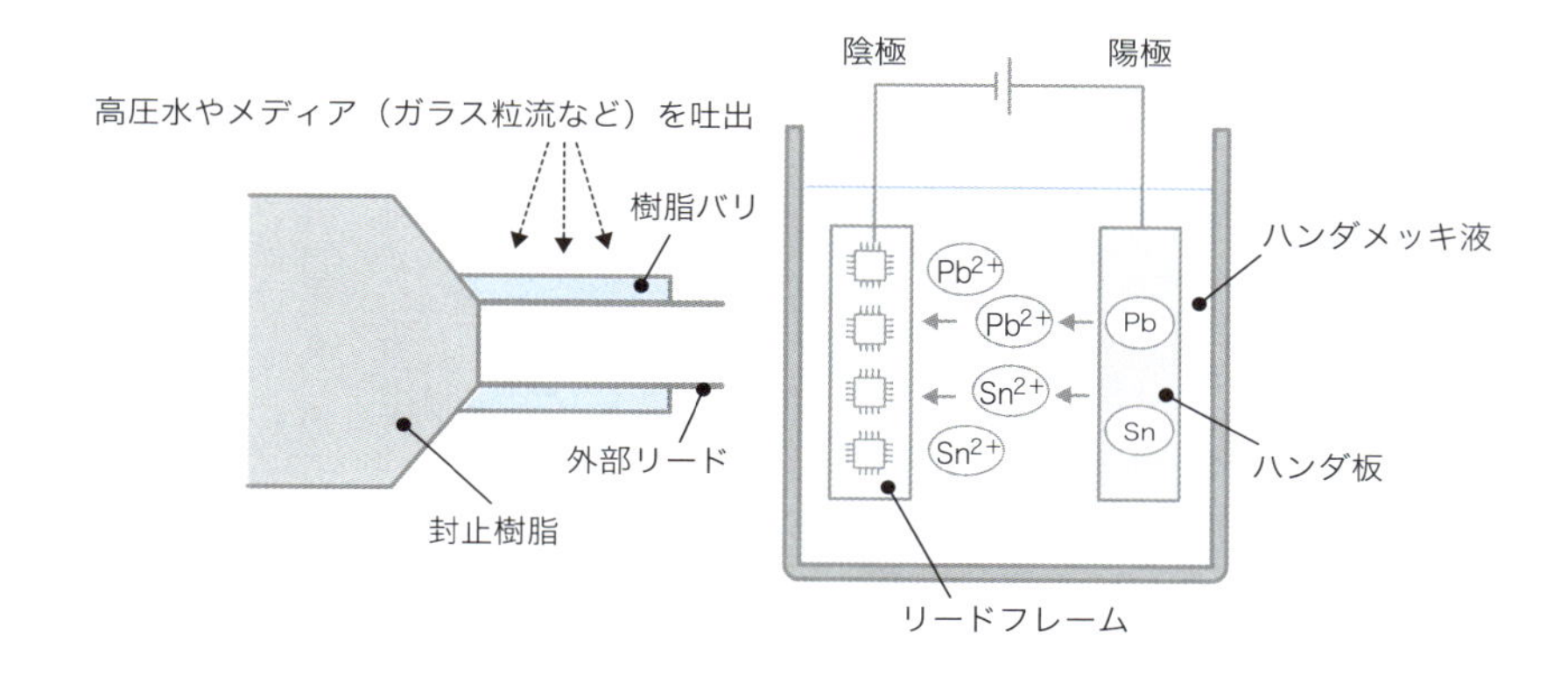

樹脂バリを、高圧水やガラス粒流を吹きつけて剥離し、ハンダメッキによってリードフレームの外部リードにメッキ外装処理を行なう。

図 3-9-2 リードフレームからの切り抜き

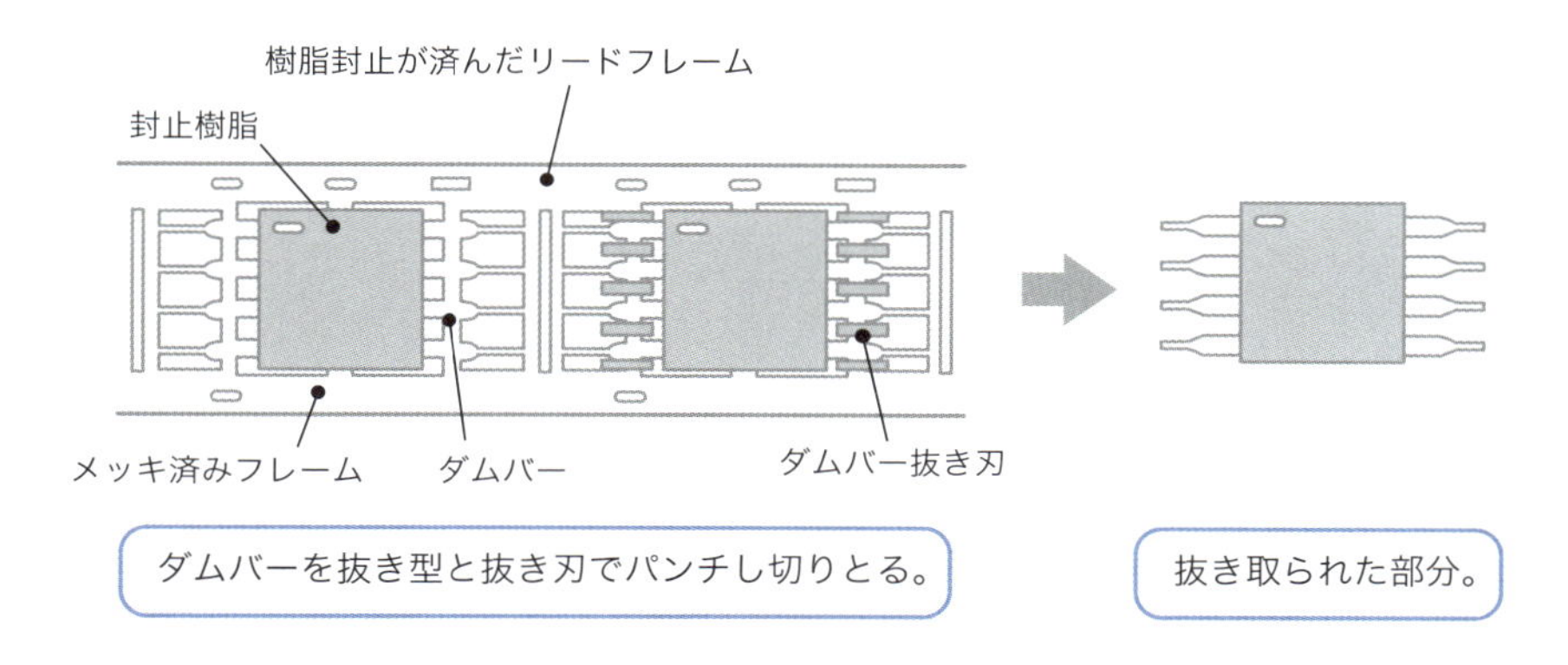

ダムバーを抜き型と抜き刃でパンチし切りとる。

抜き取られた部分。

▶ダムバー　dam-bar のカタカナ表記。せき止めるための横木などの意味。
▶タイバー　tie-bar のカタカナ表記。結び付けるための横木などの意味。

チップを保護する「封止」

——気体や液体の侵入からチップを守る

ボンディングが終了したICチップは、外からの物理的接触や汚染の侵入を避けるためパッケージや封止材で密閉されます。これは**封止**または封入と呼ばれます。ICの封止法としては、大きく「非気密封止」と「気密封止」に分けられます。

▼安価な「非気密封止法」

非気密封止とは、気体や液体に対して完全な防御作用を有しないものですが、安価で大量に生産できる利点があります。非気密封止法の代表例として、金型を使ったトランスファーモールド法は最も一般的です。

図3-10-1に示したトランスファーモールド法では、ボンディング済みのリードフレームを金型成形機にセットし、予備加熱した熱硬化性エポキシ樹脂のタブレットを金型のポット部に投入し、プランジャーで流動化したモールド樹脂を金型のキャビティ内に圧送します。

モールド金型内で樹脂をある程度硬化させた後、成形されたリードフレームが取り出され、所定の温度で完全に硬化させます。

最近では、複数のリードフレームの個々のキャビティごとにポットプランジャーを有するマルチプランジャー方式の完全自動モールド成形機が多く用いられています。

成形が終わると、リードフレームに付着している樹脂やバリを取り除き、形を整えます。

モールド封止ではチップを包んでいるのが樹脂ですから、耐湿性や耐熱性などの面で問題があります。したがって信頼性を確保するためには、チップ設計そのものやチップコーティングなどの工夫と並んで、モールド樹脂材料やリードフレーム形状などの最適化が求められます。特に水分は禁物で、リードと樹脂の界面に沿って入り込み、配線金属の腐食などの不良原因になるからです。

▼金属封止などの「気密封止法」

封止法には図3-10-2に示したように、外界から完全に密閉され微量のガスや水分などの侵入を完全に防ぐ**気密封止法**もあります。

気密封止法には、高価ですが信頼性の高い金属封止(金—スズシール)と、安価ですが封止温度が480℃くらいと高い低融点ガラスシール(サーディップ)、ハンダを用いたハンダシールなどがあります。

▶気密封止　ハーメチックシール(hermetic seal)とも呼ばれる。

図 3-10-1　トランスファーモールド法による封止

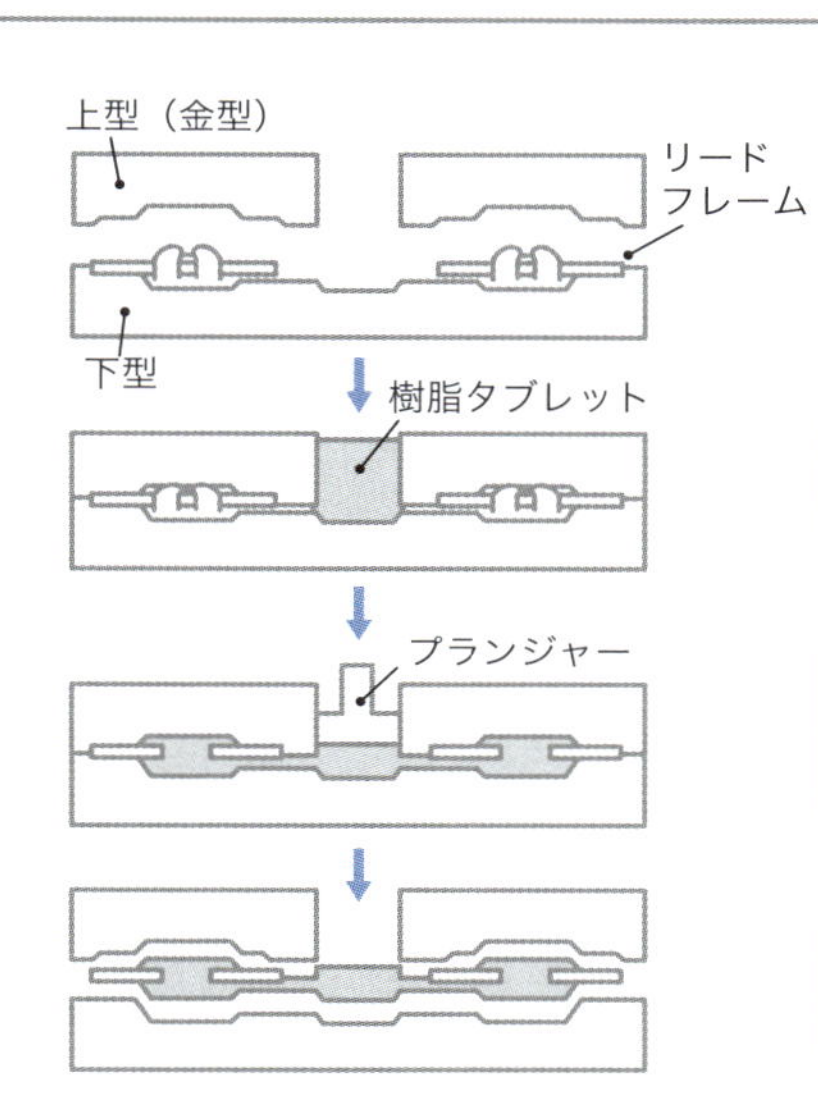

ボンディング済みのリードフレームを金型にセットする。

予備加熱した樹脂タブレットを金型に投入する。

プランジャー（棒状ピストン）で加圧し流動化した樹脂を移送する。樹脂を熱硬化させる。

モールド封止したリードフレームを取りだす。

図 3-10-2　封止法の種類

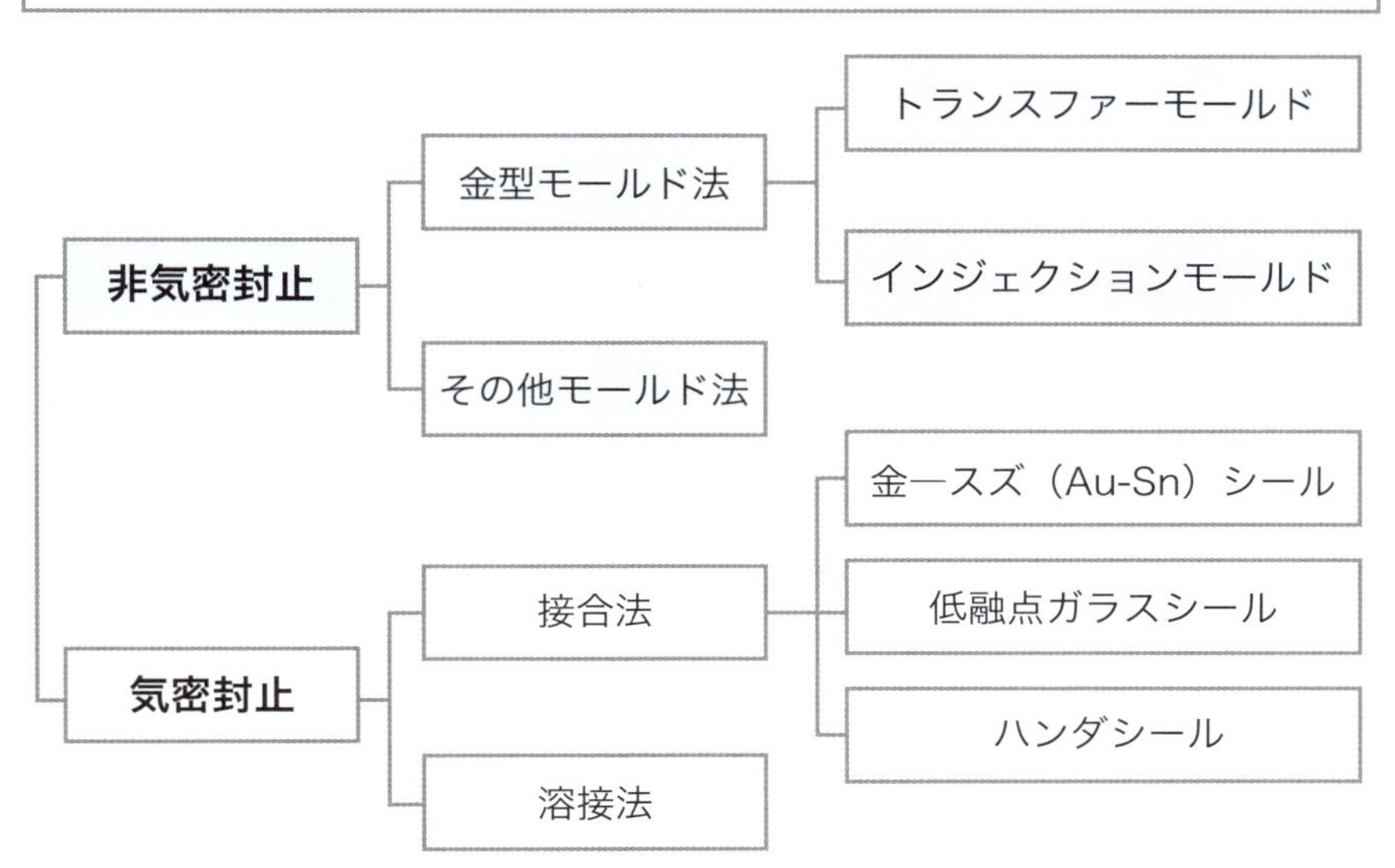

▶非気密封止　ノン・ハーメチックシール（non-hermetic seal）とも呼ばれる。

Section 11

リード端子の加工成形

――パッケージに合わせて加工する

外装メッキされたリードフレームから個々のICを切り離し、パッケージの最終形態に合わせてリード端子の加工と成形を行ないます。

▼挿入実装型と表面実装型

ICパッケージの形態はさまざまですが、ここではプリント基板への実装法の違いによる分類例を図3-11-1に示してあります。

「**挿入実装型**」のうち、インライン型ではリード端子（足とも略称される）が下向きにまっすぐに延びていて、このリードをプリント基板上の銅配線のランド部に穿（うが）たれた開口に差し込みハンダ付けすることで、ICを固定するとともに電気的接続をとります。

挿入実装型パッケージには、リードがパッケージの両サイドから出ているもの（DIP）、片サイドから出ているもの（SIP）、直線状ではなく交互にジグザグに出ているもの（ZIP）などがあります。

いっぽう「**表面実装型**」では、リード端子が直線状でなく「ガルウイング型」、すなわち「カモメの翼」と呼ばれる外側にフラットに曲げられたもの（SOPやQFP）や、「Jリード型」と呼ばれるパッケージに絡ませるように内側にJ字形に曲げたもの（SOJ）があります。

これら表面実装型パッケージでは、プリント基板上に実装する際、所定の銅配線部にICの各リードの位置を合わせて載せた状態でハンダ付けを行ない、ICを固定するとともに電気的接続をとります。表面実装型パッケージを用いることで、高さ方向の実装密度を上げることができるため、デジタルカメラ、スマートフォン、モバイル端末などの薄型化に寄与しています。

リード加工型のパッケージでは、ICをプリント基板に載せた時、全リード端子が銅配線上と均一に接触するように全面的な均一性を確保することが重要です。

また、例えばガルウイング型のパッケージでは、図3-11-2に示したように、パッケージを平面上に置いた時、リードと銅配線の間にメッキを入れるため、リード端部が8度くらいの角度を持っている事が必要になります。

またリード成形後の工程、例えば電気的検査や選別テストでリード形状が少なからず変形し実装時に問題が起きるのを防ぐため、これらの電気的測定の後でリード形状を成形する工程も採用されています。

▶表面実装型　エレクトロニクス機器の軽薄短小化に不可欠のパッケージ技術になっている。

図 3-11-1　IC パッケージの分類例

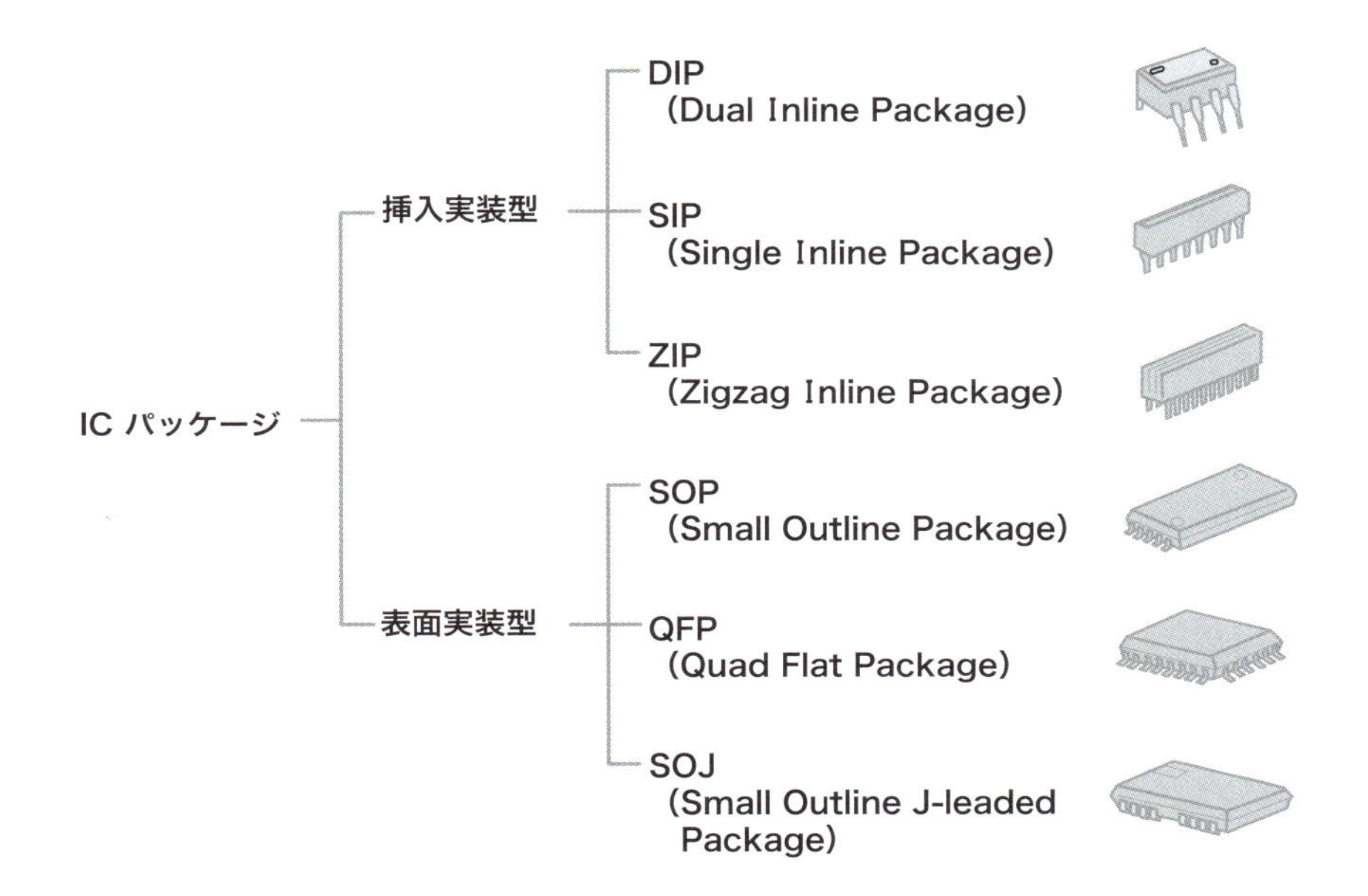

図 3-11-2　ガルウイング（カモメの翼）型パッケージ

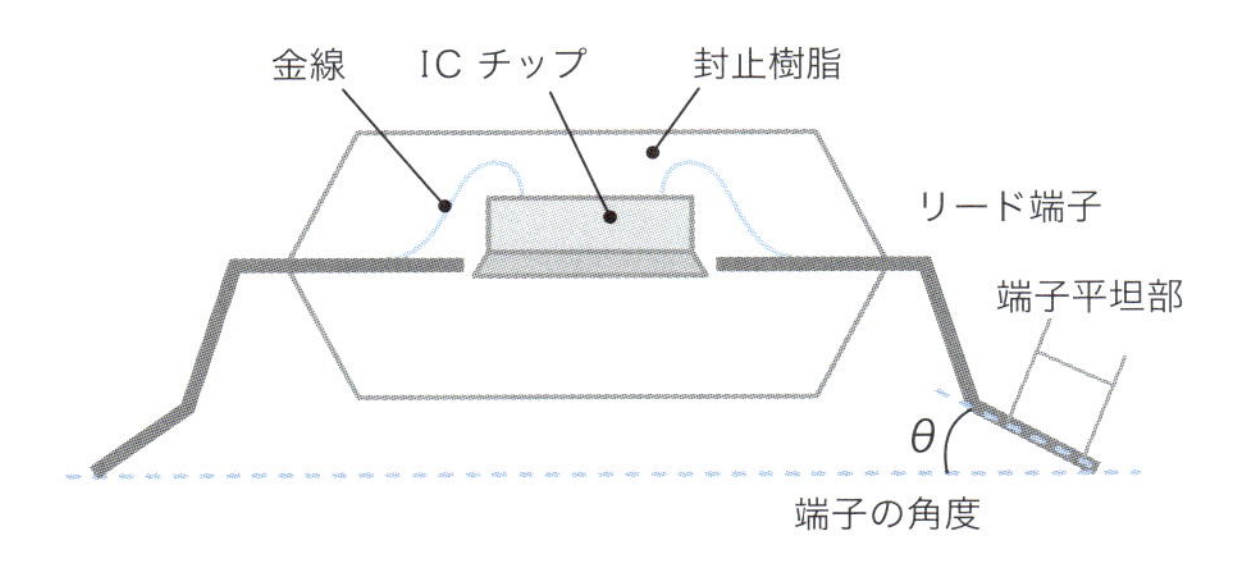

リード端子の端部がプリント基板表面となす角度（＝端子角度）の制御は、ハンダ濡れ性の均一性を確保する上で重要。

▶リード端子　虫（ゲジ）の足の連想から、リード端子の多いICを「ゲジゲジ」とか「ゲジゲジチップ」と呼ぶこともある。

Section 12

チップ識別の「捺印」
——いつ、どこで、どのように製造されたか

▼識別とトレーサビリティが目的

ICパッケージの表面には、製造メーカー名を表わす商標、製品名、ロット番号などが**捺印（マーキング）**されています。一般的に捺印は半導体組み立て工程の最後に行なわれますが、メモリやCPUなどの動作速度によりグレード分けするICでは、電気特性検査の後に行なわれる場合もあります。

捺印には、製品の識別とトレーサビリティ（traceability）の2つの目的があります。**識別**とは製品の素性を示すもので、**トレーサビリティ**とは遡及可能性すなわち「いつ、どこで、どのように製造されたか」を遡って追跡できることを意味します。

トレーサビリティによって万一製品に不都合が生じた場合などに、ICメーカーとユーザーの双方が、原因の追及や製品の扱いの検討、あるいは再発防止策などの迅速な対応や改善を行なうことができます。

捺印にもパッケージの種類によって幾つかの方法がありますが、ここでは「インク捺印」と「レーザー捺印」について紹介します。

▼インク捺印

パッケージの表面に所定の白や黒の加熱硬化型あるいは紫外線硬化型のインクを用いて孔版印刷方式で捺印するものです。インク捺印は見やすいのが利点ですが、印刷時の文字欠けや後の作業による文字の変色や、インクによる汚れや清掃のための手間がかかるなどの問題があります。

▼レーザー捺印

モールドパッケージでは、CO_2ガスレーザーやYAGレーザー光線によって、パッケージ表面20～30μメートルの部分の樹脂を溶融させ、表示文字を印字します。またレーザー捺印には、レーザー光線を絞って一筆書きする方式と、表示文字を穿(うが)った金属やガラスのマスクを使ってレーザー光線を全面に照射する方式があります。

レーザー捺印は、インク捺印に比べ少し見にくいということはありますが、機械的・化学的な耐性が高く長期間にわたる表示品質の確保が可能です。また清掃を含めた作業環境が改善され環境にも優しい方式とも言えます。

捺印記号には、図3-12-2に示したように「社名（ロゴ）マーク」「組み立てを行なった原産地名」「製品名」「製造ロット番号」などが含まれています。

▶YAG レーザー　「イットリウム・一酸化アルミニウム・合成ガーネット」によるレーザー（ヤグ・レーザー）。宝石用の他、レーザー発信用に利用される。

図 3-12-1　捺印の目的と方法

捺印の目的	・IC 製品の識別（ID 記号） ・トレーサビリティ
捺印法	・インク捺印（孔版印刷） ・レーザー捺印 （一筆書き、マスクを通して全面照射）

図 3-12-2　IC 捺印の例（モールドパッケージのレーザー捺印）

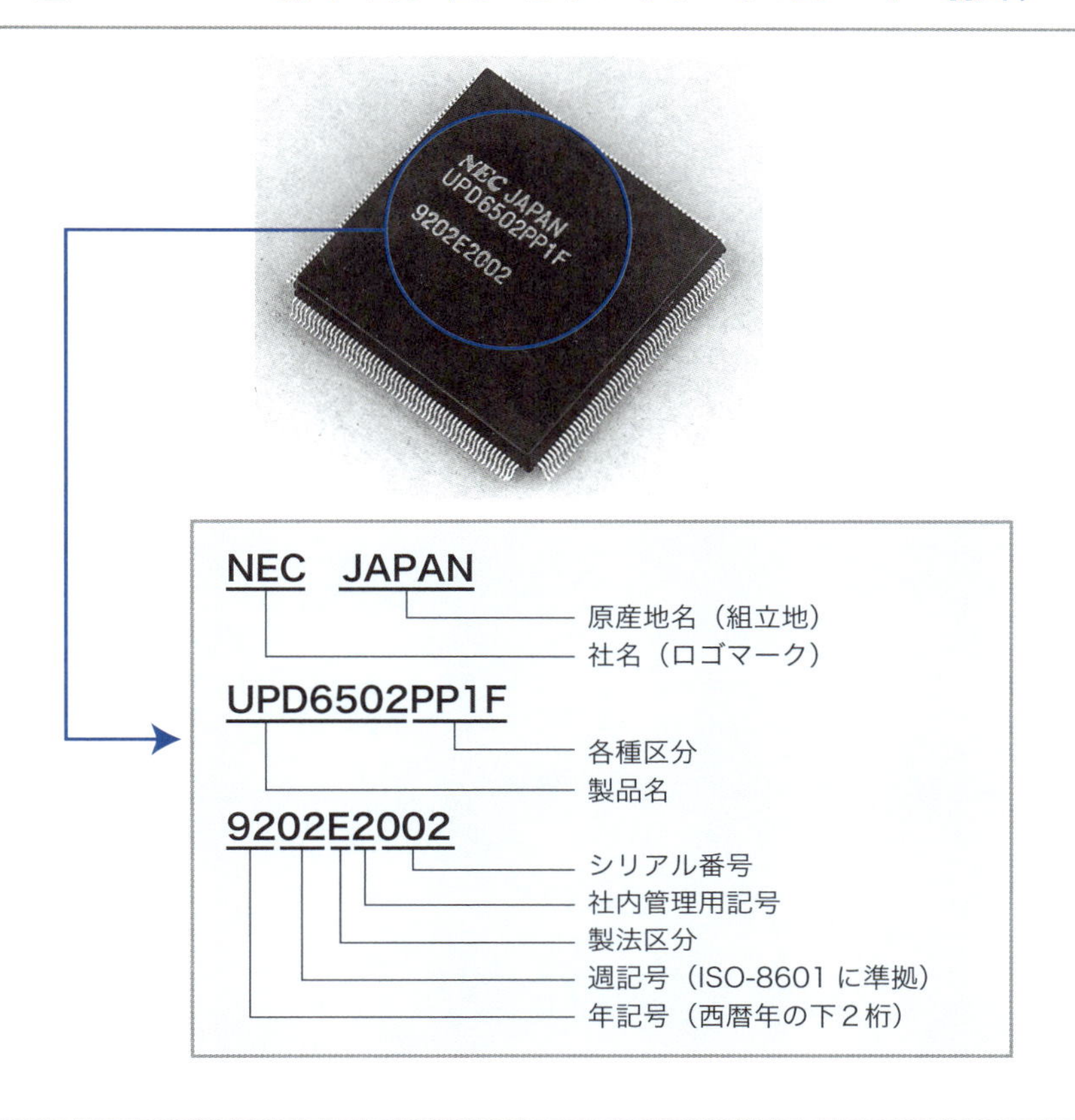

▶ISO　International Standard Organization の略。国際標準化機構。

コラム

シリコンメーカーと EDAベンダー

ICのスタート材料であるシリコンウエーハについて、世界の主要な**シリコンメーカー**を見てみましょう。ただしここでは、チョクラルスキー法（CZ法）による単結晶の引き上げからウエーハ加工までを行なう企業のみを対象にしています。

1　信越化学工業（日本）
2　SUMCO（日本：サムコ、住友・三菱系）
3　GlobalWafers（台湾：グローバルウェーハズ）
4　Siltronic（ドイツ：シルトロニック）
5　SK Siltron（韓国：SKシルトロン）

このうち日本の2社で世界の半分以上を生産しています。またこれらのメーカーは、鏡面研磨まで終了した通常の「**プライムウエーハ**」の他、プライムウエーハ上に単結晶シリコン薄膜をエピタキシャル成長した「エピウエーハ」も供給しています。

また一味変わったところとして、SOITEC（仏）は「ユニボンド」と呼ばれるSOIウエーハに特化したメーカーです。

半導体の設計ツールを提供する「**EDAベンダー**」としては、3強と呼ばれる以下に示した、米国とドイツの会社があります。

Cadence Design Systems, Inc.（米ケイデンス）
Synopsys, Inc.（米シノプシス）
Siemens EDA（独シーメンスEDA。米メンター社をSiemensが買収）

これらの会社は、論理合成・検証からレイアウト設計・検証までのEDAツールに加え、ハードウェアシミュレーション、TCAD（Technology CAD：目的の半導体素子をCADでシミュレート）、組み込みシステム開発なども手掛けています。

第４章

原材料や機械・設備について
知っておこう

Section 01

シリコンをなぜ輸入する？
——アルミと並ぶ「電気の缶詰」

▼シリコンは石ころの中にも……

半導体材料の代表格は**シリコン**（Si）です。シリコンは**ケイ素**（珪素とも表記）とも呼ばれます。地表近くの地殻中に存在する元素の存在比率は「クラーク数」と呼ばれますが、シリコンは**クラーク数**が約26％で、酸素の約50％に次いで2番目に多い元素です。

工業用シリコンの主原料は**二酸化シリコン**（SiO_2）で二酸化ケイ素、珪石、シリカとも呼ばれ、その辺の白っぽい石ころにも多く含まれています。

ところが、シリコンは外国からの輸入に頼りきっています。なぜなのでしょうか？　その秘密は、二酸化シリコン（SiO_2）からシリコン（Si）を取り出すための方法にあります。

どうするかというと、二酸化シリコンを木炭などの炭材を含む材料と一緒に電気炉に入れて大電流を流し、炉の温度を上げて溶解すると、炭材から出る炭素（C）ガスが二酸化シリコンから酸素を奪って二酸化炭素や一酸化炭素になり金属状のシリコンを遊離させるのです。

▼99％の純度に上げるには……

このシリコンは**金属シリコン**あるいは金属グレードシリコンと呼ばれ、約99％の純度を持っています。

ところが、この還元反応の際、大量の電力を使うため、電気代の高い日本国内では生産されておらず、全量輸入するようになったのです。２０１０年における世界のシリコンの生産国比率を図4-1-1に示しています。これを見ると、金属シリコンの主要生産国は電気代が安い中国、ロシア、ノルウエー、ブラジル、アメリカ、南アフリカなどです。こうして日本では、金属シリコンの状態で輸入し、この金属シリコンから後の工程、すなわち蒸留・精製による高純度化から多結晶シリコンを経て単結晶シリコンへの成長、さらにシリコンウエーハ加工などを国内で行なっています。

この辺の事情はアルミニウム（Al）に酷似しています。アルミニウム鉱石であるボーキサイトからアルミニウムを精錬する際にも大量の電力を必要とするからです。1トンのアルミニウムを生産するためには1万kWh以上の電力が必要で、このため「アルミニウムは電気の缶詰」とも呼ばれています。その意味で、「シリコンも電気の缶詰」と言えるでしょう。

図4-1-2にはシリコンの代表的な性質をまとめてあります。

▶**クラーク数**　地表付近に存在する元素の割合。酸素、シリコン（硅素）に次ぐ3番目以降は、アルミ（Al）7.56、鉄（Fe）4.01、カルシウム（Ca）3.39、ナトリウム（Na）2.67、カリウム（K）2.40……など。

図 4-1-1　世界のシリコンの生産国比率（2012 年）

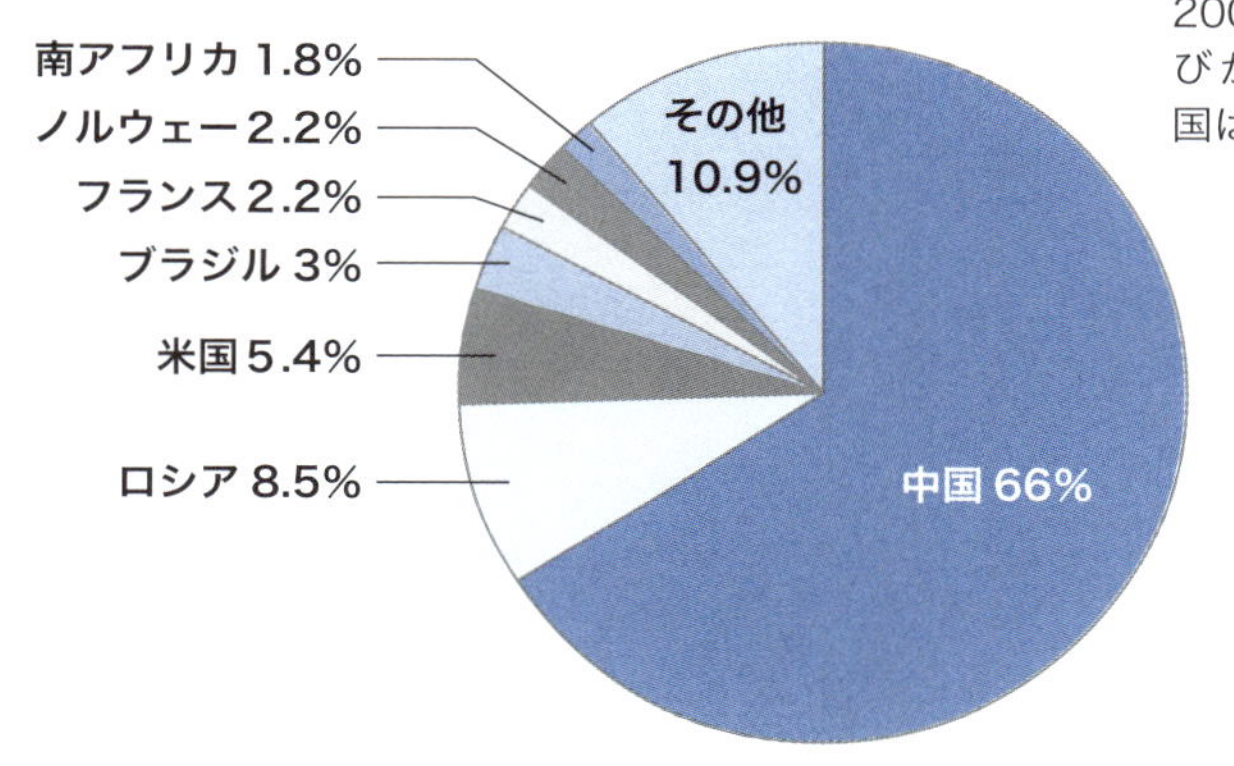

2000 年以降は中国の伸びが大きく、その他の国は減少傾向にある。

図 4-1-2　シリコンの代表的な性質

一般的特性

名称	シリコン、ケイ素（珪素、硅素）
元素記号	Si
分類	半金属
密度	$2330\mathrm{kg \cdot m^{-3}}$
色	暗灰色

物理特性

融点	1414℃
モル体積	$12.06 \times 10^{-3}\mathrm{m^3 \cdot mol^{-1}}$
導電率	$2.52 \times 10^{-4}\mathrm{m \cdot \Omega}$
熱伝導率	$148\mathrm{W \cdot m^{-1} \cdot K^{-1}}$
比熱容量	$700\mathrm{J \cdot kg^{-1} \cdot K^{-1}}$

原子特性

原子番号	14
原子量	28.0855u
原子半径	$111 \times 10^{-12}\mathrm{m}$
結晶構造	ダイヤモンド構造（面心立方構造）

その他の特性

クラーク数	25.8%（2 番目に多い）
電気陰性度	1.9

▶ボーキサイト　bauxite のカタカナ表記。酸化アルミニウムを主成分とする鉱石で酸化鉄や粘度鉱物などを含む。

Section 02

装置を工場に導入する一部始終

――装置メーカーにノウハウがたまるしかけ

半導体装置を工場に導入するのは、工場内にエアコンを入れるのとはワケが違います。デモ機の導入、改善提案、総合テストなどを実施した上で導入されるのです。その一部始終をご紹介しましょう。

▼デモ機の借用から始まる

ここでは、全く新規な装置ではなく、すでに**装置メーカー**に「デモ機」と呼ばれるものが存在する場合を取り上げて、**半導体メーカー**と製造装置メーカーにおける仕事の流れを図4-2-1に示します。デモ機とは製造装置メーカーが所有しているデモ用の装置で、半導体メーカーは時間を区切って借用し実機試験が可能です。

半導体メーカー側は、デモ機での試験結果に基づき、ハードウェアとソフトウェアの両面に関する要改善点や変更点を盛り込んだ上で、装置要求仕様を作成し、製造装置メーカー側に提示するとともに見積もりを依頼します。

つまり、装置メーカーの標準機に独自の改善点を加えて**チューニング**して製品を作ってもらうわけです。この**ノウハウ**が装置メーカーに蓄積されることになります。

▼半導体メーカーからの発注

さて、見積もりがOKなら半導体メーカーは装置メーカーに発注します。このとき、半導体メーカー側のあるレベル（例えば部長以上）の責任ある役職者の内示という形でスタートすることもしばしば見受けられます。

これに基づき製造装置メーカー側は、装置構成に関するハード仕様とシステム構成に関するソフト仕様を検討し、要求仕様に沿って設計を行ない、製造に着手します。装置が組みあがったら、機械的調整やモジュールとシステムのテストを経て総合テストを行ないます。

▼搬入から検収までの流れ

これでOKならいくつかの部分に分解し、ユーザーに向けて出荷します。

分解された装置は、搬入口から半導体メーカーのクリーンルームに運ばれ、そこで装置メーカーによって再度組み立てられます。また装置メーカーの人により電気配線あるいはガスや薬液の配管へ繋ぎ込みも行なわれます。

装置が動かせる状態になり、基本性能などの確認が取れると、装置は半導体メーカー側に引き渡されます。すなわち、その時点までは装置メーカー側が主体的に動いていましたが、引き渡

▶検収　納品された装置が注文書通りであることを確認して、装置などを受け取ること。

図 4-2-1　製造ラインへの装置導入の流れの例

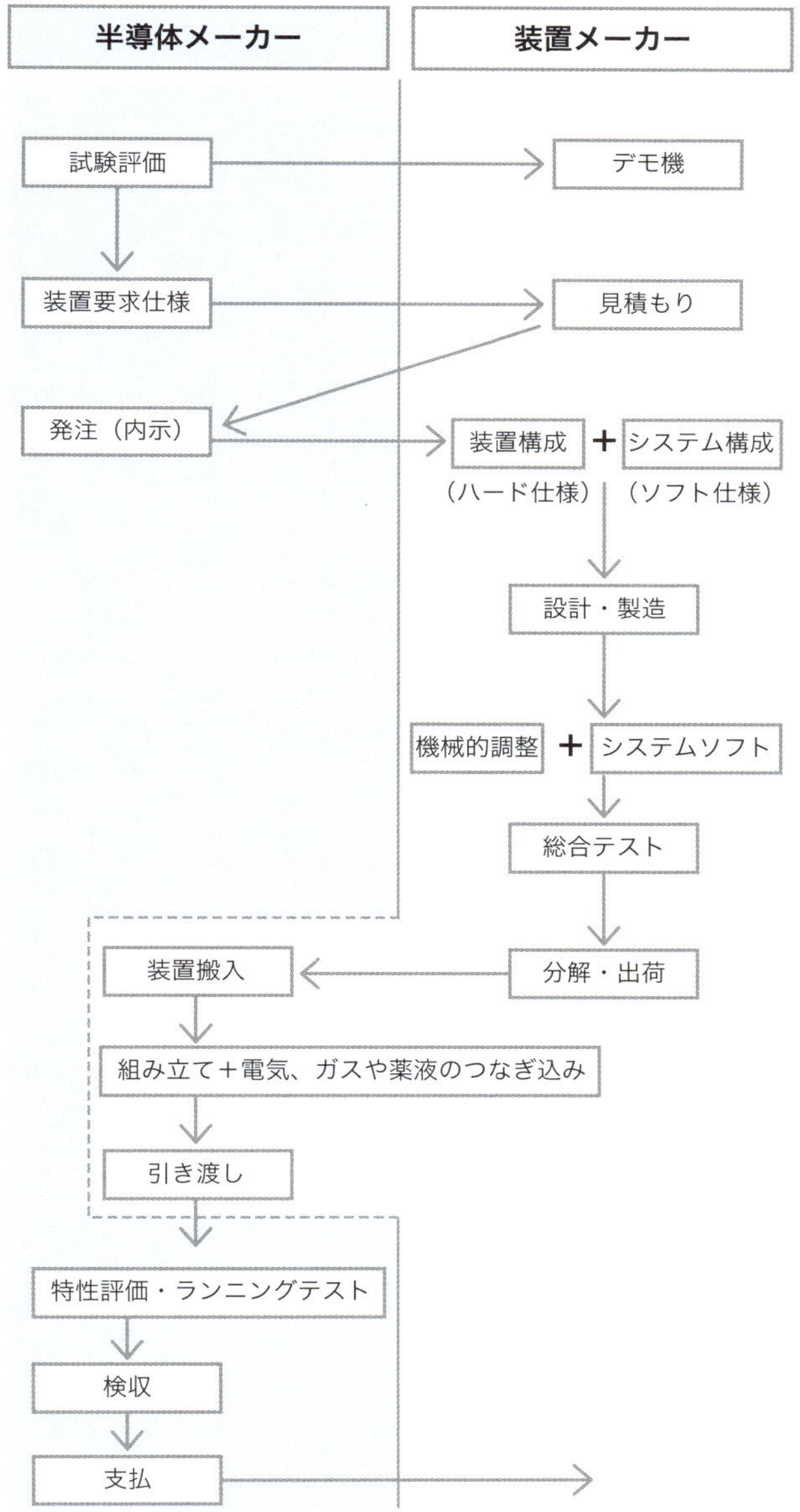

半導体メーカー / 装置メーカー

試験評価 → デモ機
装置要求仕様 → 見積もり
見積もり → 発注（内示）
発注（内示） → 装置構成（ハード仕様）＋システム構成（ソフト仕様）
設計・製造
機械的調整＋システムソフト
総合テスト
分解・出荷 → 装置搬入
組み立て＋電気、ガスや薬液のつなぎ込み
引き渡し
特性評価・ランニングテスト
検収
支払 →

しが済むと活動の主体は半導体メーカー側に移行します。

半導体メーカーは引き渡された装置を、購入仕様書の内容に基づき基本性能や安定性の検査、あるいは**ランニングテスト**などを行ない、必要に応じて装置メーカーの協力を得ながら細かな改善や合わせ込みを行ないます。

　こうして、装置が要求を満たすことが確認された時点で「**検収**」が行なわれ、所有権が装置メーカーから半導体メーカーに移転します。あとは、契約条件に従って支払が行なわれ、一連の活動が終了する段取りです。

▶内示　正式発注の前に内々で示すこと。内示後に景気変動などでキャンセルした場合は、罰金が科せられるケースもある。

Section 03

装置が同じなら、同一のICが？
——無数の組合せから「レシピ」が作られる

表題に対する答えを先に言ってしまえば、「ノー」です。すなわち同じ装置を使っても、同じ半導体ができるとは限らないのです。

▼最終チューニングは千差万別

その理由を考えるために、「**ドライエッチング装置**」を取り上げます。ドライエッチングでは、真空容器内にガスを導入し、高周波電源などでガスを励起(れいき)してプラズマを発生させ、イオンやラジカルなどを生成させます。この真空容器内に、材料薄膜上にフォトレジストのパターンが形成されたシリコンウエーハを入れて、生成したイオンやラジカルと薄膜材料の反応により揮発性反応物を生成させ、それを真空排気することで材料薄膜をフォトレジストパターンと同じ形状に加工します。

ドライエッチング装置にもさまざまなタイプのものがあります。ここでは、次ページのように「反応性イオンエッチング（RIE）」装置を取り上げます。図4-3-1で、**真空容器（チャンバー）**を1～10 Pa（パスカル）の真空度に排気し、その後にエッチング用のガスを導入します。

ウエーハが載せられたカソード（陰極）側の平面電極は13・56MHzの高周波電源に接続され、対向するアノード（陽極）側の平面電極は接地されています。アノード電極とカソード電極の間に放電が起こり、ガスをイオン化します。このイオンと材料膜が反応することでエッチングが進行します。

ここで、「**レシピ**」と呼ばれる細かい条件、例えば真空度や排気量、用いるガスの種類とチャンバーへの導入量、電極の温度などによってエッチング特性が変わってきます。ガス種だけとっても図4-3-2に示すような選択肢があります。

これらにより、エッチング速度、フォトレジストマスク材との選択比、静電気や機械的なダメージ、パターンの疎密によるエッチング速度の違い（**マイクロ・ローディング効果**）、有機系堆積物などの違いなどが、デバイスの構造や特性にも反映します。

以上、RIE装置について述べましたが、他のプロセス装置についても同じことが当てはまります。したがって同じ装置でも、処理するICの種類や微細化のレベル、あるいは他プロセスとの組合せなどで、必要な形状や特性が得られるように実験・検討され最終的なファインチューニングが行なわれているのです。

▶ラジカル　化学用語で「遊離基」とも呼ばれる。ペアのない電子（＝不対電子）を持つため不安定で、化学的活性度が高い「基」（＝原子の集合体）。

図 4-3-1　反応性イオンエッチング装置の例

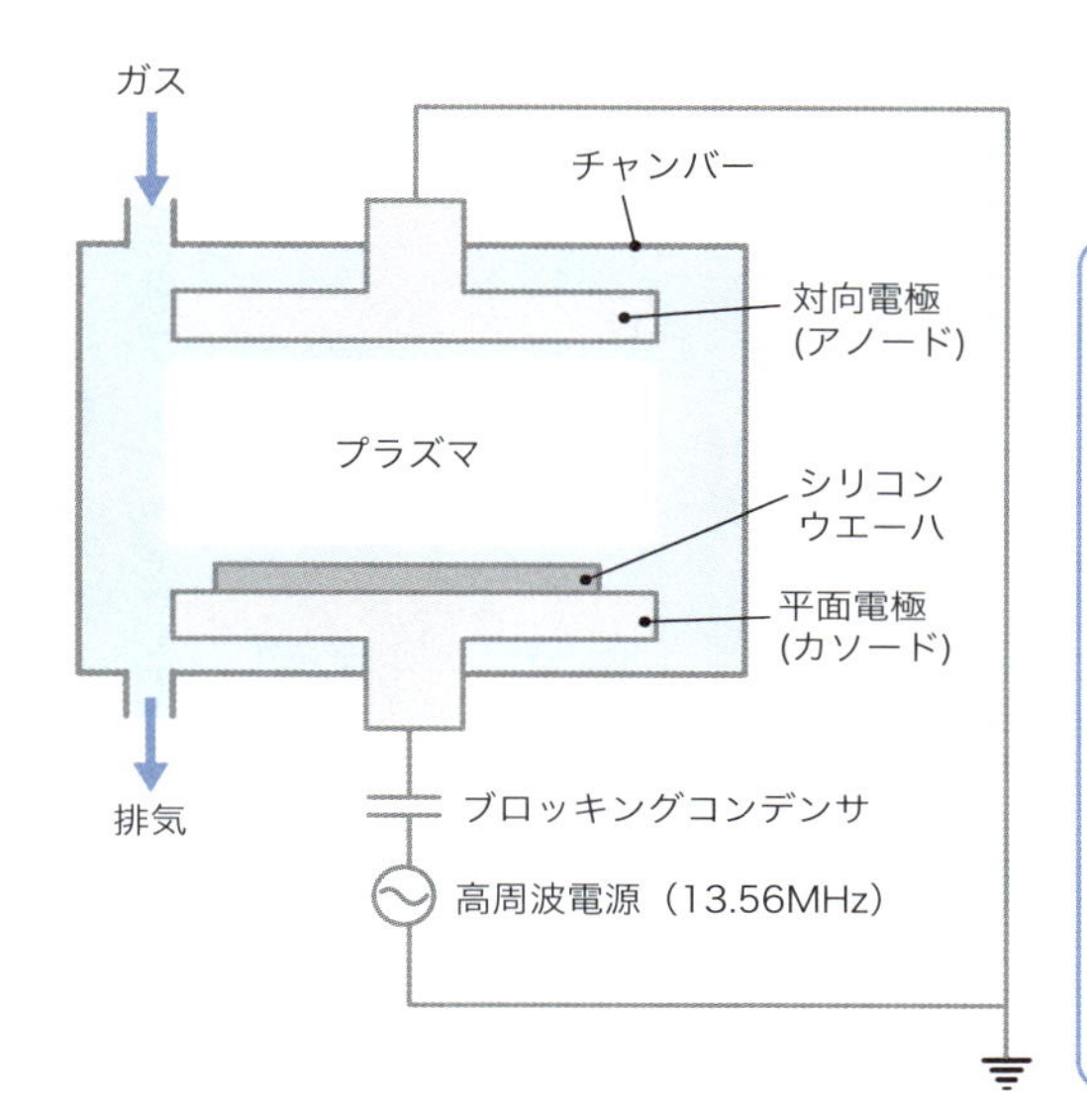

真空引きされたチャンバー内にガスを導入し、カソード電極に高周波電源（13.56MHz）を加えてガスをプラズマ化する。カソード上に置かれたシリコンウエーハ表面部の露出した薄膜材料がプラズマ中のイオンと反応した揮発性反応物を排気除去することでエッチングが進行する。

図 4-3-2　ドライエッチングの被エッチング材料とガス種の例

被エッチング材料	エッチング用のガス種
シリコン、シリサイド (Si、Poly-Si、WSi_2、…)	CF_4、CCl_4、SF_6、……
金属 (Al、Ti、W、…)	BCl_3、CCl_4、Cl_2、……
絶縁膜 (SiO_2、Si_3N_4、SiON、…)	CF_4、CHF_3、C_2F_6、……

▶パスカル　国際単位系の圧力に関する組立単位（Pa）。1㎡に 1N（ニュートン）の力が作用する時の圧力。

▶MHz　メガ（10^6）ヘルツ。1 秒間に百万回の振動。

ICの原価率はこうなっている

――月2万枚の製造で3000億円を投資すると

半導体（IC）は先端技術産業であるとともに、装置産業とも言われています。その実態をICの**原価**（コスト）から見てみることにしましょう。

ICの原価構造の概略を図4-4-1に示しています。ここで半導体における最近の「**減価償却**」は、一般的に耐用年数を5年とする50%の定率法が用いられています。例えば100億円の新たな設備投資を工場で行なった場合、1年目は50億円、2年目は25億円……と償却することを意味します。

材料費には直接材料費としてのシリコンウエーハ、ターゲット、間接材料費としてのフォトマスク、フォトレジスト、薬液、ガス、スラリー（研磨砥粒液）などが含まれます。

人件費の計算は対象ICへの労務提供度に基づく賦課率（占有時間／総労働時間）に応じて決められます。経費はそれ以外の費用で電力費、設備修理費、外注費などが含まれます。

例えば40ナノメートルテクノロジー・ノードの超LSIを月2万枚（シリコンウエーハで）製造する前工程ラインの工場建設に3000億円投資したとします。このケースにおける原価計算の例を図4-4-2に示します。ここでは1年目、3年目、5年目について、年間の総製造費をその内訳（原価償却、材料、労務、経費）とともに示してあります。

▼日本では減価償却の年限が致命的

あるICチップの良品が1枚のウエーハから平均250個とれるとすると、年間では6000万個になります。したがってチップ1個当たりの製造原価は年間総製造費を良品チップの合計で割って、図4-4-2に示したようになります。

実際のICは、このチップ原価（前工程コスト）に組立以降の後工程コストもかかり、1・3倍ほどになります。これからICの売価がどのくらいでなければ利益が出ないかがわかります。

ここでの計算は大雑把なものなので厳密性は期待できませんが、ICの原価に対するイメージは十分得ていただけるのではないでしょうか。

この結果からも、半導体産業が設備産業というのは的を射ています。また減価償却の年限がいかにクリティカルであるかもわかるでしょう。

一時期、日本における人件費が高いことが問題であるように言われましたが、半導体製造に関する限りそれほど大きくないことがわかります。

▶減価償却　使用期間（時間）の経過に伴って生じる固定資産の経済的価値の減少分を、耐用年数内の各期間に費用配分すること。定率法・定額法がある。

図 4-4-1　IC の原価構造

費目		主な内容・具体例
減価償却費		**耐用年数５年の定率法**
材料費		**原材料・素材の費用**
	直接材料費	シリコンウエーハ、ターゲット*1
	間接材料費	フォトマスク、フォトレジスト、薬液、ガス、スラリー*2、…
労務費		**人件費**（給与・手当）
	直接労務費	製造部門
	間接労務費	間接部門
経費		**電力費、設備修理費、外注費**、…

＊1　スパッタリング成膜に用いられる材料
＊2　CMP に用いられる研磨砥粒液

図 4-4-2　年間総製造費とチップ原価

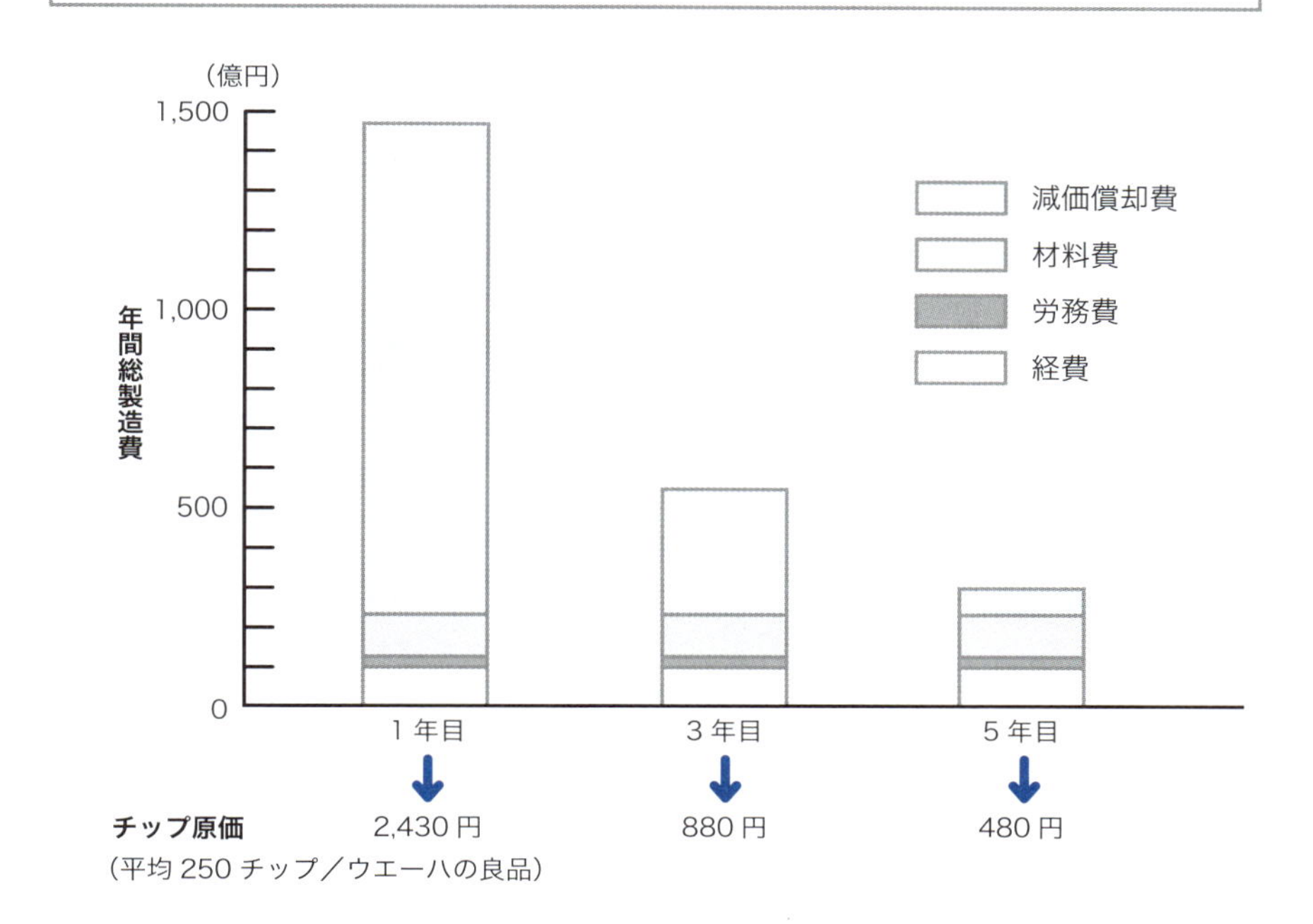

▶賦課率　ある IC 製造ラインでいくつかの製品が生産され、そこで働く１人のオペレータが全製品に関係しているとして、１つの製品にどのくらいの時間を割いているかを示す。

原材料の保管期間はバラバラ
——薬液類は温度・湿度で微妙に変化する

加工食品には「賞味期限」あるいは「消費期限」がありますが、半導体（IC）で使われる原材料にも「**品質保証期限**」と呼ばれるものがあります。個々の原材料に対する品質保証期限は供給側の材料メーカーによって定められ、半導体メーカーは品質保証システム（QA：Quality Assurance）でそれを順守しています。

▼シリコン、ガス、薬液の保証期限

主要な原材料についての品質保証期限を図4-5-1に示してあります。

図に示した原材料のうち、シリコンウエーハやスパッタリング用の各種ターゲット——つまり、シリコン（Si）、アルミニウム（Al）、チタン（Ti）、タングステン（W）などには基本的に保証期間がありません。したがって納期を勘案した上で必要な在庫を持てば十分で、在庫期間が長くても使えなくなることはありません。

ガスに関する品質保証期限は短いもので6ヶ月、通常は1年です。6ヶ月のものにはアンモニア（NH_3）、一部の亜酸化窒素（N_2O）、ジボラン（B_2H_6）、三塩化ボロン（BCl_3）などがあり、その他の各種ガスでは1年になっています。

いっぽう**薬液**に関しては、短いもので3ヶ月、長いもので1年、通常は6ヶ月です。3ヶ月のものには感光性ポリイミド塗布剤などが、また1年のものにはフォトレジストとウエーハの密着性を上げるためのHMDS（ヘキサメチルジシラザン）やシンナーなどが含まれます。その他のフォトレジストや現像液、あるいは各種の酸——フッ酸（HF）、塩酸（HCl）、硫酸（H_2SO_4）、硝酸（HNO_3）などは6ヶ月になっています。

これらの薬液類は、使用する24時間前にはラインに導入され、環境に十分馴染ませてからユースポイントに供給されます。特にフォトレジストなどは、温湿度によって粘度などの特性が微妙に変化しますので、材料メーカーは製造ラインと類似の温湿度の環境下で保存しなければなりません。

このため、大きな半導体工場へ定期的にフォトレジストを供給する場合には、材料メーカーは工場にできるだけ近い所に保管倉庫を作り、十分管理された環境下で保管し、そこから工場に運ぶことで、長距離運搬による容器内壁からのパーティクル（微小ゴミ）発生などを抑えられ、高品質の材料を迅速に供給することが可能になります。

▶フォトレジスト　温度が高く湿度が高い環境に置くほど、フォトレジストの粘度は下がる（変化する）。

図 4-5-1　主な原材料の品質保証期限の例

品目	保管場所	品質保証期限
シリコンウエーハ スパッタターゲット (Si、Al、Ti、W、……)	材料倉庫	なし
〈ガス類〉		
窒素 (N_2)、酸素 (O_2)、 水素 (H_2)、アルゴン (Ar_2)	ガスプラント	—
アンモニア (NH_3)、 ジボラン (B_2H_6)、 三塩化ボロン (BCl_3)、……	ボンベ室	6ヶ月
シラン (SiH_4)、窒素 (N_2)、 ヘリウム (He)、炭酸ガス (CO_2)、四フッ化炭素 (CF_4)、 塩素 (Cl_2)、ホスフィン (PH_3)、 六フッ化硫黄 (SF_6)、 亜酸化窒素 (N_2O)、……	ボンベ室	1年
〈薬液類〉		
感光性ポリイミド	装置	3ヶ月
フォトレジスト	装置	6ヶ月
現像液	供給室	6ヶ月
酸 (HF、HCl、H_2SO_4、 HNO_3、H_3PO_4)	供給室	6ヶ月
シンナー	供給室	1年
HMDS	装置	1年

▶ガスプラント　工場内で窒素（N_2）ガスを造るオンサイトプラントも含まれる

Section 06

なぜウエーハ周辺部を使わない？
——エッジ・エクスクルージョン

▼2ミリの聖域

シリコンウエーハの外周部をよく見ると、図4-6-1に示したように、**面取り加工**が施されています。このような外周部面取り加工は一般的に「**ベベリング**」（beveling）と呼ばれます。

ベベル加工を行なう理由は、製造工程においてシリコンウエーハをキャリアに収納したり、そのキャリアを搬送機で運搬するときにウエーハ端部に加わる機械的力によって微小な欠けやシリコン粒が発生するのを抑えるためです。そのため、ベベル部は形状の工夫とともに、ウエーハ表面部と同様の鏡面研磨が施されピカピカの状態に仕上げられています。

ところで、シリコンウエーハ上に多数のICチップを作り込む時、このベベル部が存在することやその他の理由により、図4-6-2に示したように、外周部からベベル部以外にさらに内側に2ミリ程度の領域を除いて、その内側にのみチップが配置されるようにしてあります。このように、ウエーハ周辺部から一定の領域を除くこと、あるいはその領域を「**エクスクルージョン**」（exclusion：除外）と呼ばれます。

この領域を除く理由は、リソグラフィ工程でフォトレジストをウエーハ上に塗布する時に、ウエーハ周辺部ではベベル部の存在により膜厚の均一性が劣り高精度のパターン加工が難しいことがあります。またフォトレジスト塗布したウエーハをハンドリングする際にウエーハエッジ部に加えられる機械的な力によってフォトレジストが剝げ落ちてパーティクル（微小ゴミ）の原因になったり、あるいは露光機のウエーハ・ステージや搬送キャリアを汚したりすることがあります。さらに各種の薄膜を形成する工程でウエーハ周辺部に成長した薄膜が、その後のウエーハ・ハンドリングで剝離し、パーティクルや汚染の原因になったりするためです。

▼歩留まりに寄与

エッジのエクスクルージョンにもいろいろな方法がありますが、図4-6-3に示したように、フォトレジストを塗布した後にウエーハを回転させながら周辺部にシンナーを滴下させる方法などが知られています。

微小なパーティクルや微量な不純物を極端に嫌う半導体（IC）では、このようなきめ細かい工夫が、**歩留まり**や信頼性の向上に大いに寄与しているのです。

▶ベベル形状　ウエーハ端部を固い物に何度も「コツン、コツン」と当てる試験結果で、最も欠けやシリコン粒の発生が少ない形状が選ばれている。

図 4-6-1　シリコンウエーハのベベリング

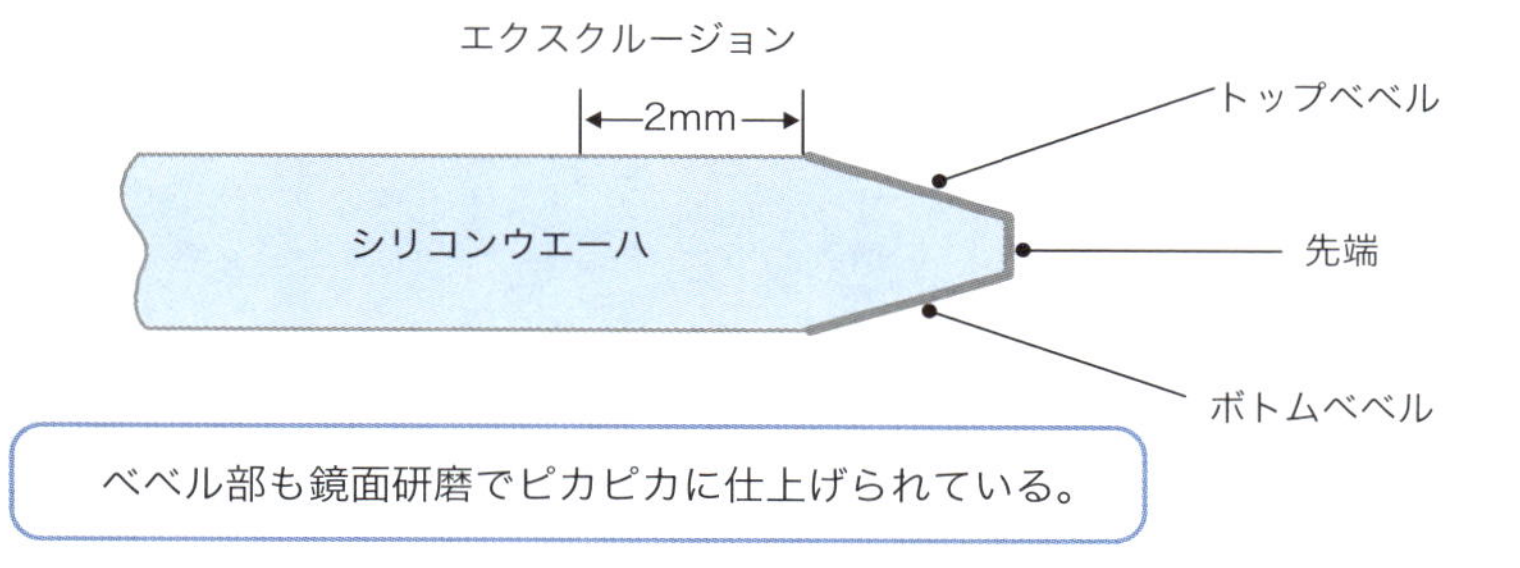

ベベル部も鏡面研磨でピカピカに仕上げられている。

図 4-6-2　エクスクルージョンと IC チップの配置

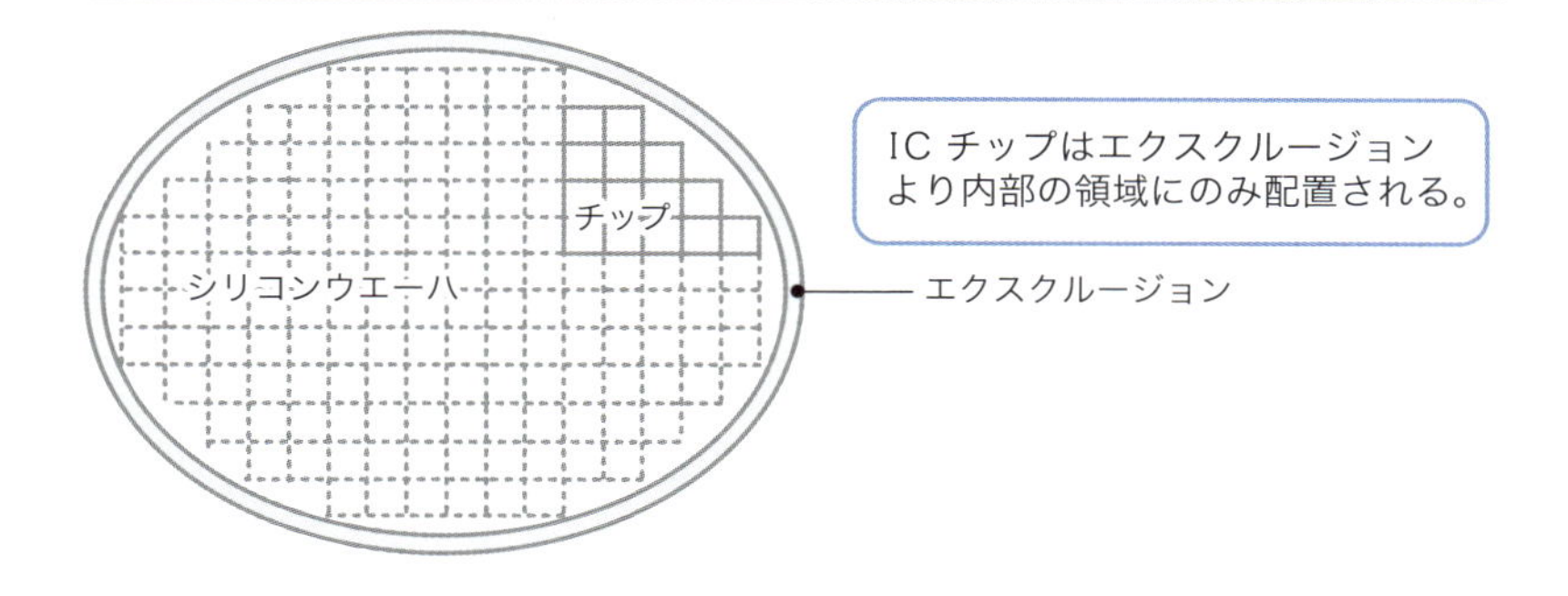

IC チップはエクスクルージョンより内部の領域にのみ配置される。

図 4-6-3　ベベリングの例

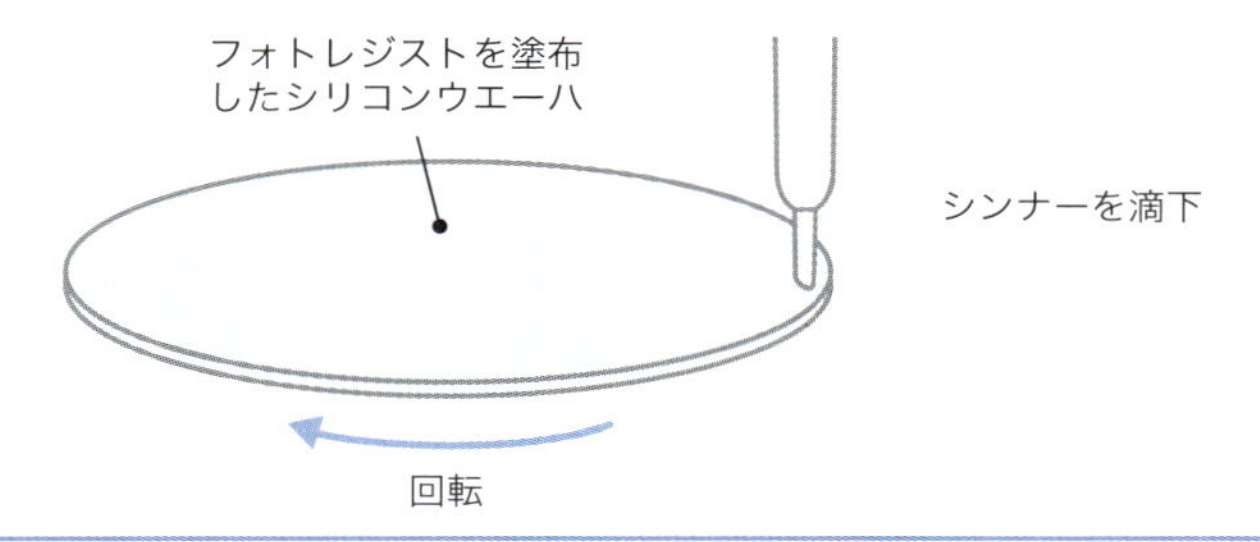

フォトレジストを塗布したシリコンウエーハを回転させながら、周辺部にシンナーを滴下しフォトレジストを溶かしてエクスクルージョンを形成する。

▶狭まるエクスクルージョン　IC 技術の進展とともに、有効チップ個数を増やすためエッジエクスクルージョンは次第に狭められ現状の 2mm に落ちついた。

Section 07

超純水は工場ごとにブレンド

——原水から超純水ができるまで

▼工場ごと、ICごとに

水のなかでも不純物が極端に少ないものは**純水**と呼ばれます。この純水をさらにきれいにした水が「**超純水**」で、「Ultra Pure Water」の頭文字をとって**UPW**と呼ばれることもあります。

超純水の供給システムの例を図4-7-1に示しています。原水としては、工場の立地場所などによって工業用水や河川水、あるいは地下水などが利用されます。

原水の水質に応じて超純水の製造工程を最適化することも必要です。またその製造ラインで作られるICの種類(世代、すなわち微細化のレベル)によっても求められる仕様に違いが出てきます。

原水から超純水を製造するには、まず凝集浮上装置と濾過器(ろか)によって原水中に含まれる水に溶けない**浮遊物質**(SS:Suspended Solids と呼ばれる)を除去し、濁りを取ります。つぎに脱炭素塔で炭素を除きます。

そのあと逆浸透現象を利用したRO(Reverse Osmosis:逆浸透膜)装置によって不純物を除去し、イオン交換樹脂によって金属イオンを除去し、UV(紫外線)照射によって有機物を分解・除去し、真空脱気によって酸素などの除去を繰り返し行ない、最終的に超微細フィルター(UF:Ultra Filter)を通してから各ユースポイントに供給します。

▼超純水は毎秒1・5m以上で流す

製造された超純水をユース・ポイントへ送水する途中で空気に晒(さら)したり、配管やタンクでの汚染を生じさせたりしないようにしなければなりません。このため、一定の頻度でまた必要に応じて配管を過酸化水素(H_2O_2)で洗浄し、UPWで置換します。

また超純水の送水においては、流れが滞ると汚染が発生しますので、絶えず毎秒1・5メートル以上の流速で流し続けなければなりません。

以上はあくまで、原水から新規に取り入れた純水供給システムにおけるメインの流れですが、同時に使用済みの回収水も利用されています。すなわちユースポイントから回収された水は活性炭塔、イオン交換塔、RO装置、UV酸化槽、H_2O_2(過酸化水素)除去塔などによる処理を受けた後、メインの流れに戻され再利用されます。

超純水の送り量は工場の規模によって違いますが、ざっと1日に数千トン以上と考えて下さい。

▶地下水　源水として地下水を利用する工場では、専用の井戸を敷地内に持っている。

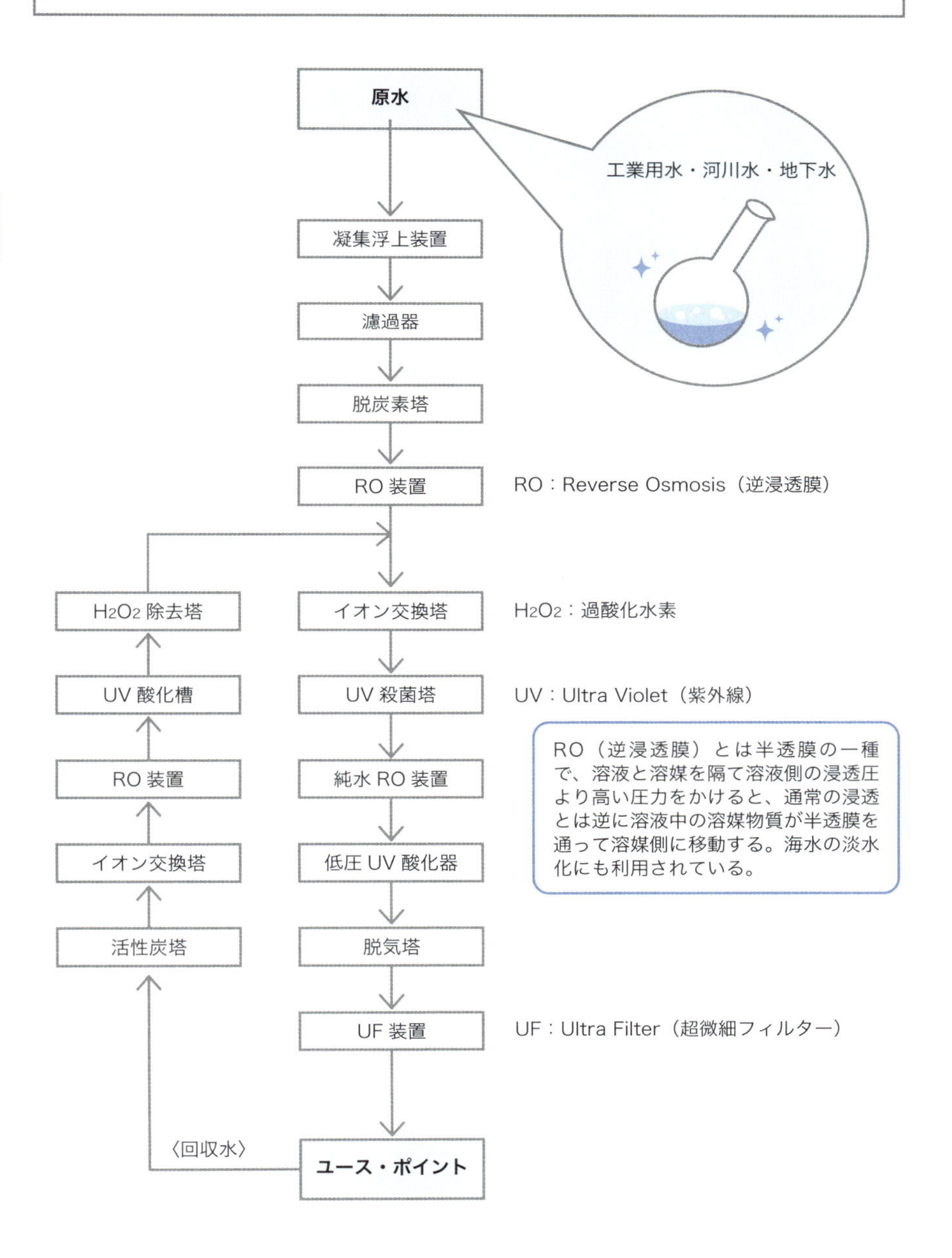

▶UF　孔径 0.01 ～ 0.001 μm のフィルターで「分子ふるい効果（主に分子の大きさ＝分子量によって分離する)」を利用している。

Section 08

超純水はどれくらい純粋？

——一律の基準値はないけれど

▼超純水のめやすは？

超純水は非常にきれいな水だと言ってきましたが、ではどれくらい純粋なのでしょうか。超純水と言っても一律な管理指標の項目や基準値があるわけではありません。図4-8-1には、先端的な半導体工場を目安とした値を示しました。

・電気抵抗率（MΩ・cm）

電気抵抗率は比抵抗とも呼ばれ、水に溶けている電解質の濃度を表わします。すなわち、電解質が少なければ少ないほど電気抵抗率は高くなりますが、25℃で18・2MΩセンチ以上が求められます。

・微粒子数（個／mℓ）

粒径が0・03μメートル以上の一般的な異物で、10個／mℓ以下が求められます。

・生菌数（個／mℓ）

いわゆるバクテリアの数のことで、配管内部での増殖の懸念から内部を過酸化水素（H_2O_2）で減菌洗浄します。1個／mℓ以下が求められます。

・TOC（μgC／ℓ）

水中の有機物を炭素換算で表わしたもので、1μgC／ℓが求められます。

・シリカ（μgSiO_2／ℓ）

ケイ酸塩でSi半導体には有害な成分であり、1μgSiO_2／ℓ以下が求められます。

・溶存酸素（μgO／ℓ）

水中の溶存酸素は細菌の栄養になるため生菌管理上の指標になります。値は5μgO／ℓ以下が求められます。

・イオン数（μg／ℓ）

ナトリウム（Na）、塩素（Cl）、鉄（Fe）のイオン数で、それぞれ0・001、0・005、0・001（μg／ℓ）以下が求められます。

半導体製造ラインにおける超純水の主な用途を図4-8-2に示してあります。

シリコンウエーハ・材料・部品・配管などの洗浄用、薬液でウエーハを処理した後のリンス用、酸系ウエットエッチング液の希釈調整用があります。

また各種製造装置の冷却水としても使われていますが、さらに特殊な用途としては液浸ArF（フッ化アルゴン）エキシマ露光用があります。すなわち水の屈折率（1・33）が空気（1）のそれより大きいことを利用して、露光機の対物レンズを水に浸して露光し解像度を1・33倍に上げることができ、光源の波長を変えなくてもより微細なパターンを焼き付けることができるからです。

▶液浸露光　解像度Rは経験定数k、光源波長λ、開口数NA、浸漬液体の屈折率nとして、R=（1/n）kλ/NAと表わされる。

図 4-8-1　半導体製造ラインにおける超純水の水質レベル

項目	規格	備考
電気抵抗率 または 電気伝導率	＞18.2MΩ・cm ＜0.0548μS／cm	溶けている電解質濃度を表す
微粒子数 (＞0.03μm)	＜10個／mℓ	一般的な異物の数
生菌数	＜1個／mℓ	バクテリアの数
TOC	＜1μgC／ℓ	有機物の炭素（C）換算量
シリカ	＜1μgSiO_2／ℓ	ケイ酸塩（SiO_2）の量
溶存酸素	＜5μgO／ℓ	細菌の栄養で生菌管理上の指標
イオン数	＜0.001μgNa／ℓ ＜0.005μgCl／ℓ ＜0.001μgFe／ℓ	ナトリウム（Na）イオン 塩素（Cl）イオン 鉄（Fe）イオン

M：メガ＝10^6　**Ω**：オーム　**μ**：マイクロ＝10^{-6}　**S**：ジーメンス　**ℓ**：リットル
例えば、μgC／ℓ はμg／ℓ as C と表記されることもある

図 4-8-2　超純水の主な用途

用途	具体例
洗浄用	シリコンウエーハ、各種材料、装置部品、配管
リンス用	薬液などで洗浄後のリンス（洗い流し）
薬液の希釈調整用	フッ酸（HF）の希釈、濃度調整など
装置の冷却水用	拡散炉、イオン注入装置、スパッタ装置、など
その他	液浸露光（ArF エキシマレーザー）

HF：hydrofluoric acid　ArF：argon fluoride

▶希釈フッ酸　DHF（Diluted HydroFluoric Acid）。フッ酸（HF）を純水で希釈したもの。

Section 09

薬液、ガスのグレード、純度は

——2N5は「99・5%」の純度を示す

▼電子グレードを見てみる

超微細な構造をもつ半導体（IC）の製造では、用いられる各種の薬液やガスにも極めて高純度なものが必要になります。これらは一般的に「**電子グレード**」（Electronics grade）、略してELグレード、電子級、EL級などとも呼ばれます。ところでこれらの薬液やガスはどのくらいの純度を持っているのでしょうか。

図4-9-1は、ポジ型フォトレジスト用の高性能現像液について、検査項目と保証値を示します。ここで色相はハーゼンナンバーと呼ばれるもので、炭酸塩はCO_3^{2-}換算で表わされています。液中のパーティクル数は粒径が0・3μm以上を対象にしています。各種の金属不純物については、ナトリウム（Na）が10ppb未満で、他は全て3ppb未満になっています。

図4-9-2は代表的なガス（一部は液化ガスとして購入）の純度を示します。大量にタンクローリーで購入する液体酸素（$liq.O_2$）と液体窒素（$liq.N_2$）の純度はそれぞれ2N6と5Nです。Nはnine（9）の意味で、例えば2N5とは99・5%を意味します。

また多数の中空容器を枠組みし固定した供給装置であるカードルで購入するアルゴン（Ar_2）と水素（H_2）はそれぞれ4Nと5Nです。その他のボンベで購入する各種ガスでは、三フッ化窒素（NF_3）は4N、塩素（Cl_2）などは5N、シラン（SiH_4）などは5N5、ヘリウム（He）などは6N、テトラエトキシオルソシリケート（TEOS）は7N5などとなっています。

図4-9-3は、エッチングやチャンバー内壁のドライ洗浄などに利用される三フッ化窒素（NF_3）の検査項目と保証値を示しています。純度は4N（99・99%）以上で、二酸化炭素（CO_2）、水、亜酸化窒素（N_2O）は5ppm以下、六フッ化硫黄（SF_6）は10ppm以下、酸素+アルゴン（O_2+Ar_2）が15ppm以下、窒素（N_2）は20ppm以下、四フッ化炭素（CF_4）が40ppm以下となっています。

薬液やガスの純度を保つには、製造時点だけでなく収納容器そのものや製造工場から半導体工場への運搬などにも細心の注意が必要です。私が経験した事例で、フォトレジスト中の異物により、全く良品が取れなくなったことがあります。メーカーと一緒になって調査・原因究明を行なったところ、容器の内壁が運搬中に徐々に剝がれ、パーティクル汚染源になった事故でした。

▶ハーゼンナンバー　液体の着色度のことで、ハーゼン色数とも呼ばれる。

図 4-9-1　現像液の検査項目と保証値の例

検査項目	保証値
色相	＜5ハーゼン
含有量	20.00 ± 0.20%
炭酸塩	＜15ppm　(as CO_3^{2-})　as CO_3^{2-}とは「CO_3^{2-}換算」の意
塩素	＜150ppm　(as Cl^-)　as Cl^-とは「Cl^-換算」の意
メタノール	＜40ppm
パーティクル	＜200個／ml　(≧0.3μm)
金属不純物	＜3ppb　(Ag、Al、Ba、Ca、Cd、Cr、Cu、Fe、K、Li、Mg、Mn、Ni、Pd、Zn) ＜10ppb　(Na)

ハーゼン：色相の単位　**ppm**：parts per million　百万分率　**ppb**：parts per billion　十億分率

図 4-9-2　代表的なガスの純度

（純度のNとはnine=9の意味）

ガスの種類	購入仕様	純度
液体酸素	ローリー	2N6（＝99.6%）
液体窒素	ローリー	5N(＝99.999%)
アルゴン (Ar_2)	カードル	4N
水素 (H_2)	カードル	5N
三フッ化窒素 (NF_3)	ボンベ	4N
ジボラン (B_2H_6)	ボンベ	5N
三塩化ホウ素 (BCl_3)	ボンベ	5N
塩素 (Cl_2)	ボンベ	5N
四フッ化炭素 (CF_4)	ボンベ	5N
六フッ化硫黄 (SF_6)	ボンベ	5N
炭酸ガス (CO_2)	ボンベ	5N
キセノン (Xe)	ボンベ	5N
シラン (SiH_4)	ボンベ	5N5
アンモニア (NH_3)	ボンベ	5N5
ホスフィン (PH_3)	ボンベ	5N5
窒素 (N_2)	ボンベ	6N
ヘリウム (He)	ボンベ	6N
テトラエトキシオルソシリケート (TEOS)	ボンベ	7N5

図 4-9-3　三フッ化窒素の検査項目と保証値の例

検査項目	保証値
純度	≧99.99%
四フッ化炭素 (CF_4)	≦40ppm
窒素 (N_2)	≦20ppm
酸素+アルゴン (O_2 + Ar_2)	≦15ppm
六フッ化硫黄 (SF_6)	≦10ppm
炭酸ガス (CO_2)	≦5ppm
水 (H_2O)	≦5ppm
亜酸化窒素 (N_2O)	≦5ppm

▶色相　色感の３要素の１つで、その色と同じ色感を生じさせるスペクトル単色光の波長で表わされる。色合い、色調とも呼ばれる。

設備稼働率を計算する

――設備がどの程度有効に稼働しているか

ＩＣの生産における設備稼働率とは、「製造ラインに設置されている設備がどのくらい有効に稼働しているか」を示す重要な指標です。このように言えば、**設備稼働率**についての漠然としたイメージをつかんでいただけるでしょう。しかし、設備稼働率という概念はそれほど自明なものではありません。ここでは設備稼働率が具体的に何を意味し、生産にどんな影響を及ぼすかを説明したいと思います。

▼設備稼働率の関係

ある1台の設備が一定の期間、例えば1ヶ月間に実製品の作業を行なった時間の合計は「実動時間」と呼ばれます。また同じ期間内に作業そのものが可能であった時間の合計は「稼働可能時間」あるいは「スケジュール上の稼働予定時間」などと呼ばれます。この稼働可能時間とは、同じ期間内の物理的時間の合計の時間である「実時間」から、設備を製品の処理に使えなかった時間の合計である「不稼働時間」を除いた時間となります。すなわち次のような関係が成り立ちます。

稼働可能時間＝実時間－不稼働時間

ここで不稼働時間は、「故障」「チョコ停」「段取り」「保守点検」「定期修理」で決定されます。すなわち次式が成り立ちます。

不稼働時間＝（故障＋チョコ停
＋段取り＋保守点検
＋定期修理）の合計時間

ここで「**チョコ停**」は本格的な故障ではなく一次的な機械トラブルで処理の中止やリセットで回復する短時間の停止を、また「**段取り**」は実製品を処理するために必要な準備作業を意味します。すなわち稼働可能時間は設備そのものやメンテナンスの良否を示します。

以上から設備稼働率は次式で表わされます。

稼働率＝実動時間／稼働可能時間

したがって、ラインに流れている製品の生産性という観点から稼働率を考える場合には、次のような点に留意しなければなりません。すなわち、同一プロセスを処理する複数台の設備群の平均的な稼働率、およびそれら設備群間の稼働率のバラツキがラインの生産性を律速する大きな要因のひとつとなることです。

▶設備稼働率　設備操業率、あるいは設備操業度と呼ばれることもある。

図 4-10-1　設備稼働率と定義

実動時間　一定の期間、例えば１ヶ月間に設備が製品の処理を行なった合計時間。

実時間　同じ期間における物理的な合計時間。例えば 30 日の月では 30×24＝720（時間）となる。

不稼働時間　同じ期間において、設備を製品の処理に使えなかった合計時間で次の５項目を含んでいる。

・故障…予期せずに発生する設備のダウン
・チョコ停…一時的なトラブルによる短時間の停止
・段取り…実製品を処理するための準備作業
・保守点検…設備の正常な状態を維持するために一点一点行なう検査
・定期修理…決められた期間で定期的に行なわれる修理

したがって次式が成り立つ。

不稼働時間＝(故障＋チョコ停＋段取り＋保守点検＋定期修理) の合計時間

稼働可能時間　同じ期間において設備が製品処理できる合計時間。スケジュール上の稼働予定時間とも呼ばれる。

したがって次式が成り立つ。

稼働可能時間＝実時間－不稼働時間

待機時間　同じ期間において設備が製品処理のためにスタンバイしている合計時間。

すなわち次式が成り立つ。

稼働可能時間＝実動時間＋待機時間

以上から稼働率は次式で与えられる。

稼働率＝実動時間／稼働可能時間

▶チョコ停　「チョコっと停止」から来ている製造業の業界用語。

Section 11

シランガスは自然発火する危険物

——半導体産業の興隆で急に使われ始めたガス

半導体の製造工程などでは、反応性が高く危険が大きい「**特殊材料ガス**」と呼ばれる各種のガスが用いられます。特殊材料ガスの主要ガス種とそのメイン用途を図4-11-1に示します。

▼モノシランで工場全焼事故も

特殊材料ガスの中でも**モノシラン**（SiH_4）は最も代表的なガスです。モノシランは常温で比重が1・11の無色透明な気体で、吸入すると呼吸器を激しく刺激します。モノシランは、図4-11-2に示すように、シリコン基板上に単結晶シリコンをエピタキシャル成長するときや、絶縁膜上に多結晶シリコンを堆積する時の原料として利用されています。

シランの特異な性質の1つに、大気中に放出すると発火源がなくても常温で音響とともに発火する「自然発火性」があります。自然発火は空気中での濃度が1・35％以上になると起きるとされ、自燃性とも呼ばれます。高濃度のモノシランが大気中で燃焼すると900℃の高温になり、黄褐色の粉末を生じます。引火しやすいガスとしてよく知られている水素（H_2）やエチレン（C_2H_2）の場合には空気と混ざっても近くに着火源がなければ発火しませんので、シランの発火性がいかに高いかがわかります（モノシランの濃度や大気中に放出される条件によって自然発火しないこともある）。

また低濃度でかつ高速で放出された場合には、「**吹き消え現象**」により放出個所では発火しなくても、部屋などに拡散したモノシランが自然発火して爆発を起こすことも知られています。

さらに半導体製造でも使われる亜酸化窒素（N_2O）と混ざると爆発の危険性が高まるため特に注意が必要です。

モノシランは、半導体産業が興隆するまではほとんど使われていなかったこともあり、当初はモノシランの性質に関する関連データも少なくて自然発火の危険性に対する認識も不十分でした。そのためモノシランガスによって引き起こされた半導体工場を全焼するような火災事故や大学の研究所における爆発事故も一度ならず発生しました。また火災に至らずボヤで消し止めた例も含めると表に出ないケースの事故も相当数あったのではないかと思われます。

モノシラン火災の場合に水をかけるだけでは不十分で、とにかくシランボンベなどのリーク源から絶たないと完全消火ができません。

▶エピタキシャル　下地結晶と結晶方位が揃っている、という意味。エピタキシャル成長には気相エピタキシ、液相エピタキシ、分子線エピタキシなどがある。

図 4-11-1　主要な特殊材料ガスと主な用途

シラン系	モノシラン (SiH_4) ジクロルシラン (SiH_2Cl_2) ジシラン (Si_2H_6)	熱分解による結晶 Si や多結晶 Si の成長 Si_3N_4、WSix の CVD Si-Ge の CVD
ハロゲン化物	三フッ化窒素 (NF_3) 六フッ化タングステン (WF_6)	Si 系のエッチング、チャンバークリーニング W、WSix の CVD
ボロン系	ジボラン (B_2H_6) 三塩化ホウ素 (BCl_3) 三臭化ホウ素 (BBr_3)	p型不純物ソース p型不純物ソース、Al のドライエッチング p型不純物ソース
リン系	ホスフィン (PH_3) オキシ塩化リン ($POCl_3$) 三塩化リン (PCl_3)	n 型不純物ソース n 型不純物ソース n 型不純物ソース
ヒ素系	アルシン (AsH_2)	n 型不純物ソース

CVD：Chemical Vapor Deposition　化学気相成長

図 4-11-2　モノシランの主な用途

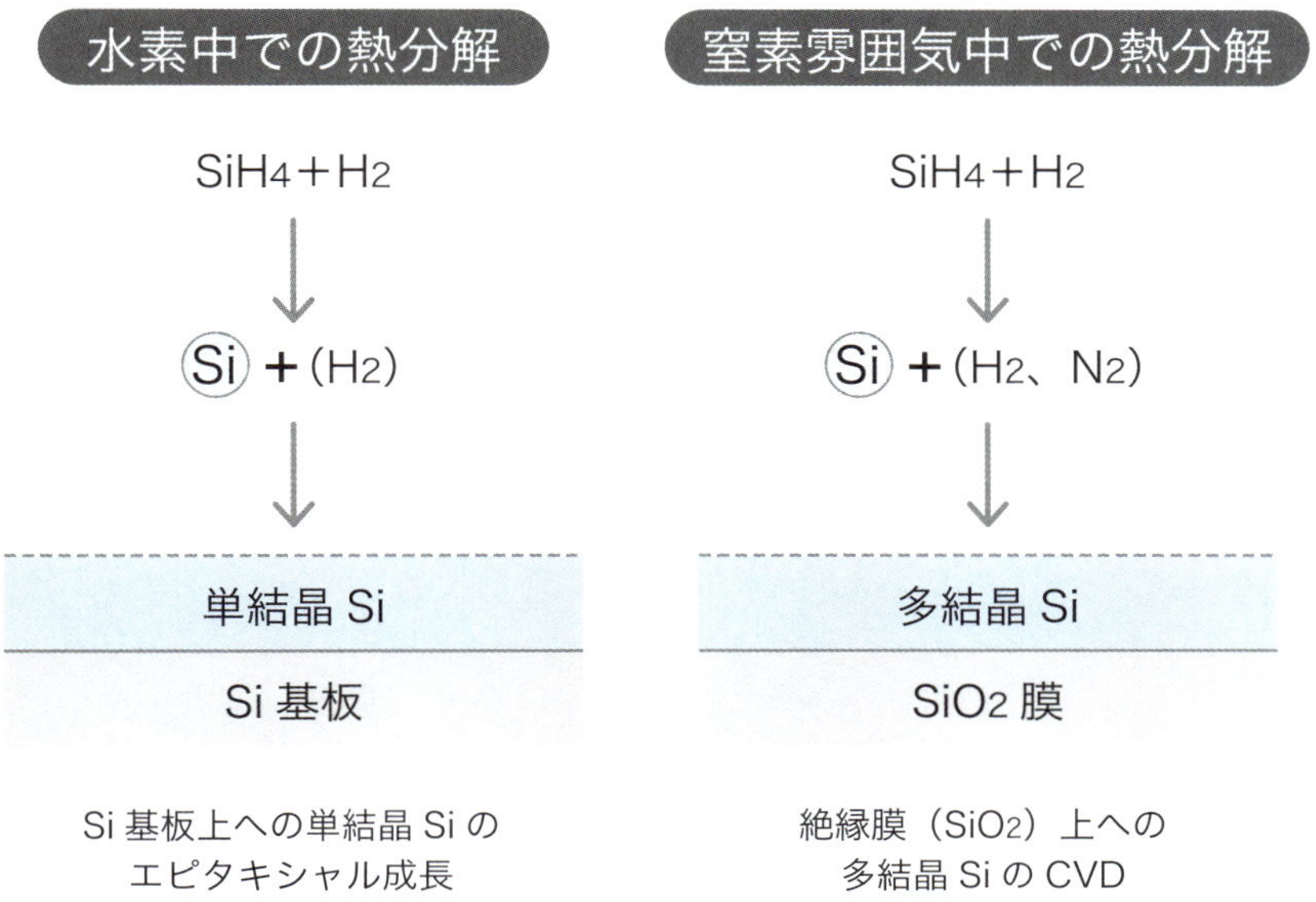

水素中での熱分解

$SiH_4 + H_2$

↓

Si ＋ (H_2)

↓

単結晶 Si

Si 基板

Si 基板上への単結晶 Si の
エピタキシャル成長

窒素雰囲気中での熱分解

$SiH_4 + H_2$

↓

Si ＋ (H_2、N_2)

↓

多結晶 Si

SiO_2 膜

絶縁膜（SiO_2）上への
多結晶 Si の CVD

▶自燃性　発火現象に関するものの性質として、大きく「自燃性」「他燃性」「不燃性」に分けられる。

「水素爆発」は半導体工場でも
——原子力発電所と半導体工場の類似点

▼半導体と原子炉の水素爆発の関係

福島第一原子力発電所における水素爆発は、多くの人に衝撃を与えました。この水素ガスはどのようにして発生したのでしょうか。

原子力発電での低濃縮ウラン燃料棒を覆う被覆管にはジルコニウム（Zr）合金のジルカロイが使われています。ジルコニウムは、連鎖核反応を起こさせるための熱中性子の吸収が最も少ない金属だからです。しかし冷却水型の原子炉では、今回の福島原発における電源喪失などの原因によって冷却機能が失われた場合に、冷却水や水蒸気が高温のジルカロイに接触すると次式のような酸化還元反応で大量の水素（H_2）が発生します。

$$Zr + 2H_2O \rightarrow ZrO_2 + 2H_2$$

この発生した水素は酸素などと混合した時に爆発を起こすことがあるのです。

ところで最も代表的な半導体集積回路であるMOS-ICの製造工程では、最終のアロイと呼ばれる400～450℃での熱処理に「**フォーミングガス**」と呼ばれる水素と窒素の混合ガスが用いられています。その理由は、MOSトランジスタのシリコン基板表面とゲート絶縁膜（二酸化シリコンSiO_2）との界面にあるシリコンの共有結合していない手（=未結合手）を水素で終端することで界面の電気的特性を安定化させるためです。

▼危険な水素を窒素で希釈

本来の目的からすれば、水素だけのアロイでよいわけです。しかし純粋な水素は爆発しやすく危険なため、窒素で希釈することで爆発を防ぎながら水素による未結合手の終端効果を発揮させているのです。

しかし初期のMOSトランジスタではゲート電極として、図4-12-1に示した多結晶シリコンの代わりに、図4-12-2に示したようにアルミニウム（Al）が用いられていました。このアルミゲートMOSトランジスタでは、アロイは窒素雰囲気で行なわれていたのです。なぜならアロイにおいて大量の水素が発生し自動的に界面安定化の効果を発揮していたからです。MOSトランジスタがアルミゲートからシリコンゲートに代わった当初は、このことがわかりませんでした。

福島原発における水素爆発のニュースに接したとき、半導体製造プロセスにおける水素ガスのことが鮮明に思いだされました。

▶ジルカロイ　zircaloyのカタカナ表記。1.5%のスズの他に鉄（Fe）、クロム（Cr）のほか、場合によってはニッケル（Ni）を加えたジルコニウム（Zr）合金。

図 4-12-1　フォーミングガスのアロイによる未結合手の水素終端

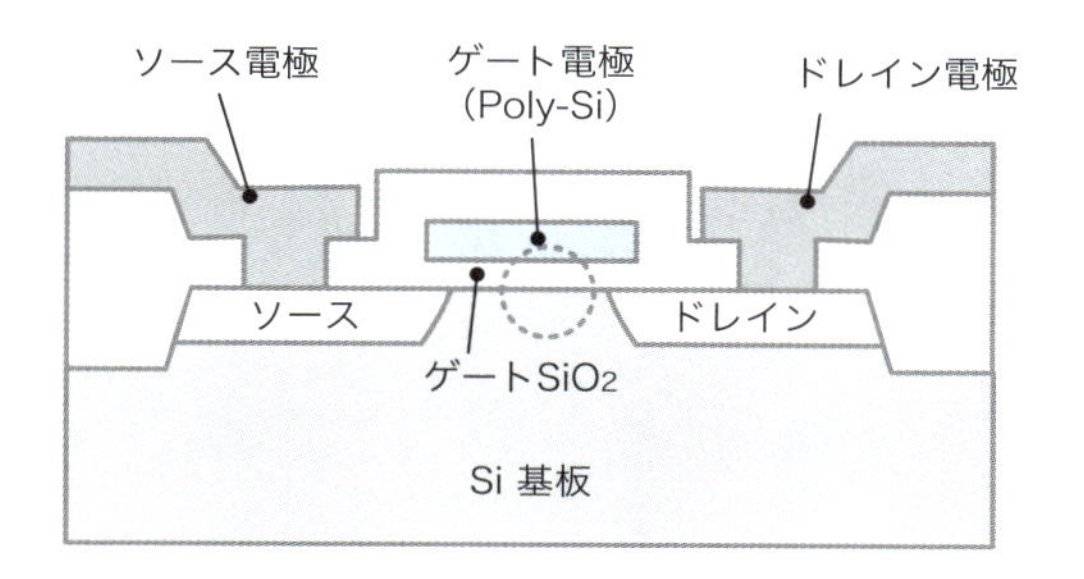

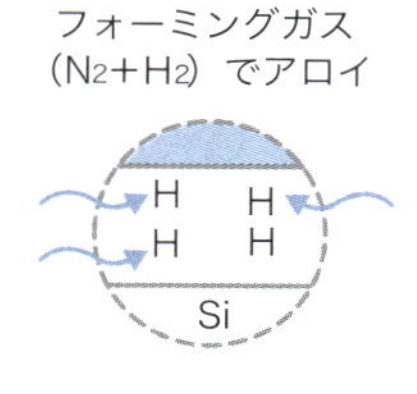

MOSトランジスタのゲートSiO_2膜とSi基板表面との界面にはSiの未結合手が存在し、電気的な不安定性の原因になる。製造工程最後の熱処理でフォーミングガスでアロイを行なうことで、未結合手を水素と結合させ（水素終端）、電気的特性や信頼性を安定させる。

図 4-12-2　Al ゲート MOS トランジスタの窒素雰囲気中でのアロイ

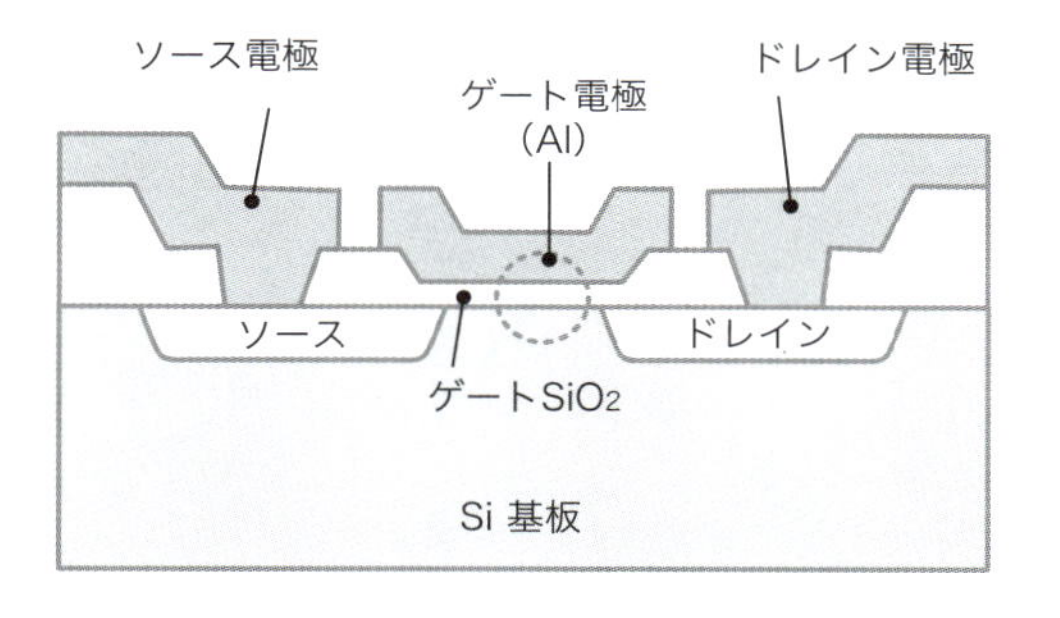

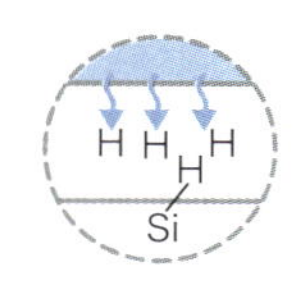

アロイ処理で発生する水素がゲートSiO_2とSi基板の界面に存在する未結合手を水素終端することでAlゲートMOSトランジスタの電気特性を安定化させる。

▶水素終端　MOSトランジスタの$Si\text{-}SiO_2$界面の安定化のため、水素（H_2）の代わりに塩素（Cl_2）が用いられることもある。

「露光技術」は微細化の中核

——パターン転写の要の技術

ＩＣは微細化技術の進展を軸にして発展してきました。その中核をなす技術がリソグラフィ技術、なかでもパターン転写を行なう**露光技術**です。

現在、生産レベルに於ける露光技術の主役は、フッ化アルゴン（ArF）のエキシマレーザーを光源とするスキャナーです。一般的にスキャナーでは解像度（R）は光源の波長（λ）とレンズの明るさ（NA 開口率）および経験定数（k）によって次式のように表わされます。

$$R = \frac{k\lambda}{NA}$$

したがって同じArFスキャナーでもkの値を小さくすることで解像限界をより小さくすることができます。このような技術は「**超解像技術**」と呼ばれます。

ArFエキシマレーザーも光の一種ですから当然「干渉」や「回折」という現象があります。この光に固有の現象を逆にうまく利用することでkの値をより小さくする代表的な方法について見てみましょう。

①変形照明法

これは図4-13-1に示したように、照明系により実効光源の形状を変化させることでkの値をより小さくする工夫です。実際に利用されている照明法には、通常の円形照明に対し、ドーナツ状の「輪帯照明」や4個の小さな円形照明に分割した「四重極照明」があります。

②位相シフト法

図4-13-2に示したように、スキャナーでパターンを4分の1に縮小投影するためのマスク（レチクル）に工夫を施すことでkの値をより小さくします。通常のレチクルは石英製の基板（ブランクス）上にクロム（Cr）薄膜によるパターンが実際の寸法の4倍の寸法で形成されています。

これに対し「ハーフトーン型」では、遮光部にも数%の透過率を持たせ、遮光部の透過光の位相を石英部透過光に対し180度ずらすことでパターン端部を強調させ、透過光の光強度の分布の幅を狭くすることができます。ハーフトーン型は主にコンタクト系のパターンに利用されています。

また「レベンソン型」では、ラインパターンの1つ置きに位相シフトパターン（シフタ）を配置します。このシフタは石英ブランクスを掘り込んだ構造になっています。レベンソン型の位

▶**位相**　波を特徴付ける要素「波長」「振幅」「周波数」などの１つで、１周期内の進行段階を表わす量。

図 4-13-1　変形照明法

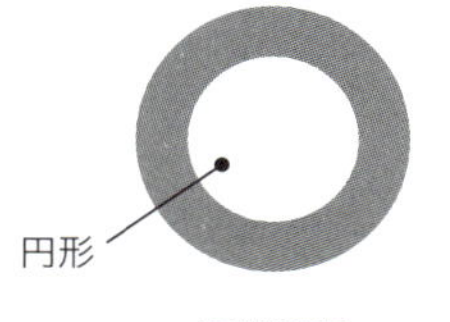

通常照明

輪帯照明

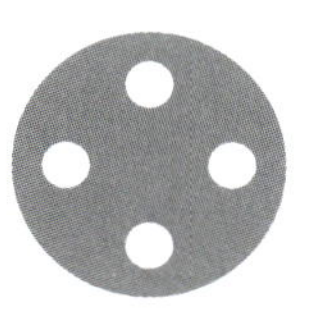

四重極照明

変形照明ではパターンピッチが小さくなった時でも効率よく集光できる。

図 4-13-2　位相シフト法

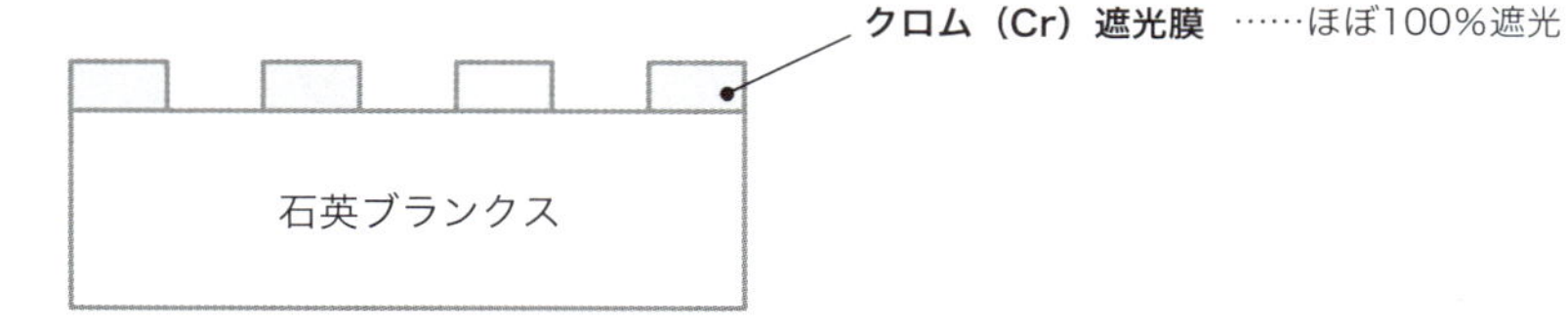

ハーフトーン

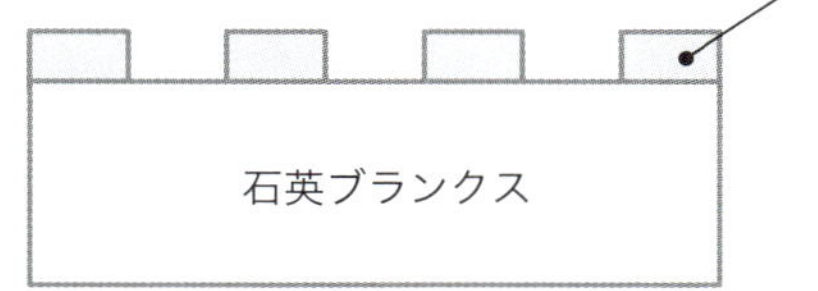

MoSixOy 部分遮光膜 ……数%の透過率
（モリブデンシリコン酸化物）

ArF（λ＝193nm）用

MoSixOy部分遮光膜を通った光は、遮光膜のない石英ブランクスの部分を通った光に比べて180度位相がずれる。

レベンソン

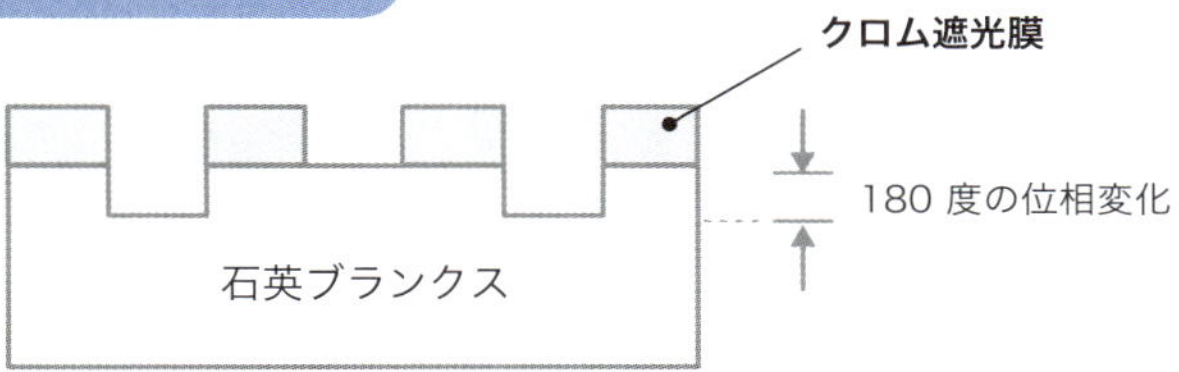

▶レチクル　一般的にICのパターン転写用としてはマスクと呼ばれるが、ステッパー（あるいはスキャナー）の場合にはレチクルが一般的。

相シフト法を用いることで解像度を露光光源の半分程度にまで向上させることができます。

③OPC

露光時の回折や干渉による転写パターンの変形（くずれ）に対し、あらかじめマスクに補正をかけておくことで、設計パターンに対する転写パターンの忠実度を上げる方法は**OPC**（Optical Proximity Correction：光学的近接効果補正）と呼ばれます。

ＯＰＣにも、図4-13-3に示したように、さまざまなやり方があります。大きくは、パターン寸法の一部に「バイアス」をかけるタイプ、本来のパターンに近接して「補助パターン」を追加するタイプ、凹凸部に「ひげ飾り（セリフ）」を付けるタイプ、などがあります。

実際のＩＣの設計でどのようなＯＰＣを施すべきかについては、光学上の一般的な指針はありますが、細部については製品ごと、また会社ごとのノウハウ的な面も多分に存在しています。

ＯＰＣの最大の問題は、それだけ複雑なパターンになるため電子ビーム直描装置（EB露光機）への負担が大きくなり、マスク（レチクル）価格が上昇することです。このため最先端のＩＣを作るための1セットのマスク価格は優に1億円を超えるようになっています。

④多面付け

ステッパーではマスク（レチクル）パターンをウエーハ上に縮小投影しステップ・アンド・リピート動作でウエーハ全面をスキャン露光します。このとき正常にパターンを転写するために利用できるレンズの領域が大きければ、それだけ露光フィールドも広くなり、複数のＩＣチップパターンを同時に露光できスループットが上がります。

すなわち2面付けであれば2倍に、3面付けであれば3倍になるというわけです。このようなマスク（レチクル）は「**多面付け**」とよばれます。

⑤ペリクル

ペリクルは英語で薄皮・薄膜を意味する「pellicle」の音訳で、露光時のトラブルを防ぐためのマスク（レチクル）用の防塵フィルムのことです。図4-13-4に示したように、マスク（レチクル）の精密洗浄が済んだ後に薄い保護膜としてのペリクルを貼り付けます。ペリクル装着前と装着後にはマスク上の異物検査を行ないます。

ペリクルはマスクの表面に異物が付着したり、ハンドリングで傷が付いたりするのを防ぎます。またペリクル上に着いた微小な異物は、焦点距離が合わないのでぼやけるためウエーハ上には転写されません。

▶EB　Electron Beam の略。電子ビームの意味で、「EB 露光」は通常「電子線直描」と呼ばれる。

図 4-13-3　代表的な OPC の例

バイアス

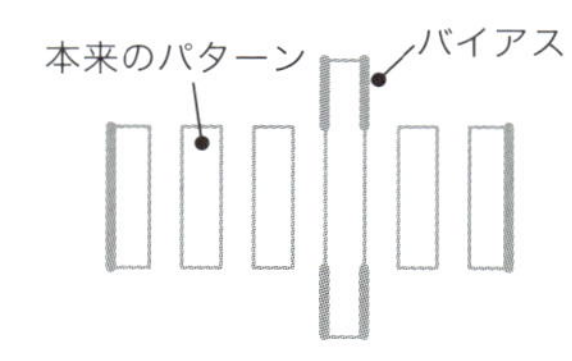

転写パターンの細り分をあらかじめマスク上で太らせておく。

補助パターン

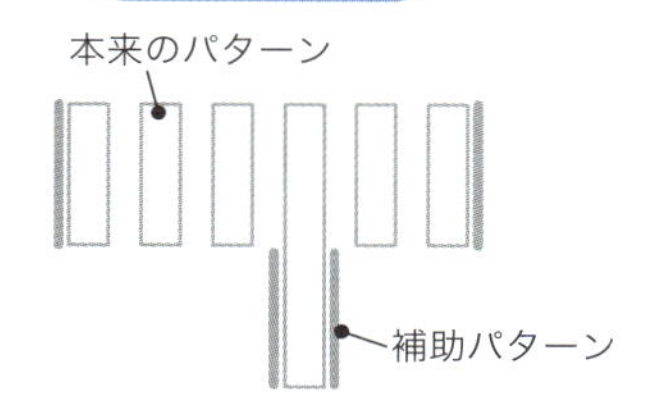

ダミーの補助パターンを配置することで正規パターンの転写忠実度を上げる。

ひげ飾り（セリフ）

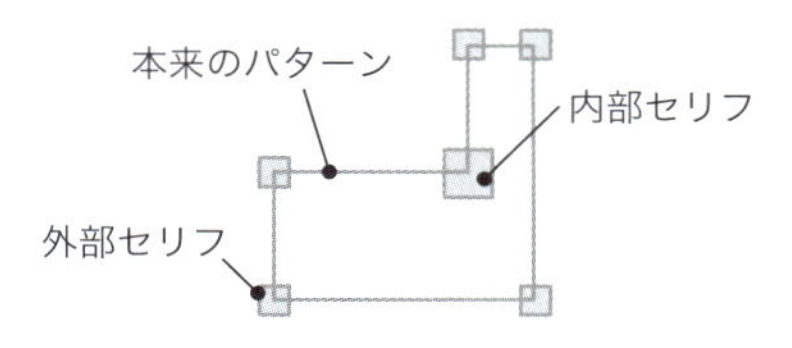

パターンコーナー部の転写忠実度を上げるため、凸部への外部セリフ、凹部への内部セリフを付ける。

図 4-13-4　ペリクル

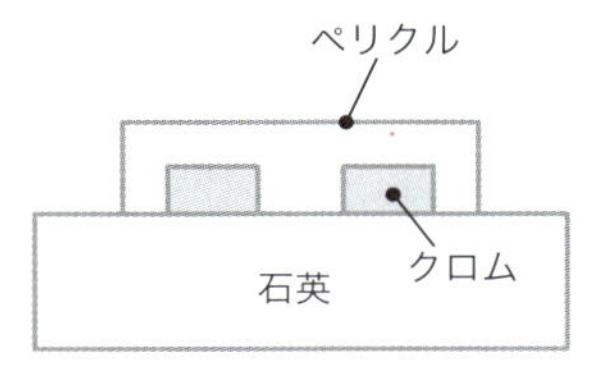

▶ペリクル　薄皮、皮膜、表皮、薄膜などの意味。

Section 14

バッチ処理から枚葉処理へ

——微細化に有利な枚葉処理

半導体（IC）製造の前工程は、図4-14-1に示したように、2種類の処理法に大別されます。その1つは「**バッチ処理**」（batch processing）と呼ばれ、複数枚のシリコンウエーハを同時に処理するものです。

もう1つは「**枚葉処理**（まいよう）」（single wafer processing）と呼ばれ、シリコンウエーハを1枚ずつ処理するものです。また装置としては、それぞれ、「バッチ装置」および「枚葉装置」と呼ばれます。

▼増える枚葉式

全体的な傾向として、昔はバッチ式が多く近年は枚様式が増えて来ていると言えます。その理由は何でしょうか。

まず第一に、半導体素子を微細化するため、採用される設計基準がどんどん厳しくなっていることがあります。そのため、ウエーハを1枚ずつ処理するよりも、まとめて同時に処理するよりも、微細なパターンをシリコンウエーハ内で安定かつ均一に実現できます。

もう1つは、使用されるシリコンウエーハの口径が大きくなってきたことがあります。大口径化において枚葉式の方が、上に述べたような微細パターンのウエーハ面内での均一性を確保しやすいことに加え、ウエーハ間のバラツキを小さく抑えることができます。

▼枚葉処理方式のデメリット

ただし枚葉式にも短所がないわけではありません。例えば「スループット」すなわち装置が単位時間当たりに処理可能なシリコンウエーハ枚数は、一般的にバッチ式が勝ります。また装置の「フットプリント」すなわち単位処理ウエーハ当たりの占有床面積はバッチ式の方が有利になる場合があります。

図4-14-2は、代表的な製造装置について、バッチ式と枚葉式の違いを示しています。成膜装置の熱酸化、CVD、スパッタリングではバッチ式と枚様式が混在しています。リソグラフィ装置のレジスト塗布、露光、現像ではほぼすべてが枚葉式です。

エッチング装置ではウエットエッチング、ドライエッチングともにバッチ式と枚葉式が混在しています。不純物添加装置ではイオン注入が枚葉式で拡散がバッチ式と分かれています。CMP装置は一般的に枚葉式です。洗浄装置ではウエット洗浄系でバッチ式と枚葉式が混在し、ドライ洗浄系では枚葉式がメインになります。

▶設計基準　ICのパターン設計において準拠すべき素子寸法の最小値や相互の位置関係を決めている規則。

図 4-14-1　シリコンウエーハのバッチ処理と枚葉処理

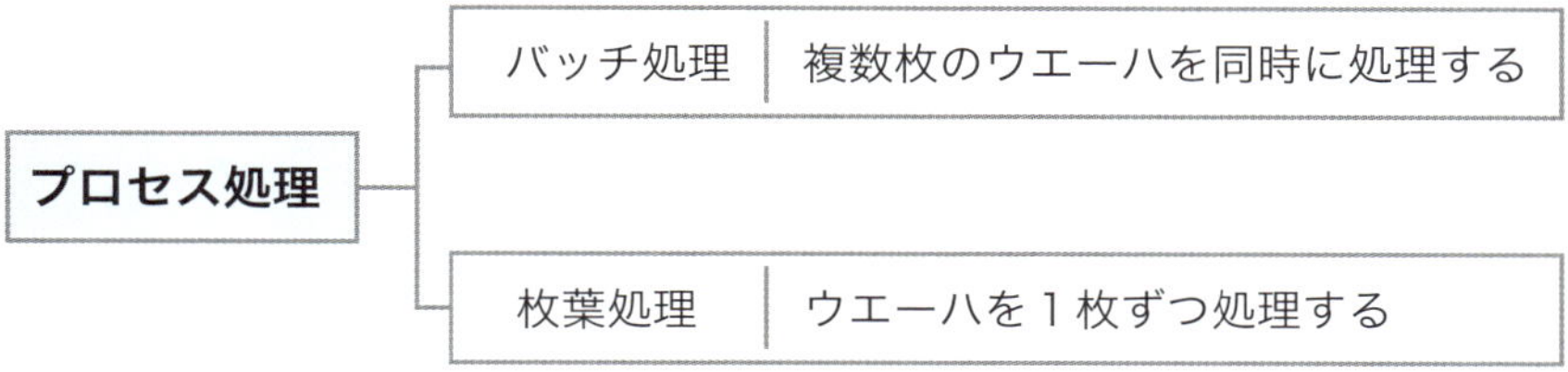

プロセス処理

バッチ処理	複数枚のウエーハを同時に処理する
枚葉処理	ウエーハを１枚ずつ処理する

図 4-14-2　代表的な装置のバッチ式と枚葉式

製造装置	工程	バッチ式	枚葉式
成膜装置	熱酸化	○	○
	CVD	○	○
	スパッタリング	○	○
リソグラフィ装置	塗布		○
	露光		○
	現像		○
エッチング	ウエット	○	○
	ドライ	○	○
不純物添加	イオン注入		○
	拡散	○	
CMP			○
洗浄	ウエット	○	○
	ドライ		○

CVD：Chemical Vapor Deposition　化学気相成長
CMP：Chemical Mechanical Polishing　化学的機械研磨

▶フットプリント　foot-print のカタカナ表記。足型、足跡、占有スペースなどの意味。

加熱処理も「急速熱処理」へ
——短時間の熱処理が求められる

▼炉（ファーネス）からRTPへ

半導体（IC）製造の前工程ではシリコンウエーハを加熱しながら行なういくつかの処理があります（図4-15-1）。この加熱処理が急速熱処理へとシフトしてきています。その辺の事情を見ておきましょう。

イオン注入後の「活性化処理」では、シリコン単結晶に打ち込んだ導電型不純物（リン、ヒ素、ボロンなど）を電気的に活性な状態にするとともに、歪を受けたシリコン結晶を正常な状態に戻します。このためにシリコン結晶格子を熱的に揺動し、不純物を格子点のシリコンと置き変えます。

「不純物拡散」では、高温状態でシリコンを導電型不純物ガスの雰囲気に晒（さら）し、熱拡散現象を利用して不純物をシリコン中に添加させます。

「不純物押込み」では、イオン注入や熱拡散によって添加した導電型不純物を含むシリコンを不活性ガス（窒素、アルゴン）中で高温にすることで、拡散により不純物をさらに深く押し込み、不純物を再分布させプロファイルを変化させます。

「リフロー」は、リンやボロンあるいはその両方を含む比較的低融点のシリコン酸化膜ガラスに熱を加えることで溶融・流動化させ、ガラス表面をなだらかに平坦化させます。

「アロイ」または「シンター」では、シリコンとアルミなどの金属配線の接触部に熱を加えることで、オーミックなコンタクト特性を確保します。

従来、これら各種の熱処理には**炉（ファーネス）**が用いられていました。しかし高温（数百〜1000℃）の炉へのシリコンウエーハの出し入れは、熱ストレスが加わりウエーハが歪んだり結晶欠陥が誘起されたりするため、数分〜数十分の時間をかけて、ゆっくり行なわなければなりませんでした。

しかし、半導体素子の微細化の進展に伴い、短時間の熱処理が求められるようになったため、炉に替わって「**RTP**」（Rapid Thermal Processing）という、**急速熱処理**あるいは瞬時熱処理と呼ばれる方法が求められるようになったのです。

これは、多数のランプによりシリコンウエーハに赤外線を一括照射したり、レーザー光をスキャンして急速に加熱したりするものです。

RTPでは秒単位での数百〜1000℃以上の高温処理が可能になり、極薄pn接合や極薄酸化膜（SiO_2）の形成などが可能になります。

▶格子間不純物（interstitial impurity）　シリコンに添加した導電型不純物で、シリコン原子からなる格子の間に存在するもの。電気的には不活性。

図 4-15-1　代表的な熱処理プロセス

処理名	工程	処理内容と目的
活性化	イオン注入後	シリコンに打ち込んだ導電型不純物を電気的に活性化するため、熱エネルギーで結晶格子を揺動し格子点のシリコン原子の一部を置換する
不純物拡散	不純物添加後	イオン注入や拡散でシリコン中に添加した導電型不純物を不活性ガス（N_2 や Ar_2）中で高温処理し、不純物を押込み再分布させてプロファイルを変化させる
リフロー	低融点シリコンガラス成長後	リン（P）やボロン（B）あるいはその両方を添加したシリコン酸化膜ガラス（PSG、BSG、BPSG）が低融点であることを利用して、熱を加えて溶融・流動化させ、表面をなだらかに平坦化させる
アロイ	金属配線形成後	シリコンと金属配線に熱を加えることでオーミックなコンタクトを確保する

図 4-15-2　RTP（急速熱処理）の例

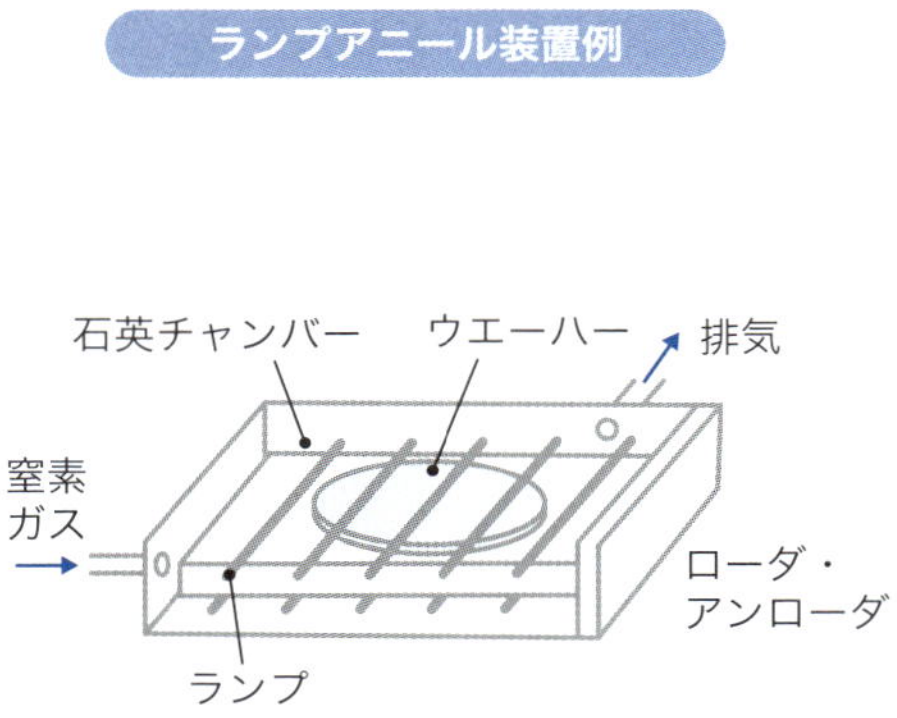

ランプアニール装置例
石英チャンバー
ウエーハー
排気
窒素
ガス
ローダ・
アンローダ
ランプ

レーザーアニール装置例
真空チャンバー
エキシマ
レーザー源
真空排気

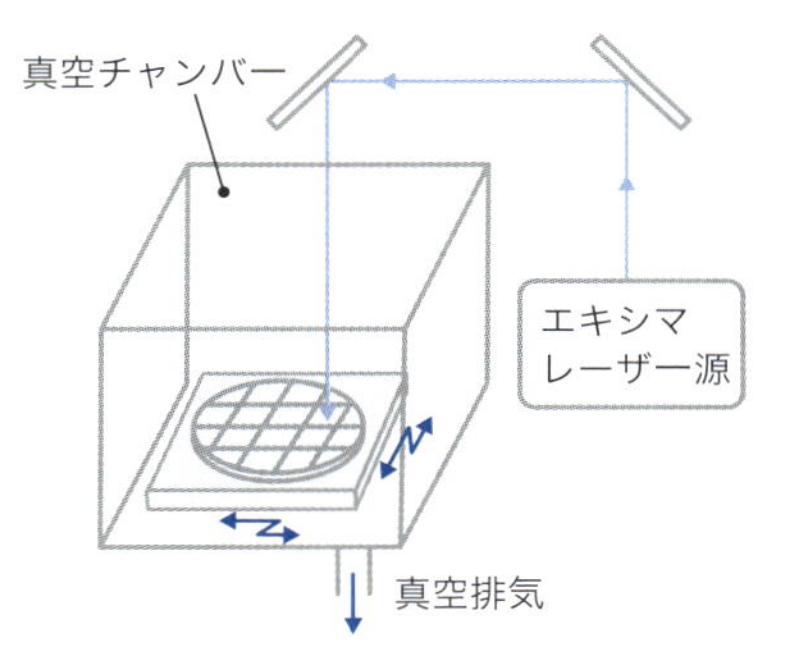

▶置換型不純物（substitutional impurity）　シリコンに添加した導電型不純物で、格子点にあるシリコン原子を置換しているもの。電気的に活性。

コラム

超純水、フォトレジスト、マスクの主要メーカー

ここではIC製造における主要材料としての超純水、フォトレジスト、マスク（レチクル）のメーカーについて見てみましょう。

❶ 超純水メーカー

超純水は洗浄後ウエーハのリンス、薬液の希釈、製造装置の冷却水などのさまざまな用途に使われています。超純水製造装置の主要メーカーとしては、栗田工業、オルガノ、野村マイクロ・サイエンスなどがあります。

これらのメーカーは工業用水・地下水・河川水などの原水から超純水を製造するシステムを提供しています。

❷ フォトレジストメーカー

マスク（レチクル）上のパターンをウエーハ上に転写するための感光性樹脂（フォトレジスト）の主要メーカーとしては、国内ではJSR（政府系ファンドJICが買収）、東京応化工業、信越化学工業、住友化学、富士フイルムなどがあります。また海外メーカーとしてはDongjin Semichem（韓国：ドンジン・セミケム）などがあります。

フォトレジストにも露光用光源によってEUV、ArF液浸、ArF、KrF、i線/g線用などの別があります。

❸ マスク（レチクル）メーカー

スキャナーでマスクパターンを転写するためのフォトマスク（レチクル）の主要メーカーとしては、日本のテクセンドフォトマスク（旧トッパンフォトマスク）、大日本印刷（DNP）、HOYA、日本フィルコンなどがあり、世界市場の60%ほどを占めています。海外勢としてはフォトロニクス（アメリカ）などがありますが、半導体メーカーの一部にはマスクを内製しているところもあります。

第５章

検査でのミス発見法、出荷する方法

不良品をどう見つける？
——検査工程のキホンは「全数調査」

ICの製造ではさまざまな工程段階で検査が行なわれますが、ここではパッケージングされた状態での「**製品検査工程**」について見てみましょう。

後工程が終了したパッケージ製品は、信頼性保証のために、高温・高電圧の条件で動作させ初期故障を加速発生させて取り除きます。このような試験法は「**バーンイン試験**（burn-in）」、または**BT試験**（Bias Temperature）と呼ばれています。

▼動的、静的試験の両方を

バーンイン・システムでは、図5-1-1に示したように、高温槽を有するバーンイン装置、パッケージ製品を搭載するバーンイン基板、ハンドリングのためのパッケージ挿抜機（そうばつき）などが用いられます。

バーンイン装置は温度制御可能な高温槽に加え数十枚のバーンイン基板を入れて数千個のIC製品を駆動・モニターするためのテスター機能を持っています。バーンイン基板は多数の専用ソケットを有し、挿抜機と呼ばれる自動ハンドリング・ロボットによりパッケージICを挿抜します。

ロジック系のICでは、高温状態で一定のDC電圧を加えるだけで回路動作はさせない「スタティック・バーンイン」が一般的です。

これに対しメモリ系では、高温状態で一定のDC電圧の他にAC電圧パターンを加え動作させる「ダイナミック・バーンイン」が行なわれています。またダイナミック・バーンインに加え、入力端子にクロック信号を加えて内部回路を動作させながら出力端子の状態をモニターし判定する「モニター・バーンイン」方式も採用されています。

さらにモニター機能を発展させ、電圧を加えながら高温と低温で一定時間保管し、そのあと簡単な特性テストを行ない、これを数回繰り返すことでテスターの負荷を低減するテスト・バーンインも行なわれています。

図5-1-2には、代表的なメモリ製品である**DRAM**の検査工程の一例を示しています。この例では、モニター・バーンインとテスト・バーンインの両方が適応されていて、そのあと高温と低温での選別に続き、製品スペックに基づく入庫検査が実施されます。

これまでの検査は**全数検査**です。入庫製品を出荷する前に抜き取りで行なわれる「出荷検査」では、キズ・汚れ、リード形状、捺印などの外観チェックに加え**電気特性テスト**が行なわれます。

▶DC　Direct Currentの略。直流。
▶AC　Alternating Currentの略。交流。

図 5-1-1　バーンインシステムの例

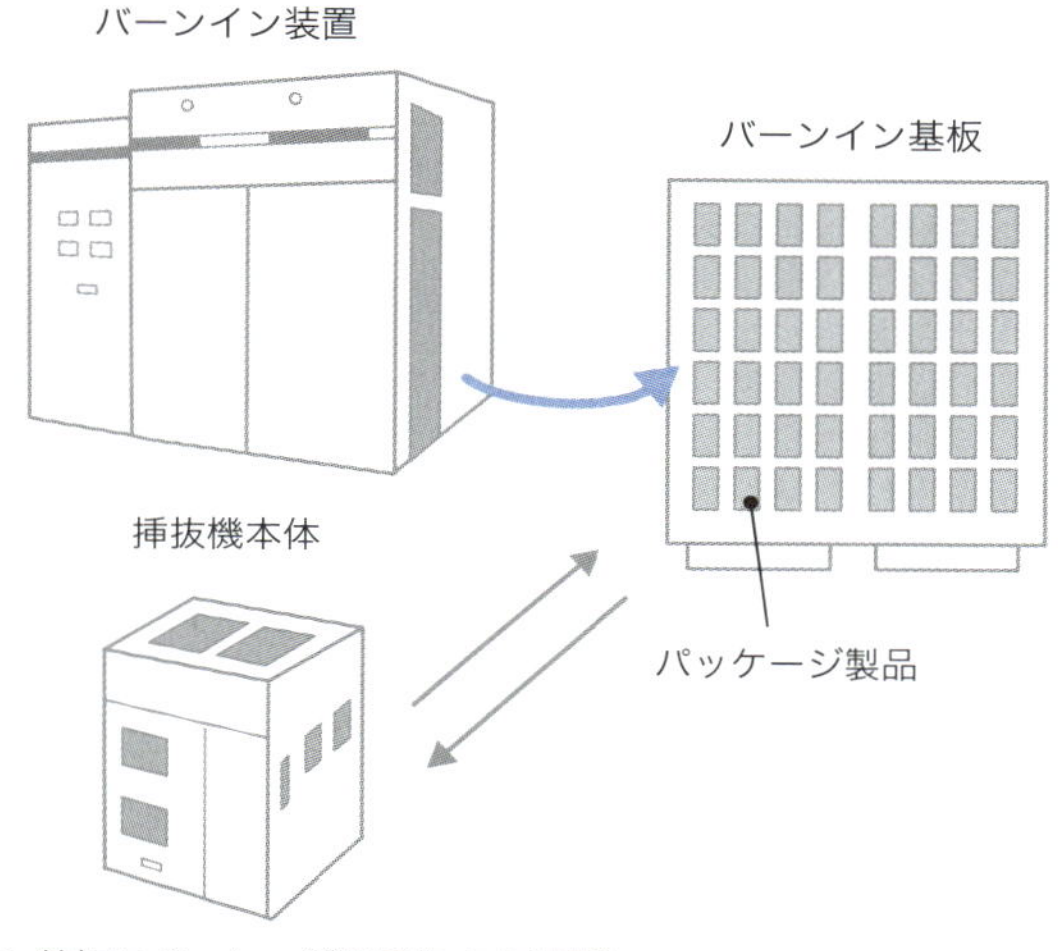

図 5-1-2　DRAM のパッケージ検査工程の例

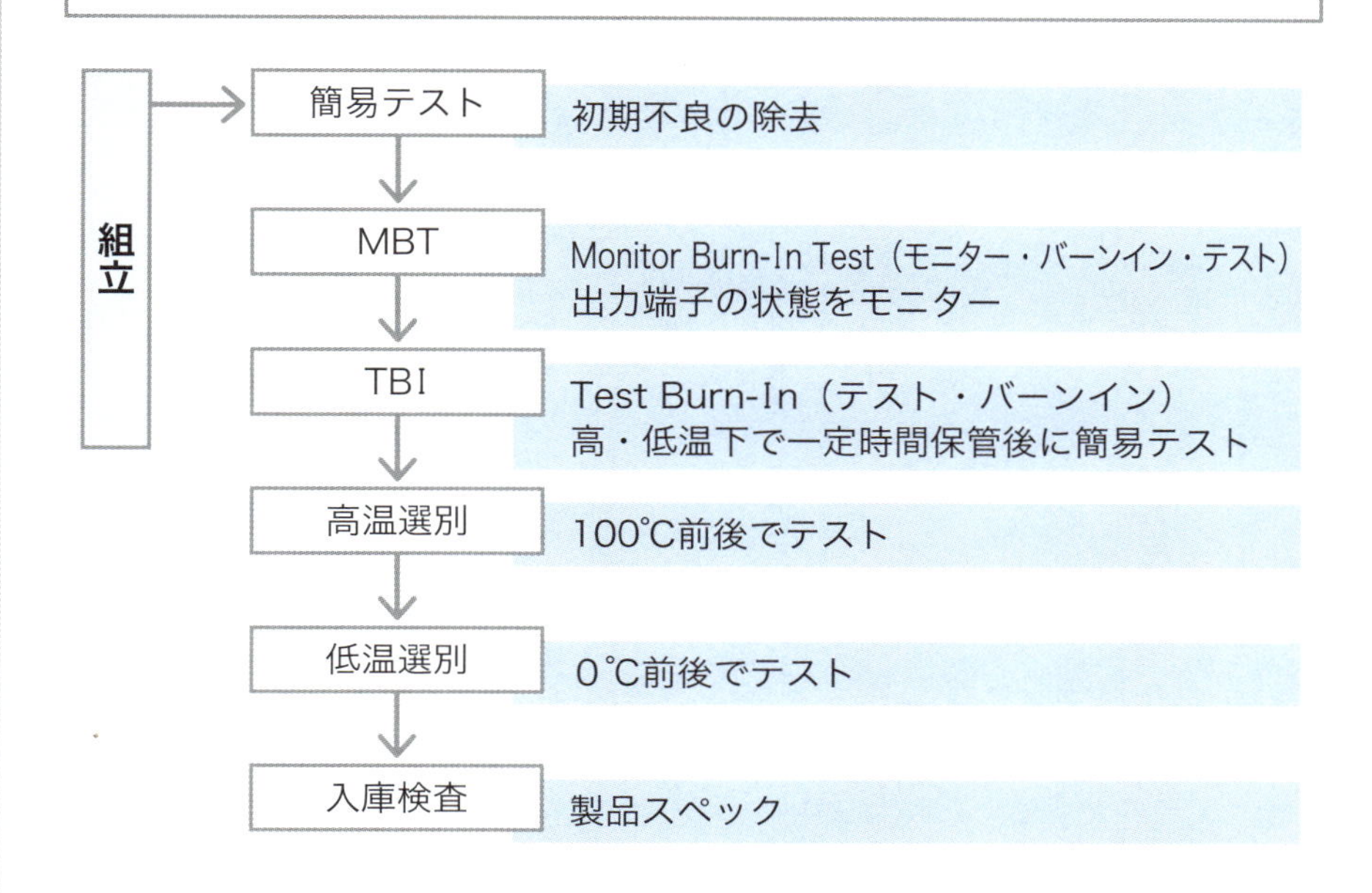

▶電気特性テスト　それぞれの製品規格に照らして行なわれる、「入出力の電圧と電流」「回路機能」「消費電力」「動作速度」などの各種項目に関する電気的テスト。

Section 02

パッケージ前に出荷されるKGD
——MCPに必要なベアダイ

通常のICは、パッケージに収納された後、製品仕様に沿ってさまざまな検査を受け、良品と判定されたものが出荷されます。これに対し、**KGD**(Known Good Die)とは、その名の通り、品質が保証された「**ベアダイ**」(bare die)を意味します。すなわち、パッケージングされる前の裸の状態で、電気的特性や信頼性の不良を除いた上で半導体メーカーから良品として出荷されるICダイのことです。ベアダイはベアチップとも呼ばれます。

KGDの供給は、ICチップをプリント基板上に直接載せるベアチップ実装のほか、特に1つのパッケージに複数個のICチップを実装する場合には欠かせません。なぜなら各チップの良品選別ができていなければ、パッケージに搭載した後に、あるチップが不良であれば他の全てのチップもオシャカになり、歩留まり低下とコストアップを招いてしまうからです。

このような複数のチップを実装するパッケージあるいは実装法を**MCP**(Multi Chip Package)と呼びます。以下に、MCPの代表例を示します。

①平置き型(side by side)

図5-2-1に一例を示します。このタイプのMCPは放熱性と信頼性に優れていますが、パッケージの小型化すなわちプリント基板への実装密度という点では次の縦積み型に劣ります。

②縦積み型(chip stack)

図5-2-2に一例を示します。縦積み型では、複数のチップ間にスペーサを挟んで3次元的に積層し、各チップ電極とパッケージ電極をボンディングで接続します。このタイプのMCPはパッケージの小型化と実装密度に優れていますが、放熱性の面では平置き型に劣ります。またパッケージの高さを抑え縦方向の実装密度を上げるため、チップの厚さを薄くしなければなりません。このため裏面研削工程で数十μm以下の厚さに削ります。

③平置き・縦積み混合型

1つのパッケージの中に平置きチップと縦積みチップを混在させたMCPの一種です。

KGDでは、チップ状態で電気的特性を測定し、信頼性での初期不良を除くためのバーインテストを行なう必要があります。そのためには特殊なキャリアやソケットが用いられます。

▶MCP　まとまったシステム機能を1個のチップ上に実現するのがSOCなのに対し、MCPは同じような機能を1個のパッケージの上に実現するものと言える。

図 5-2-1　平置き型 MCP の例

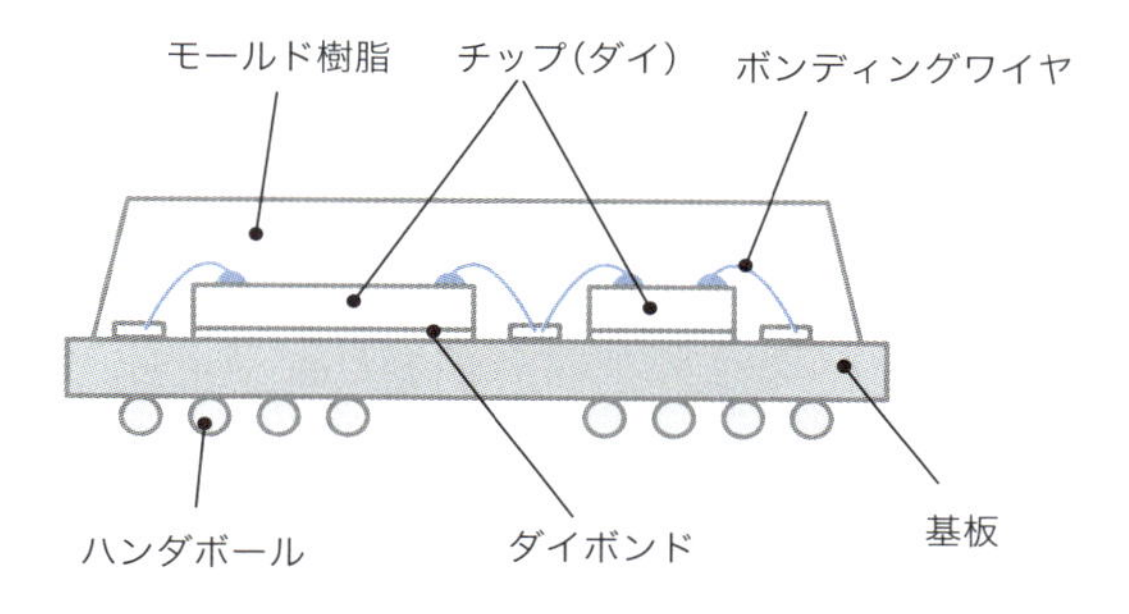

平置きされるチップ（ダイ）が３個以上の場合もある。
例えばDual Core やTriple Core のプロセッサなどがある。

図 5-2-2　縦積み型 MCP の例

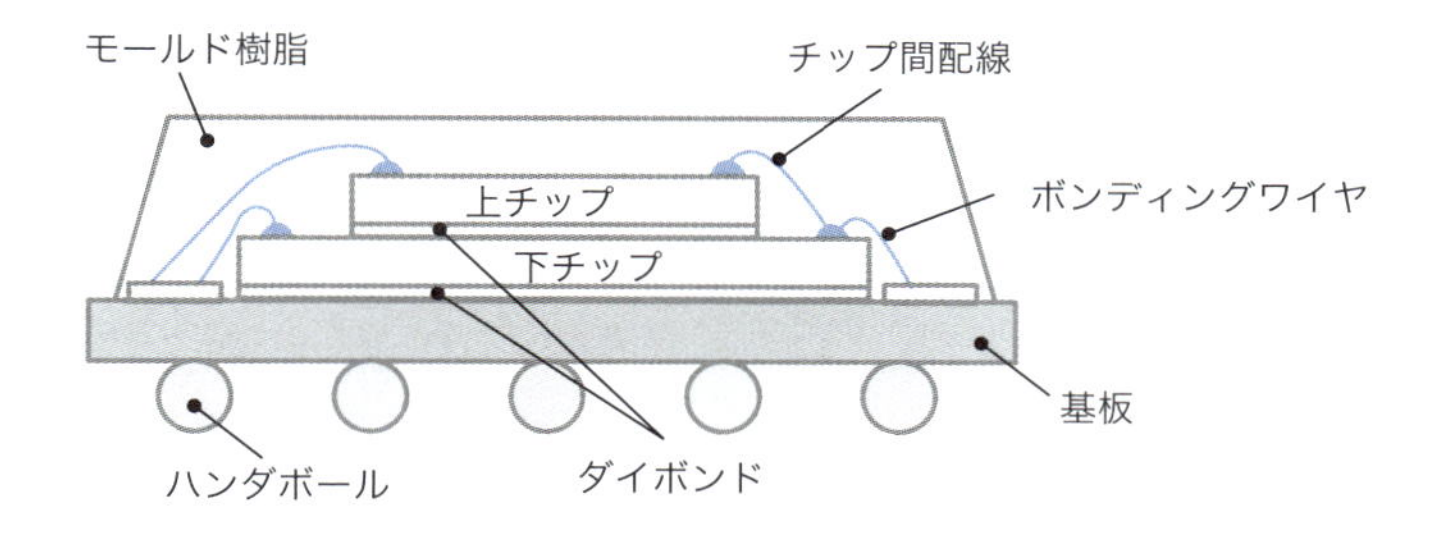

縦積みチップは３個以上の場合もある。
MPU とメモリ、SRAM とフラッシュメモリなどの積層がある。

▶MPU、SRAM　MPU はいわばコンピュータの心臓部にあたり、CPU の機能を1個の半導体の上に実現したもの。SRAM はメモリの一種で、DRAM に比べ高価であるが、定期的なリフレッシュが不要で高速動作が可能なためキャッシュメモリなどに使われる。

Section 03

ICのサンプル

――開発時から量産時までのサンプルの種類

半導体メーカーからユーザーに提供されるICサンプルにもいくつかの種類があります（図5-3-1）。サンプルには図5-3-2に示したように、大きく分けて開発時のものと、量産時のものとがあります。

①開発時のサンプル

ICを設計～試作～量産化するまでの開発段階に於けるサンプルは、次の3つに区別されます。

・DS（Design Sample）

これは、ICの電気的特性の検証ができていない段階でのサンプルです。最初のサンプルはファースト・サンプルとも呼ばれます。動作しないチップを搭載したり、あるいはチップなしで、実装性の評価や検討などに利用される場合には**MS**（Mechanical Sample）と呼ばれることもあります。

・ES（Engineering Sample）

機能評価用のサンプルのことで、ある程度の動作は確認されていますが、特性や信頼性に不具合を含むこともあります。

例えばCPUのエンジニアリングサンプルは、機器メーカーなどが、新しいCPUに合った回路設計などを行なうために利用されます。すなわち新しいCPUのESに合わせてパソコンのマザーボードなどの設計を行ない、製品に作り上げるわけです。その際、ESには次世代CPUのアーキテクチャが導入されていますので、ユーザーは先進技術の見本品としてESを利用することができます。

この段階ではCPUにもまだバグがあり、機器メーカーはそれを見つけて半導体メーカーに報告し、CPUのバージョンアップに繋げます。そのつど、新バージョンが機器メーカーに配られます。ESには有償のものと無償のものがあります。

・CS（Commercial Sample）

動作の確認と信頼性評価が終わったサンプルで、これにより量産移行が可能になります。当然、この段階では有償サンプルとなります。

②量産時のサンプル

製品が量産化された後でも、ユーザーの要求に応じて半導体メーカーから提供される各種のサンプルがあります。特にユーザーが信頼性試験のために必要とするサンプルは、**QT**（Quality Test）**サンプル**と呼ばれます。

▶バグ　bugのカタカナ表記。本来は「虫」の意味。コンピュータ・プログラムの誤りや欠陥を表わす。

図 5-3-1　設計から製品化までの開発フロー例

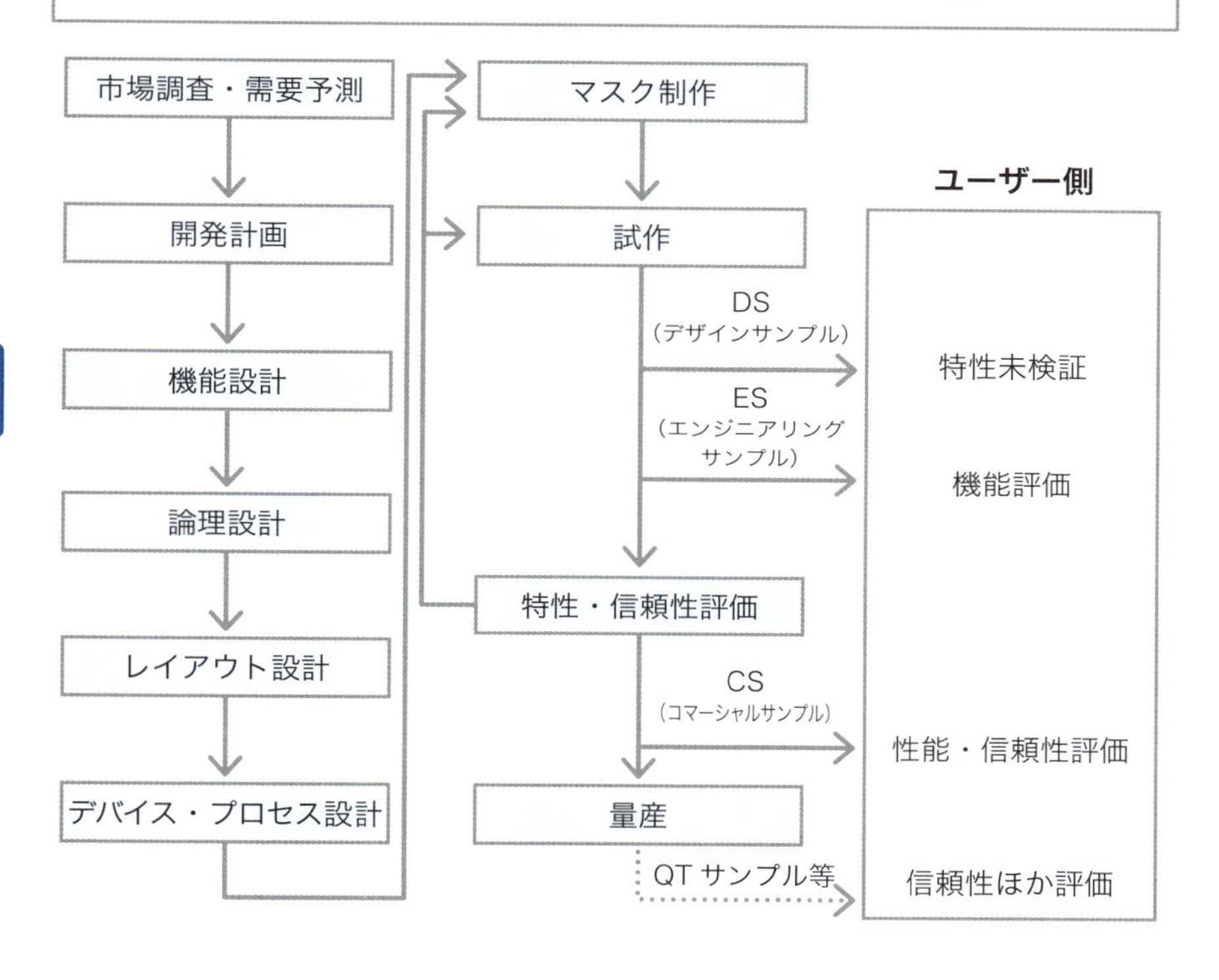

図 5-3-2　IC サンプルの種類と主な役割

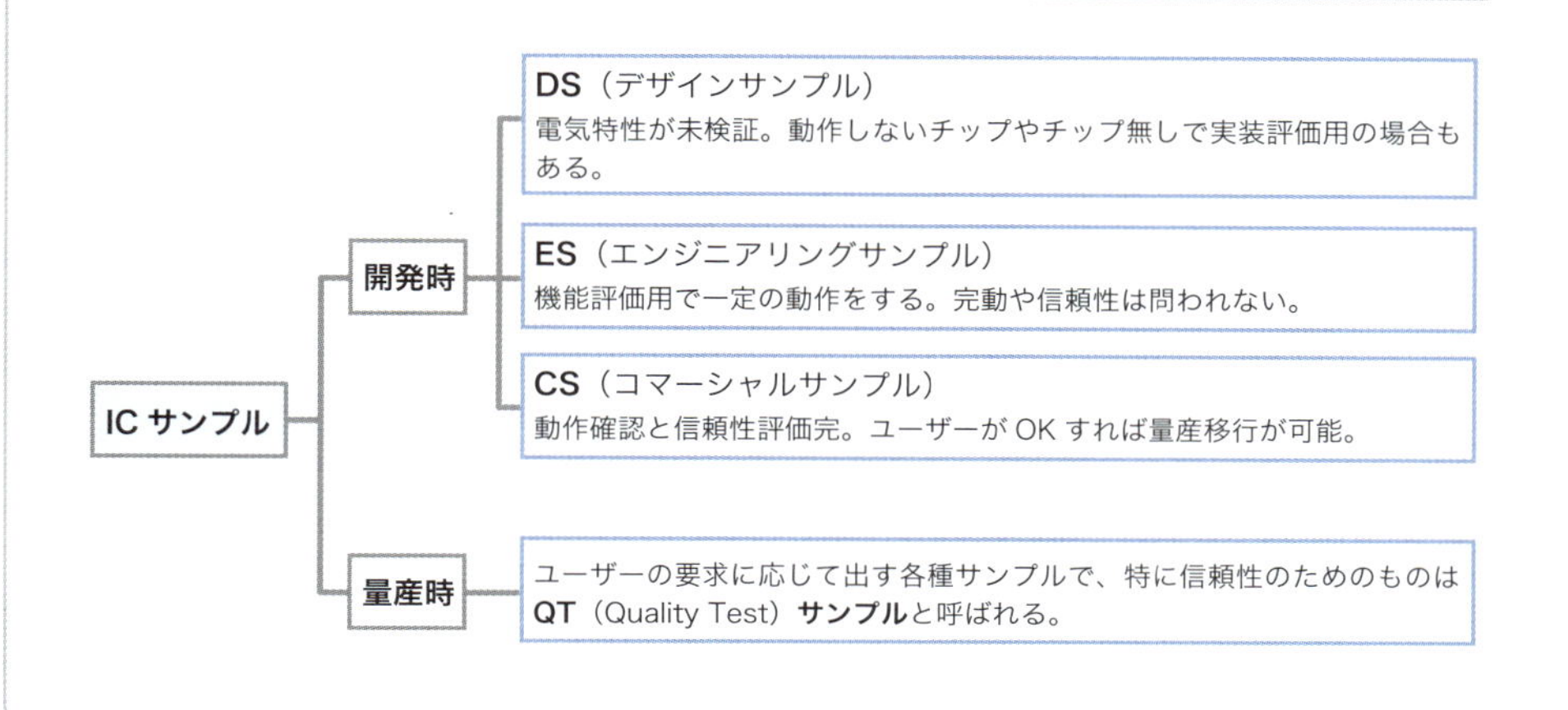

▶マザーボード　motherboard のカタカナ表記。メインボードとも呼ばれる。CPU やメモリなどの主要ＩＣを装備したパソコンなどの心臓部に当たるボード（プリント基板）。

Section 04

信頼性試験とスクリーニング

——加速試験で寿命を見積もる

ICを出荷するにはさまざまな信頼性試験とスクリーニング（選別）が必要です。

信頼性（reliability）とは「部品やシステムが使用条件下で意図する期間中、その機能を正しく遂行する性質」と定義されます。半導体（IC）の信頼性の定量的な尺度としては「故障率：λ」が用いられます。故障率（failure rate）はある時点まで正常動作していたICが、それに引き続く使用単位時間内に故障を起こす割合を示し「**FIT**（フィット）」で表わされます。これは単位時間に故障の起きる確率を示し、次の関係が成り立ちます。

$1\mathrm{FIT}=1\times10^{-9}$／時間

すなわち10億時間に1回の頻度で故障が起きることを意味します。

▼動作時間と故障曲線の関係

ICの故障は、図5-4-1に示したような動作時間に対し、故障率λをプロットした「**故障曲線（バスタブ・カーブ）**」で表わされます。ICの一般的目標値は300FIT、常用故障率で100FITほどですが、車載用ではもっと要求が厳しくなります。

この図で動作時間が短い領域における「**初期故障**」は製造工程などにおける潜在的欠陥が使用中のストレスで劣化が生じるもので、時間とともに急激に低下します。動作時間が長い領域における「**摩耗故障**」は摩耗や疲労による寿命によるもので、故障率は急激に上昇します。その中間の動作時間の領域における「**偶発故障**」は潜在欠陥を持ったものを除いたあとの高品質なICが安定的に動作しているときに偶発的に発生する故障で、時間とともに漸減する傾向があります。この期間における故障は初期故障の残存分の他、サージやソフトエラーによるものがあります。

例えば100FITの故障率を確保しようとすれば、100個であれば1万時間（1・1年）に1個、1000個であれば1000時間（1・4ヶ月）に1個の故障が発生することになります。しかしこれでは試験数と時間が膨大になりコストも嵩みます。

そこで信頼性を確保すべきICの電圧、電流、温度、湿度などを通常の使用条件より厳しく設定した加速条件下で行なう**加速試験**で、寿命を見積もる必要があります。

この加速試験結果から実使用条件での信頼性を推定するには信頼性理論や統計手法に加え膨大なデータの裏付けが求められます。

▶サージ　surgeのカタカナ表記。電流や電圧が瞬間的に大きく増加すること、あるいはそのような電流（サージ電流）や電圧（サージ電圧）。落雷以外でも充電したコンデンサの短絡などでも起こる。

図 5-4-1　故障率曲線（バスタブ・カーブ）

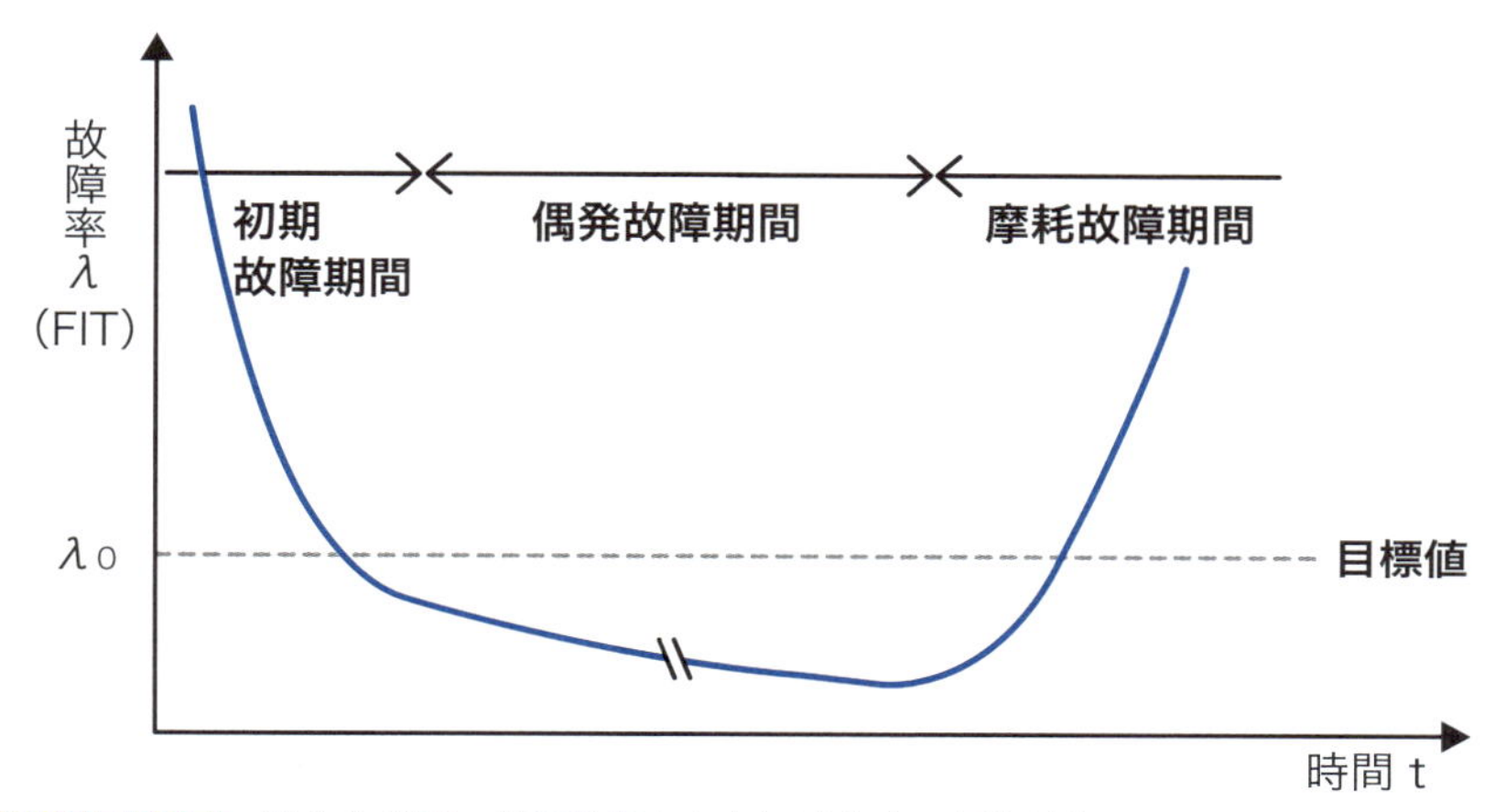

初期故障期間：潜在的故障で使用時間とともに減少する傾向がある

偶発故障期間：初期故障期間で除かれた高品質 IC が安定して動作する期間。この期間に偶発的に発生する故障は動作時間とともに漸減する

摩耗故障期間：長期間にわたる動作の結果、摩耗や疲労によって発生する故障で時間と共に急激に増加する

図 5-4-2　信頼性試験の主な内容と代表的な条件

試験の種類	代表的な条件
高温バイアス試験 (BT：Burn in Test)	温度：125℃、150℃
高温保管試験 (HT：High Temperature)	温度：150℃、175℃
高温高湿バイアス試験	温度：85℃、湿度：85%
プレッシャー・クッカー試験	温度：125℃、湿度：100%、圧力：2.3 気圧
熱的環境試験	ハンダ耐熱、温度サイクル、衝撃熱
機械的環境試験	振動、衝撃、定加速度

▶ソフトエラー　soft error のカタカナ表記。DRAM などのメモリにアルファ線や中性子線が入射することで、記憶が非破壊的に失われる現象。

Section 05

同一仕様でも動作速度に差が？

――プレミアLSIは検査工程で区分する

コンピュータの心臓部である「中央演算処理装置」（**CPU**：Central Processing Unit）や3Dグラフィックスの表示に必要な計算処理を行なう「グラフィック処理装置」（**GPU**：Graphics Processing Unit）と呼ばれるチップでは、しばしば動作速度の違いによる**グレード選別**が行なわれます。動作速度が速いほどプレミアムが付いて、より高い値段で売ることができます。

　このようなスピード分類品は、同一の設計（同一のマスク）、同一のプロセスにより作られたICを検査工程において動作速度で区分することで得られます。

　一般的にCPUやGPUのLSIでは、多数のMOSトランジスタを配線で接続することで構成されていて、図5-5-1に示したように、動作速度はその兼ね合いで決まります。MOSトランジスタの動作速度を決める「電流（I）―電圧（V）」特性は、次のような式で表わされます。

$$I_D = \frac{W}{L}\mu C_0\left\{(V_G - V_{TH})V_D - \frac{V_D^2}{2}\right\}$$

　各記号の意味は次のとおりです。

W：チャンネル幅　L：チャンネル長
μ：電子または正孔の移動度
C_0：単位面積のゲート容量
I_D：ドレイン電流　V_D：ドレイン電圧
V_G：ゲート電圧
V_{TH}：スレッショールド電圧

▼バラツキにより動作速度に差が

　この式からわかるように、同じマスクを使って同じように作っても、WやLの寸法あるいはゲート絶縁膜の厚さによるC_0の値は製造規格の範囲内でバラツキ、結果としてI-V特性にもバラツキが生じます。

　また配線の幅や寸法あるいは厚さも規格範囲内でバラツキ、結果として配線遅延にもバラツキが生じます。この2つの効果の兼ね合いにより、CPUやGPUの製品としての動作速度に違いが生じるわけです。ただし、非常に多くのMOSトランジスタとそれらを接続する配線の全体に係わる問題なので、どのパラメータのどんな組み合わせに対して、動作速度の明らかな違いが生じているかは微妙な問題で、いわば「でたとこ勝負」になり、選別工程に託されるわけです。

　グレード選別品ではスピード区分捺印が必要になるため、通常のICとは異なり選別後の捺印が必要になります。

▶スレッショールド電圧（V_{TH}）　MOSトランジスタでゲート電圧の絶対値を上げていった時、ソースとドレイン間に電流が流れ始めるゲート電圧の値。

図 5-5-1　LSIの動作速度

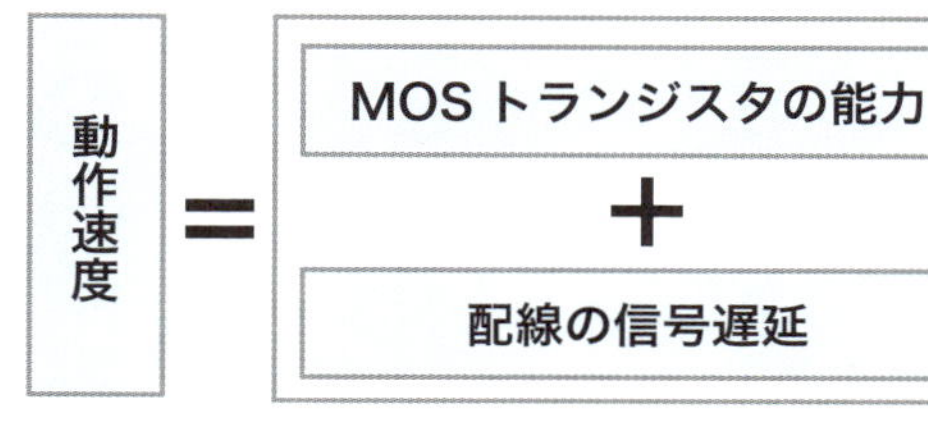

トランジスタの駆動能力
電流（I_D）－電圧（V_D）特性

配線の電気抵抗（R）と容量（C）
遅延の時定数 $\tau = R \times C$

図 5-5-2　MOS トランジスタ構造と「電流－電圧」特性

n チャンネルMOS トランジスタ構造

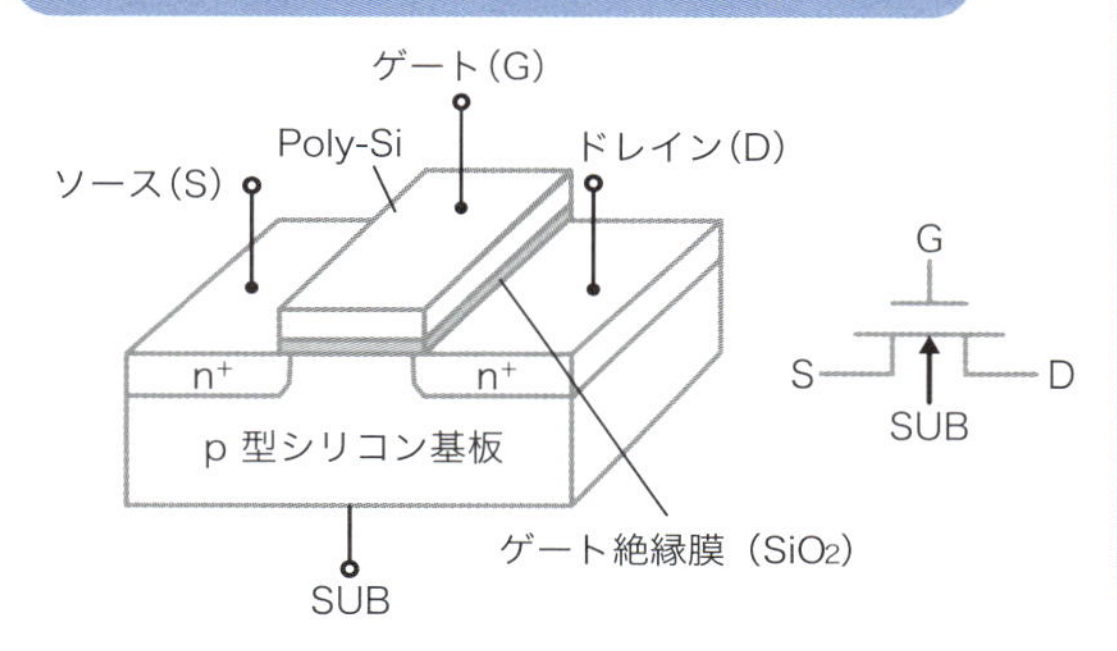

p型シリコン基板の表面近傍に n 型のソース領域とドレイン領域、その間の基板表面上にゲート絶縁膜（SiO_2）、さらにその上に多結晶シリコン（Poly-Si）のゲート電極から構成されている。

n チャンネルMOS トランジスタの「電流（I_D）－電圧（V_D）」特性

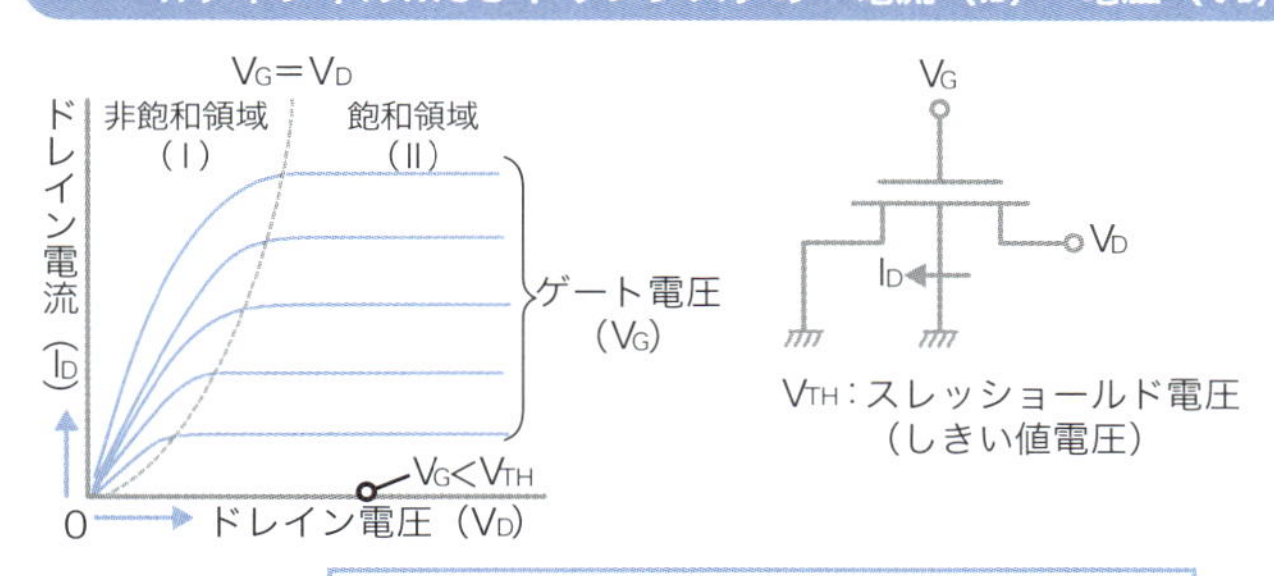

$$I_D = (W/L)\mu C_0 \{(V_G - V_{TH})V_D - V_D{}^2/2\}$$

W：チャンネル長
L：チャンネル幅
d：ゲートSiO_2 膜厚
μ：移動度。電子移動度（n チャンネルMOS）、正孔移動度（p チャンネルMOS）

C_0：単位面積当たりのゲート容量（$=\varepsilon/d$）
ε：SiO_2 の誘電率
I_D：ドレイン電流
V_D：ドレイン電圧
V_G：ゲート電圧

▶バラツキ　先端的な MOS-ULSI では、寸法のばらつきは通常± 5% 以内に抑えられている。

Section 06

ICの出荷・梱包での注意点
──顧客に出荷する際の3つの収納ケース

顧客にICを出荷する際の**梱包**では、さまざまな注意が必要になります。特に、外部から加えられる衝撃や振動に対する機械的強度、静電気による破壊を防ぐための静電気対策、水分の侵入による腐食を防ぐための防湿性などが重要です。

ICの梱包法はパッケージの種類によっても違いますので、ここでは3つの収納ケースについて説明します。

①マガジン型

パッケージの両サイドからピンが出ているタイプのICで利用される収納ケースで、図5-6-1に示したように、細長いマガジンにICを多数収納します。マガジンと両サイドのストッパーには静電防止剤を表面に塗布した塩化ビニールなどの素材が用いられます。このマガジンを何本かまとめてくくり、内装箱に収納します。

また特に吸湿に敏感な表面実装型パッケージでは、くくったマガジンケースを防湿包装袋に包んでから包装箱に収納します。

②トレイ型

パッケージの4側面や下面全体からピンが出ているタイプのICで利用される収納ケースで、図5-6-2に示したように、導電性を有するプラスチック製のトレイにICを並べ、何枚かのトレイを間に導電性スポンジを挟んでくくり、内装箱に収納します。

また特に吸湿に注意する場合は、くくったトレイを防湿包装袋に包んでから包装箱に収納します。

③エンボステープ型

特に小型で薄型パッケージのICで利用される収納法で、リールに巻かれたエンボス加工された導電性のテープにICを多数貼りつけ、その上にカバーテープを貼りつけたものです。このテープを内装箱に収納します。また特に吸湿に注意する場合にはテープを防湿包装袋に包んでから包装箱に収納します。

このようにしてICを収納した内装箱は外装箱としての段ボール箱に必要に応じて充填剤(じゅうてん)と一緒に詰められ出荷されます。外装箱には「静電気取り扱い注意」「ワレモノ注意」「水漏れ注意」「天地無用」などの表示がされます。

さらに特に悪環境での輸送などが想定される場合には真空梱包や密閉容器などが利用される場合もあります。

▶エンボス　embossのカタカナ表記。シート状のもので表面に凹凸加工された物、あるいはそのような構造。

図 5-6-1　マガジン型

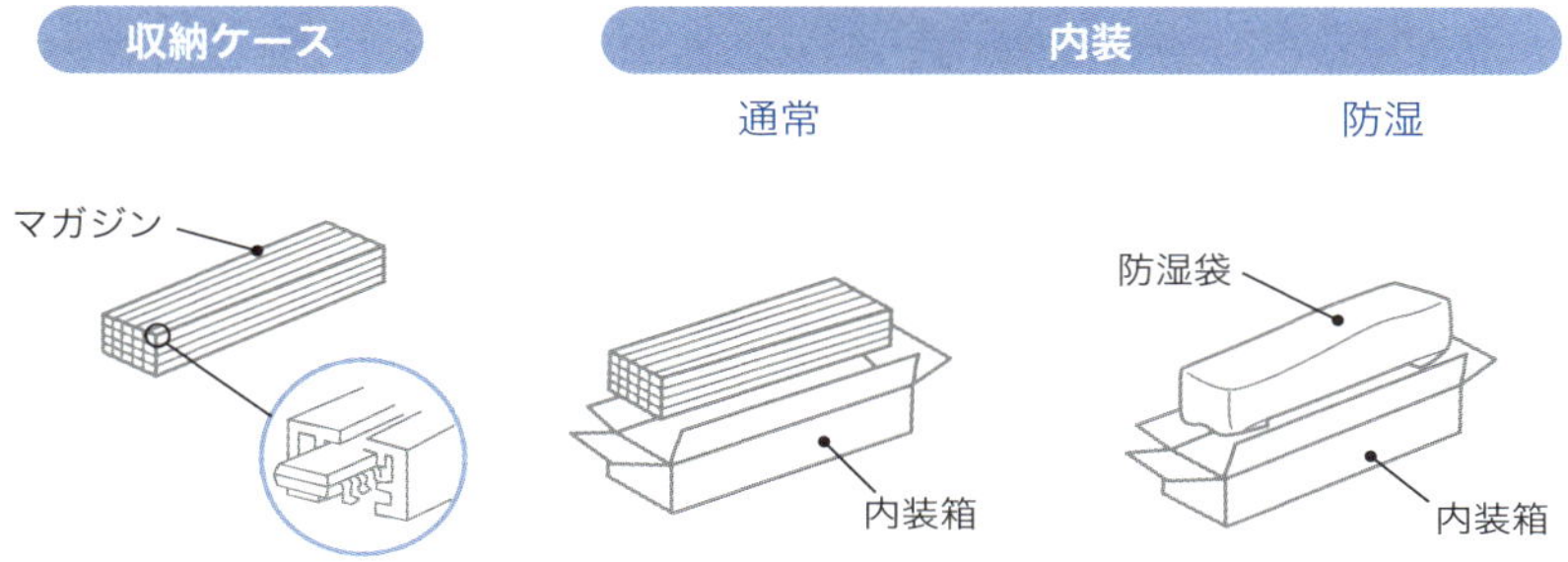

図 5-6-2　トレイ型

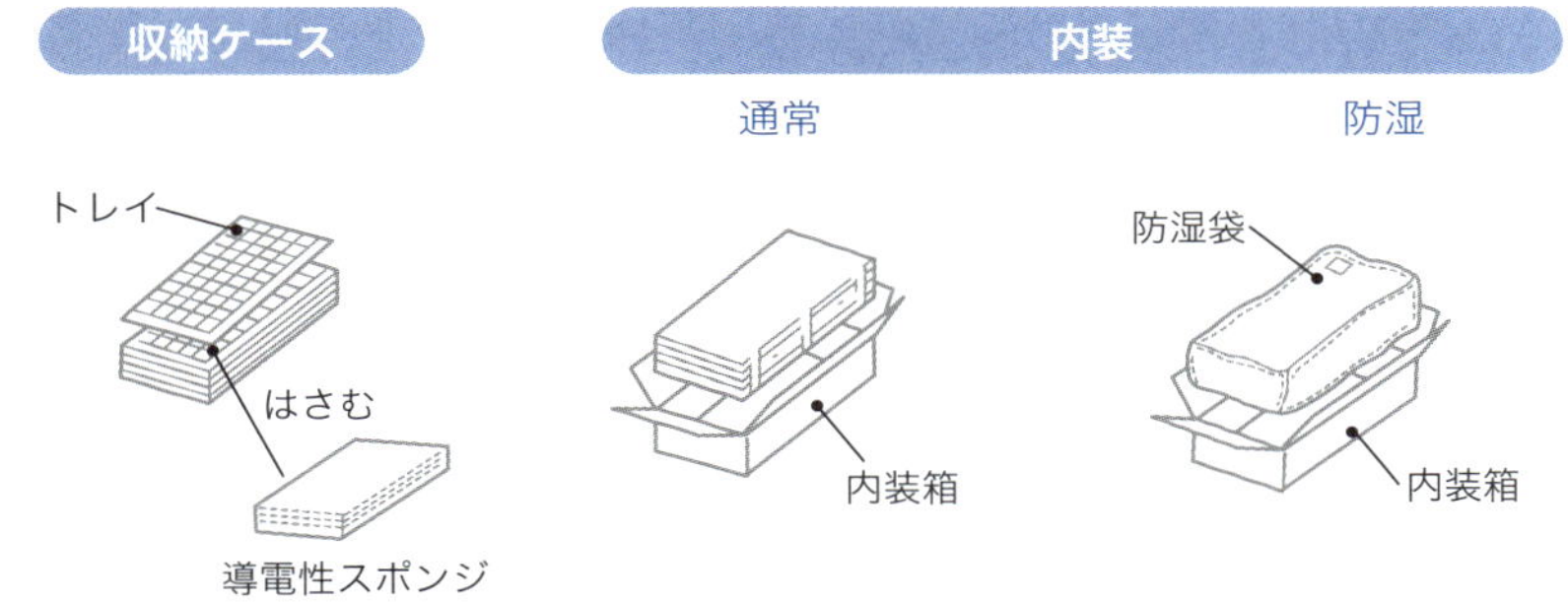

図 5-6-3　エンボステープ型

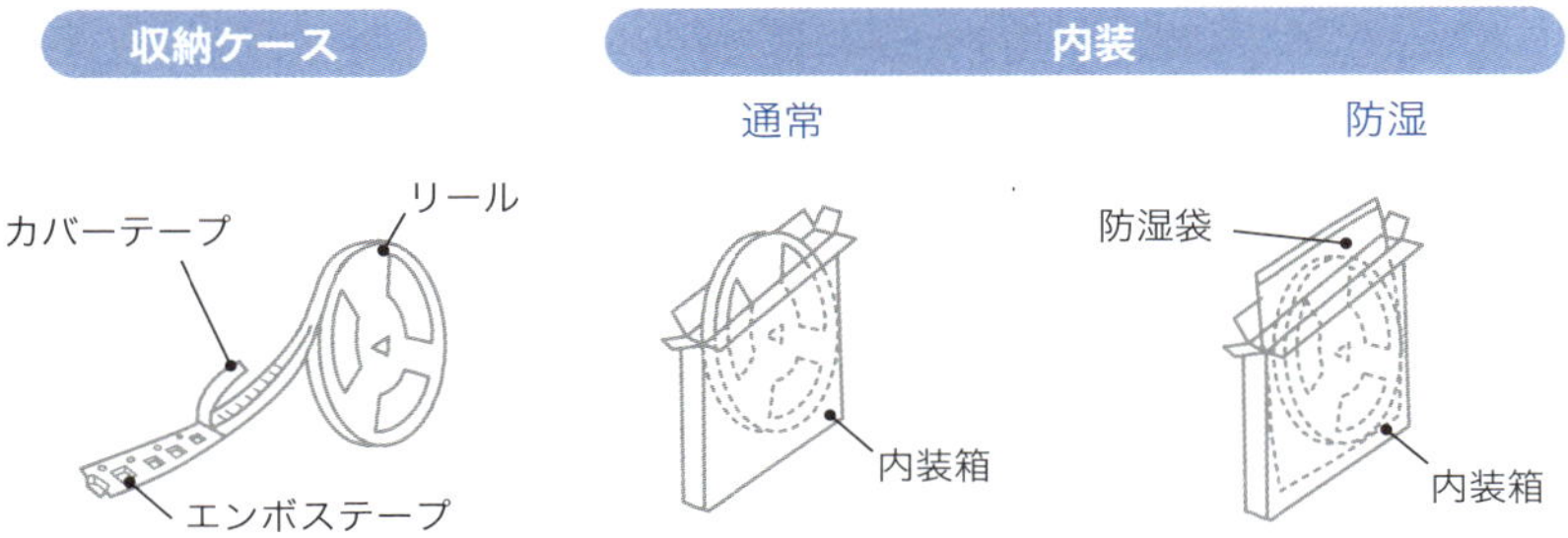

▶導電性スポンジ　ウレタン製やシリコン製などさまざまな種類のものがある。

Section 07

半導体商社と直販で販売
――半導体商社＝セールスレップ＋ディストリビュータ

半導体メーカーで生産された半導体（IC）はどのようなルートでユーザーに渡されるのでしょうか。

▼米国では3つのルートで販売

米国などでは一般的に、3種類の販売チャンネルがあります。「**直販**」は文字通りメーカーからユーザーへの直接販売、「**セールスレップ**」と呼ばれる販売代理人を介した販売、「**ディストリビュータ**」と呼ばれるビジネスによる販売があります。

ここでセールスレップ（sales Representative：Rep）とはメーカーに働きかけて商品の販売を代行する独立自営型のセールスマンを、またディストリビュータ（Distributor）は自身で大量の在庫を抱えながら小口の販売も行なうビジネスを意味します。

▼日本的な「半導体商社」の位置

これに対して日本国内の半導体販売では、「**直販**」と**半導体商社**としての「**代理店**」による2つの販売チャンネルが主流です。すなわち日本国内における半導体の販売では、半導体商社は米国におけるようなセールスレップとディストリビュータの機能を合わせ持たなければなりません。

セールスレップに課せられた主な機能には「**デザイン・イン**（Design-in）」と呼ばれる設計段階における顧客への営業活動があり、またディストリビュータには豊富な在庫を持ちながら高効率のロジスティックシステムを利用した半導体の販売活動があります。

したがって日本の半導体商社には同時にこの2つの活動が求められる訳ですが、セールスレップとしての機能強化には技術力の向上が求められ、ディストリビュータとしての機能に関しては、世界的なネットワークを有する巨大ディストリビュータと競合しなければなりません。

半導体技術の進展により半導体商社のデザイン・イン活動にはシステムレベルの高度な知識が求められ、それに対処できる人材の育成・確保が重要な課題になります。また国内メーカーの製品を扱う半導体商社は、特定メーカーの製品だけに限定された特約店が一般的で、メーカーの子会社や系列会社の場合も多くあります。

したがって半導体商社はメーカーの庇護のもとにあるというメリットと、メーカーと運命共同体的な面から来るデメリットが生じます。

▶ロジスティックス　logisticsのカタカナ表記。企業活動に兵站学（へいたんがく：次ページの用語参照）を応用し、物資の流通を含めた効率的な総合的管理を行なうシステム。

図 5-7-1　米国等における半導体販売チャンネル

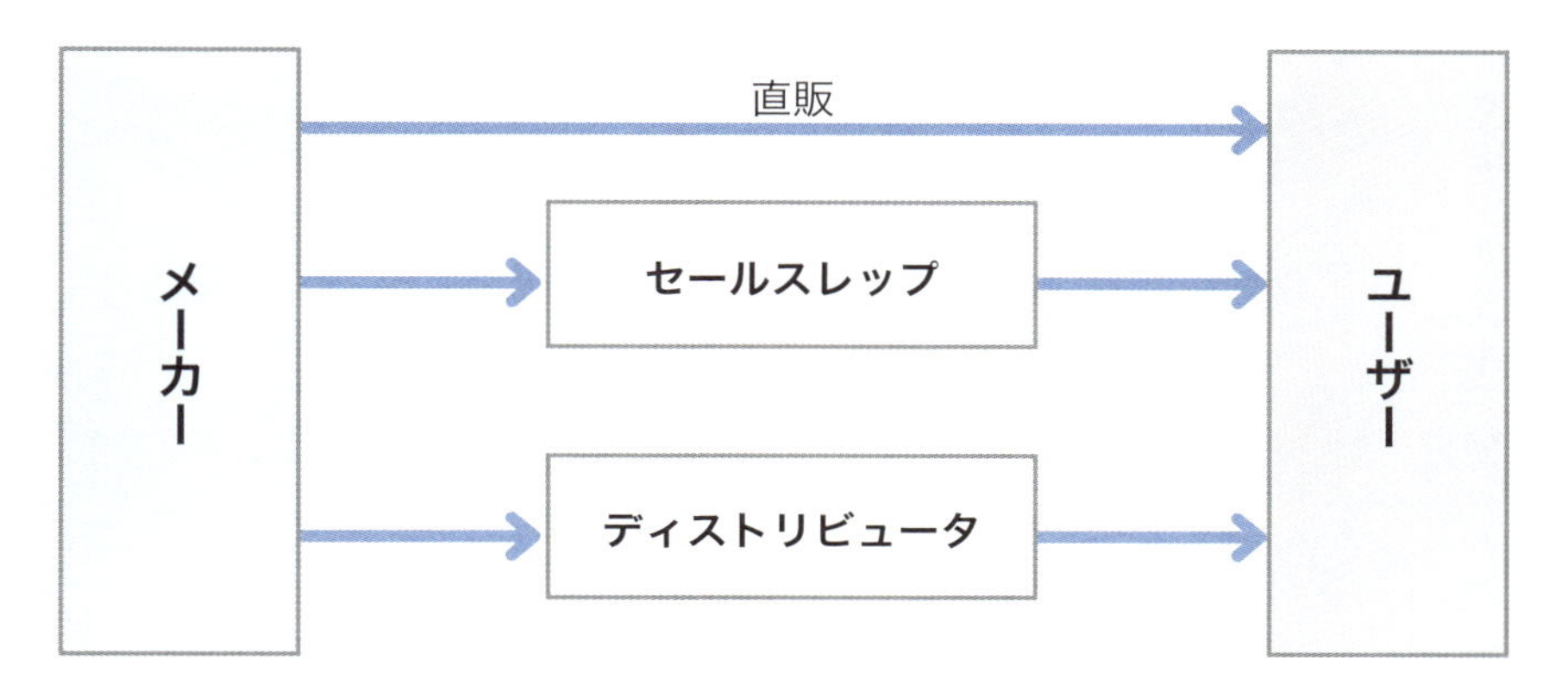

セールスレップ（sales representative：Rep）はメーカーに働きかけて商品の販売を代行する独立自営型のセールスマンで、デザイン・インが主要な機能。
ディストリビュータ（distributor）は大量の在庫を抱えて小口の販売も行なうビジネスで、高効率なロジスティックスが求められる。

図 5-7-2　日本の半導体販売チャンネル

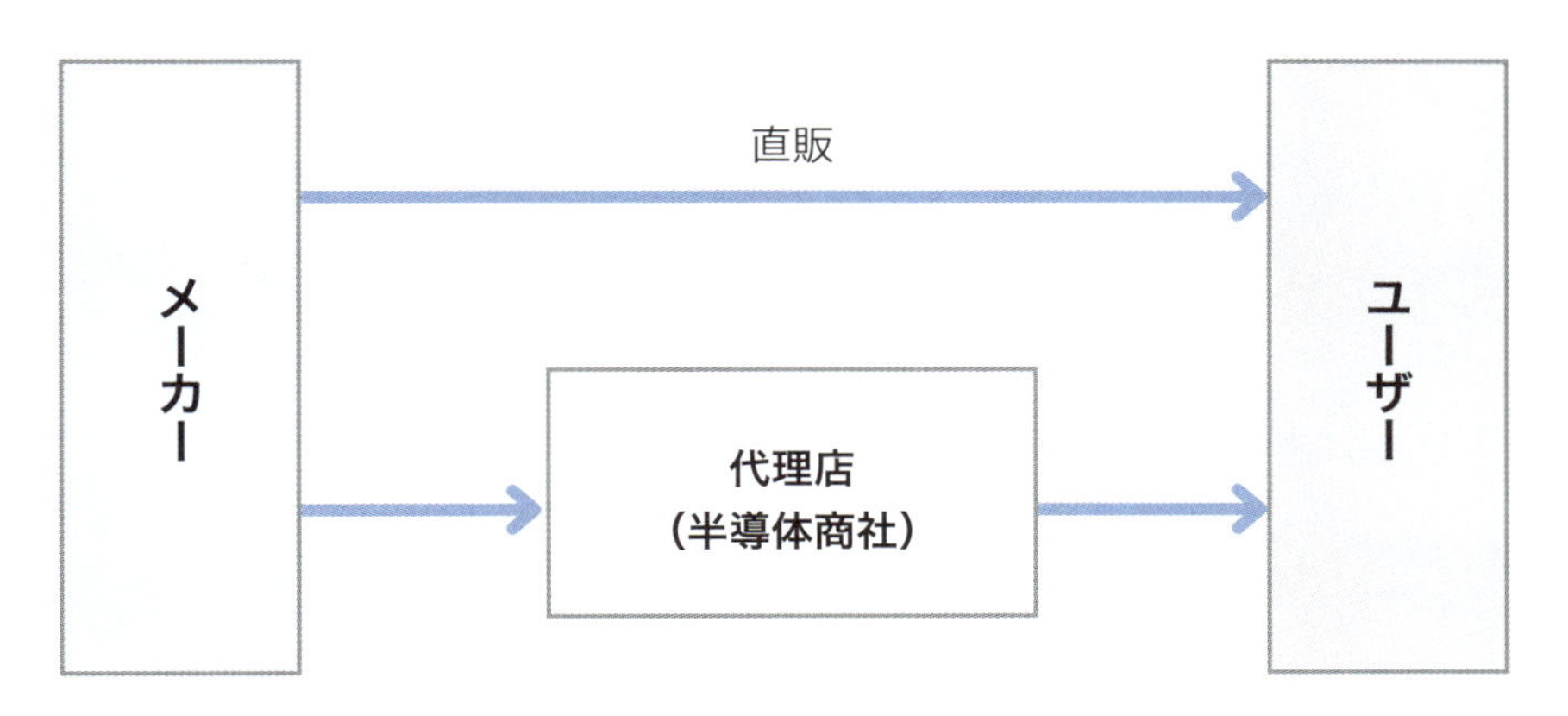

日本の半導体商社は米国のセールスレップとディストリビュータの役割を兼ねる。
特定のメーカーの製品だけを扱う特約店形式が一般的。

▶兵站学（へいたんがく）　実際に作戦を実行する部隊の後方にあって、効率的な車両や軍需品の輸送・補給・修理などを行なうための研究をする。

クレーム対応でチップの改善へ

——製造履歴を遡って調べることも

ICメーカーは、自社の品質保証体系に則って、ユーザーに製品を供給しています。しかしユーザーが使用している間に、ある確率で不良が発生することは避けられません。そんな場合にはどのような対応・対策が取られるのでしょうか?

▼クレームには品質保証部門が調査

一般的に、図5-8-1に示したように、ユーザー側で不良が発生すると、ICメーカーの営業部門に**クレーム**が入ってきます。営業部門は内容確認を行ない、その情報を**品質保証部門**に伝え、そこでクレームが受付けられます。

品質保証部門は、必要に応じて営業、技術、製造、資材などの部門と連携し、クレーム内容の詳細を検討します。必要なら先方に出向き担当者と直接打ち合わせを行なって、不良がICそのものに起因するか、ユーザーの扱いや使用法によるかを判断します。

ICに起因することが判明した場合、あるいは疑いがある場合には、品質保証部門が舵取り役となって関係部門と連携しながら原因解明、是正処置、予防処置などの活動を推進します。

▼電子顕微鏡などで原因分析

そのためICの不良モードの解析による不良箇所の同定、あるいは不良原因の特定を迅速に行なわなければなりません。

電気的不良の解析にはテスターを始めさまざまな測定機が用いられます。また解析・分析用の装置・機器として、SEMを始めとして、図5-8-2に示したような電子顕微鏡(**TEM**)、集束イオンビーム(**FIB**)そして**SIMS**(二次イオン質量分析法)などが用いられます。

TEM(透過電子顕微鏡)では資料内部の形態・結晶構造組成などを見ることができ、SIMSでは検出質量の違いによって成分の定性・定量分析を行なうことができます。

▼製造履歴をトレースする

これらの活動と並行して、不良ICの製造履歴をトレースしなければなりません。そのために**捺印記号**を見ることで、そのICがいつどこの工場で作られ、どのロットに属するかを遡って調査します。

その結果、該当ロットの製造履歴(例えば、いつ、どのプロセスで、どの号機の装置を使って製造されたものかなど)から、不良原因がある程度は

▶**電子顕微鏡**　大きく分けて、試料表面に電子線を当てて反射像をみるSEM(走査型)、試料を薄く加工し裏面から電子線を当てて透過像をみるTEM(透過型)の2種類がある。

図 5-8-1　クレームに対する品質保証体系の例

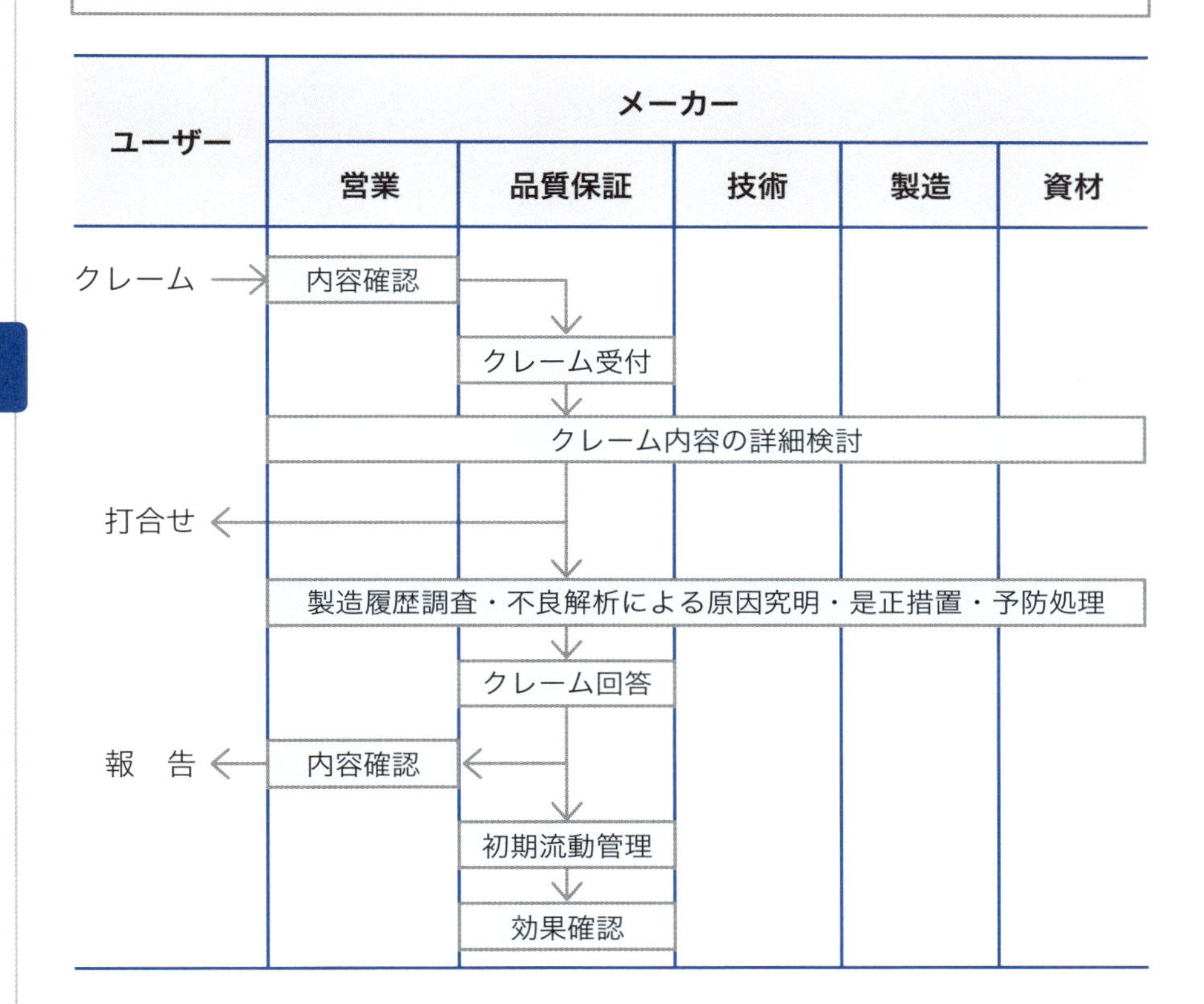

絞り込めたり、推定できるケースもあります。

いずれにせよ同一ロットあるいは同時期に製造された他ロットにも同じような不良が内在していないかを見極める必要があります。もし不良内容などから、その懸念が高いと判断された場合には、同じICを出荷した他のユーザーにも通知し、必要に応じて製品の取り換え（リコール）などを迅速に行なう必要が出てきます。

不良原因が確定されると、ユーザーにクレーム回答がなされ、再発防止策が実施されます。初期流動管理で改善効果が確認されればクレーム対応が終了します。これら一連の活動は書類としてまとめられ、事例として残されます。

半導体メーカーも自動車メーカーに負けず劣らず、日々、カイゼン活動をしているのです。

▶初期流動管理　定常的に生産されている製品とは別に、新製品や既存製品の変更に対し、期間を限り製造品質を特別モニターするための管理法。

図 5-8-2　解析・分析用の機器

TEM（Transmission Electron Microscopy　透過電子顕微鏡）

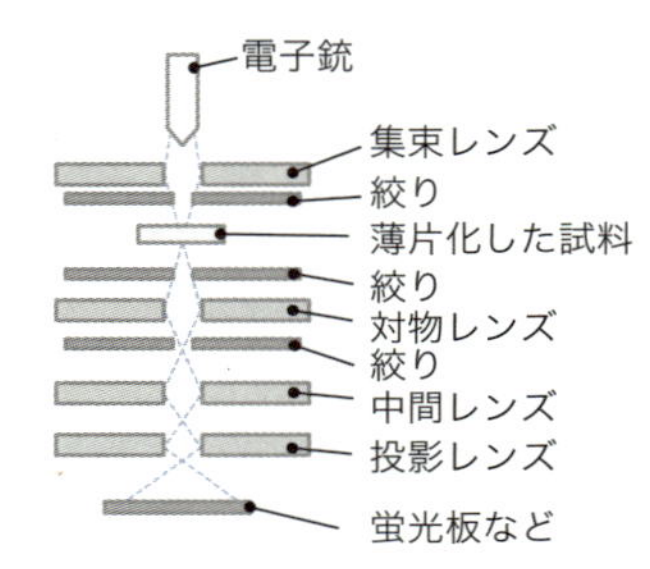

薄片化した試料に電子線を照射し、透過電子や散乱電子により拡大観察する。試料内部の形態・結晶構造・組成などがわかる。

FIB（Focused Ion Beam　集束イオンビーム）

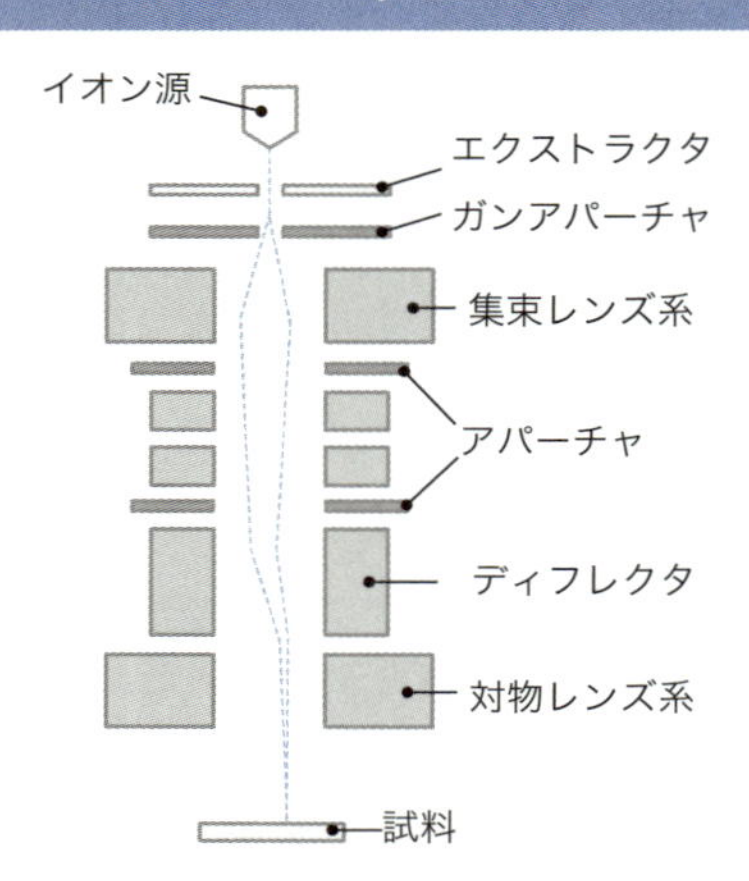

数～数百nm径に収束したガリウム（Ga）などのイオンビームを試料に照射・走査し表面を部分的に削ったり、一部にタングステン（W）などを堆積させる。

SIMS（Secondary Ion Mass Spectrometry　二次イオン質量分析法）

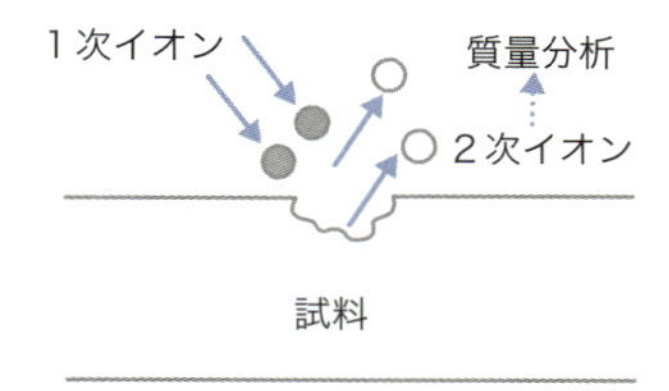

試料表面にイオンを照射した時に表面から放出されるイオンを検出する。検出質量の違いにより成分の定性・定量分析を行なう。

▶エクストラクタ　extractor のカタカナ表記。電子を「引き出すもの」という意味。
▶アパーチャ　aperture のカタカナ表記。「開口」あるいは「口径」の意味。

第６章

知られざる工場内の「御法度・ルール」

Section 01

半導体工場の交替制勤務
——1年365日・24時間のフル稼働

半導体（IC）の製造ラインでは、清浄度を保つため、クリーンルームを24時間稼働させる必要があります。これに対応して、オペレータの勤務も「交替制勤務」「シフト勤務」と呼ばれる特殊な形態が採用されています。

交替制勤務とは、その名の通り、勤務時間が固定されておらず、一定の期間内ごとに勤務時間が変わる形態の勤務のことです。

日本の労働基準法の規則「1週間につき40時間を超えて労働させてはならず、原則として1日につき8時間を超えて労働させてはならない」に従い、また人間に不可欠な睡眠や休憩などのことも考慮した上で、いくつかの交替制勤務が実施されています。

基本的に半導体（IC）工場は365日・24時間稼働ですので、交替制勤務としては次の2つのどちらかが採用されています。

①四班三交替制

オペレータを四つの班（A、B、C、D）に分けた上で、勤務帯を朝6時〜午後2時までの「一直」、午後2時〜午後10時までの「二直」、午後10時〜翌朝6時までの「三直」の3つに分けるものです。各班のオペレータは3日勤務して1日休暇を繰り返します。

図6-1-1に四班三交替制の勤務パターンを示していますが、例えばA班のオペレータは月曜日〜水曜日までは一直帯、木曜日は休んで、金曜〜日曜日は三直帯、次の週の月曜日は休んで、火曜日〜木曜日は二直帯……というサイクルになります。

この形態では1勤務日当たり1時間の休憩があるとして1週間の拘束時間は48時間、労働時間は42時間です。

②四班二交替制

四班が、図6-1-2に示したように、朝7時〜夜7時までと、夜7時〜翌朝7時までの時間帯に対し、4日勤務と4日休みのパターンを繰り返す勤務形態です。①に比べ勤務パターンの変更が少ない分、ラクとも言えますが、1日当たりの労働時間が長くなり、肉体的負担が大きくなる面があります。

私が経験した工場では、①の勤務体制が敷かれていました。しかし、オペレータと話したところ、平日にゴルフがしやすいメリットがあるものの、土日が休みになるとは限らないため、家族との時間のすれ違いがあるデメリットなどの意見がありました。

▶直　交替制勤務における一直、二直、などの「直」には「勤め、当番」などの意味があり、例えば宿直、当直などのような使い方もある。

図 6-1-1　四班三交替制の勤務パターン

時間帯	月	火	水	木	金	土	日	月	火	水	木	金
一直 (6:00 ～ 14:00)	A	A	A	B	B	B	C	C	C	D	D	D
二直 (14:00 ～ 22:00)	B	B	C	C	C	D	D	D	A	A	A	B
三直 (22:00 ～ 6:00)	C	D	D	D	A	A	A	B	B	B	C	C
休み	D	C	B	A	D	C	B	A	D	C	B	A

オペレータは四班（A、B、C、D）に区分される
勤務時間１日８時間で「一直」「二直」「三直」の三時間帯に分かれる
３日勤務１日の休みの繰り返しパターン

図 6-1-2　四班二交替制の勤務パターン

時間帯	月	火	水	木	金	土	日	月	火	水	木	金
一直 (7:00 ～ 19:00)	A	A	A	A	C	C	C	C	B	B	B	B
二直 (19:00 ～ 7:00)	B	B	B	B	D	D	D	D	A	A	A	A
休み	C,D	C,D	C,D	C,D	A,B	A,B	A,B	A,B	C,D	C,D	C,D	C,D

オペレータは四班（A、B、C、D）に区分される
勤務時間１日 12 時間で「一直」「二直」の二時間帯に分かれる
４日勤務４日休みの繰り返しパターン

▶交替制勤務　班の交替時には、前後の班がオーバーラップする時間が必要で、その間に申し送り事項、引き継ぎ事項、連絡事項などが通知・伝達される。

Section 02

ロボットとリニア搬送で動く

――ヒューマンエラーをなくし、効率化を図る

ＩＣの製造ラインではコンピュータ制御による工場の自動化が進んでいます。特にシリコンウエーハ上に多数のＩＣを作り込む前工程では、ネットワークを介してコンピュータに繋がっている製造装置、測定機器、自動搬送機やロボットが大きな役割を果たしています。

最大の目的は**省人化**です。ＩＣを製造するための複雑に入り組んだ作業を人間にやらせようとすると、どんなに管理・監視体制を整えてもある確率で**ヒューマンエラー**が入り込みます。また時間的にも制約が大きくなり作業効率を上げることが難しくなります。さらに作業者は無塵衣を着ていても微量な発塵や不純物の汚染源になることは避けられません。

▼最適解に沿った行動を取るために

また同じライン内で多品種のＩＣを製造する**混流ライン**で、どのＩＣをどんな比率で作るのかという生産ミックスや、ラインの中でどの品種やロットを速く優先して流すかという優先度の決定・変更に関しても、より迅速でフレキシブルな対応が求められます。

さらにラインのさまざまな状態（稼働状態なども含め）に合わせた、最適解を模索し選択する必要もあります。なぜなら生産量の極大化と生産工期の極小化、コスト削減、安全性の確保などが求められるからです。

このため、製造装置は全製品の全工程に関するコンピュータからの指示条件にしたがって作業を行ないます。測定された出来栄えデータはコンピュータに送られ、記録・保存されます。またウエーハを倉庫から製造ラインへ運んだり、仕掛りウエーハ（ロット単位）をクリーンルーム内である工程から次の工程に運んだり（工程間搬送）、同じ工程内で装置へ持って行ったり装置から取り外したり（工程内搬送）、さらには完成したウエーハを次のウエーハ検査工程に運ぶ作業は、自動搬送機やロボットでほとんど自動化されています。

図6-2-1にはベイ方式クリーンルーム内の搬送例を示しました。工程間搬送は距離も長いので高速性を確保しながら発塵・振動・騒音を減らすことになります。このため、リニアモーターによる**天井搬送システム**が一般的です。また、工程内搬送に使われる床搬送システムとしての**有軌道ロボット**（**AGV**：Auto Guided Vehicle）や無軌道多関節ロボットなどが使われます。

▶無軌道ロボット　無線により制御されているロボット。

図 6-2-1　ベイ式クリーンルーム内における搬送システムの例

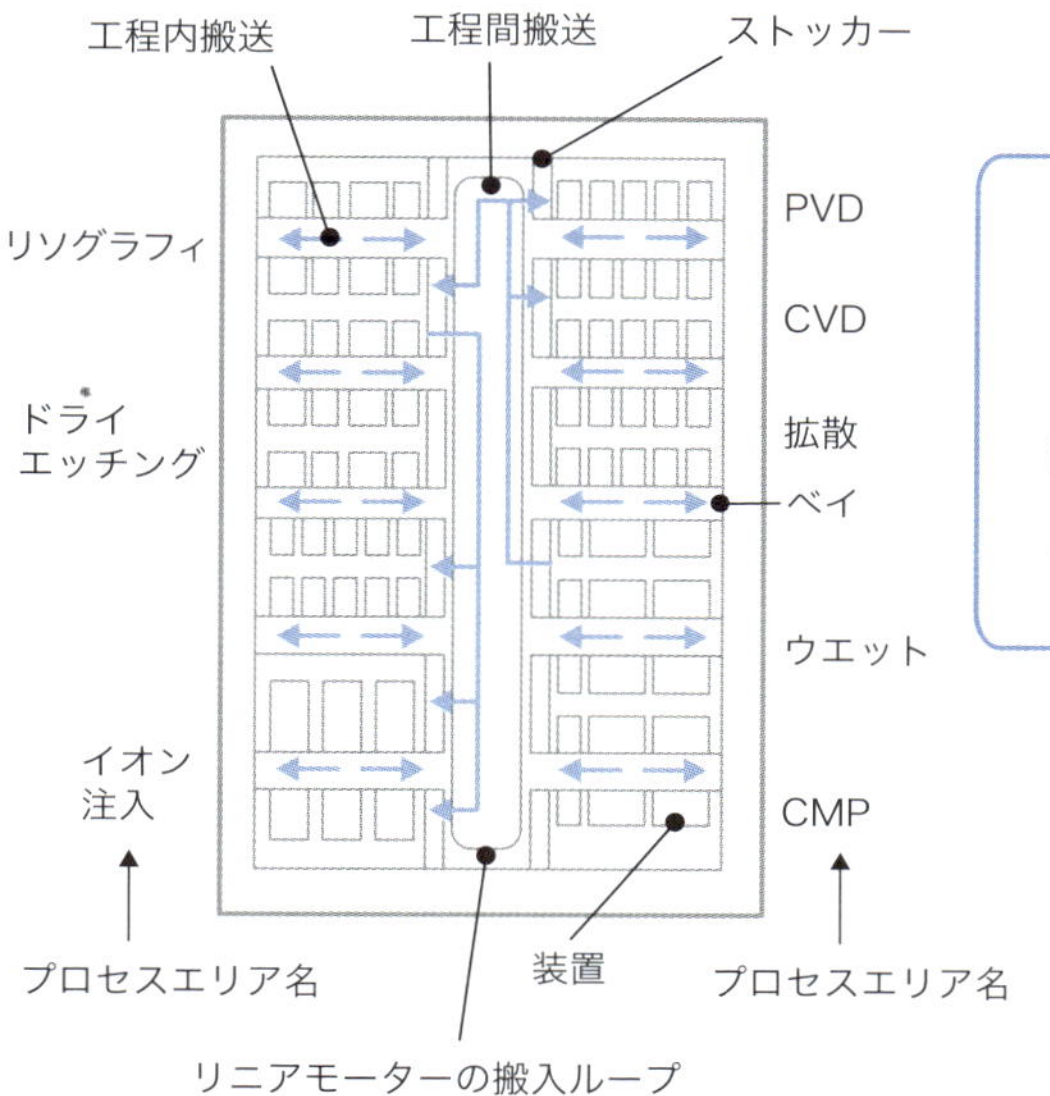

クリーンルーム内のウエーハ(ロット)の搬送は、異なるプロセス間の「工程間搬送」と、同じプロセス内の「工程内搬送」に大別される。
遠い工程間の搬送には天井面に設けられたリニアモーターの搬送ループと昇降機が利用される。

図 6-2-2　工程内搬送に使われるシステム

有軌道ロボット（AGV）

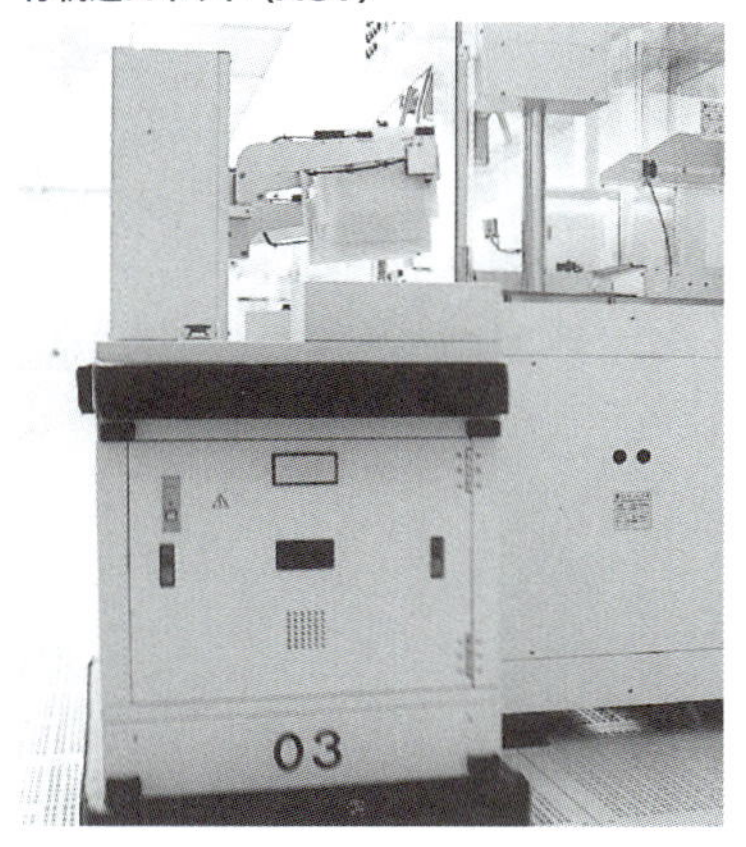

無軌道多関節ロボット

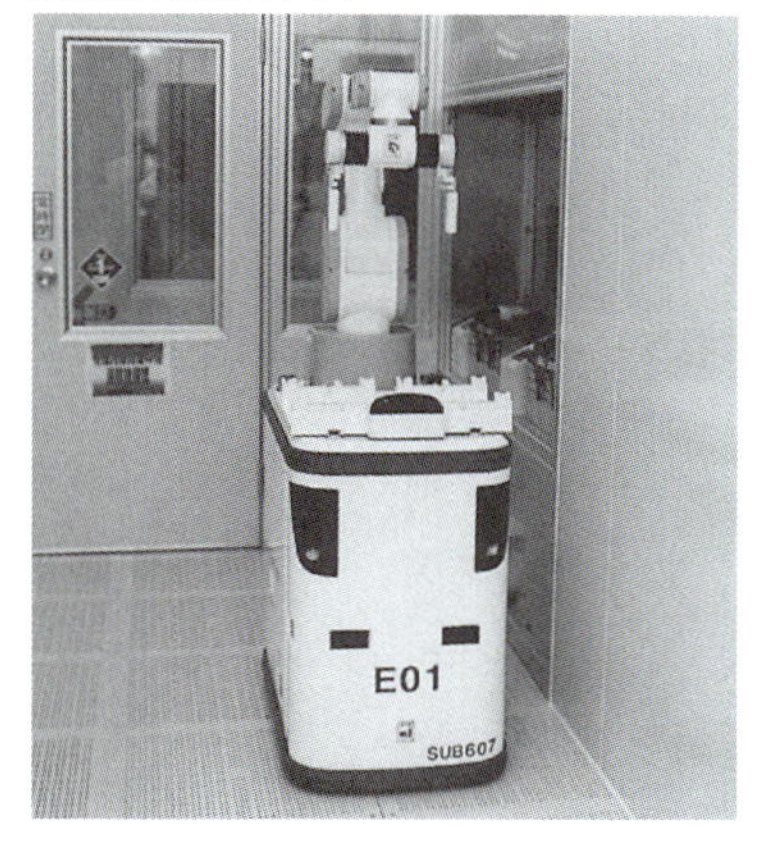

▶ストッカー　stocker のカタカナ表記で、文字通り一時保管するものの意味。クリーンルーム内で次工程への仕掛りウエーハを一時的に保管する場所。

Section 03

号機指定・群管理
――精密機械だからこそ、個体差が出る

ICは、各種の材料薄膜を何層にも重ね合わせて製造されますが、そのためには、「材料薄膜を形成し、リソグラフィでフォトレジストにパターンを焼き付け、そのパターンをマスクにしたエッチングにより材料薄膜に形状加工を施し、その上に絶縁膜を堆積し、次の材料薄膜を形成し、リソグラフィでフォトレジストにパターンを焼き付け……」という工程を何度も繰り返すことになります。

▼位置合わせのための知恵

ここで、上側の材料薄膜に塗布したフォトレジストにパターンを焼き付ける際には、すでに形状加工されている下側の材料薄膜パターンに対して、**「位置合わせ（レジストレーション）」**を行なう必要があります。すなわち、図6-3-1に示したように、下側の材料層に形成されている合わせマークに対し、上側の材料層に塗布したフォトレジストにパターンを焼き付けるために用いられるレチクル上の合わせマークを、光学的にアライメント（合わせ込み）する必要があります。

ところで、フォトレジストへのパターン焼付けに用いられる最新の露光機では、寸法が数十nm（ナノメートル）と微細化され、したがって位置合わせ精度として、さらにその数分の一以下の精度が要求されてきています。

このような超高精度が必要になると、ICの製造ラインにある複数（通常10台以上）の露光機を勝手に組み合わせて使用できるわけではなくなってきます。露光機が正確になればなるほど、逆に機械による微妙な**個体差**（**号機差**）が生じてくるからです。例えば、露光機は台風などの低気圧が接近すると気圧の影響で光学系が伸縮し、特性が微妙に変わってしまいます。

ICの製造工程では20回以上の露光作業があるのがふつうで、最初の露光をある露光機で開始した場合、2度目からの露光に使える号機には制限が付きます。もちろん最後まで同一の露光機で通す「**号機指定**」をすれば位置合わせ精度にはベストになりますが、それでは露光機の振り回しに制限がついて生産性が落ちてしまいます。

そこで妥協策として、1つの製造ラインにある全露光機を、機差が比較的少ないいくつかのグループに分類した上で、あるICの製造にはグループに属する露光機のみを使うという管理法がしばしば採用されています。これが「**群管理**」です。

▶露光機　露光機には、ステッパーやスキャナーがある。なお、nm（ナノメートル）とは10^{-9}mのこと。また、μm（マイクロメートル）＝10^{-6}m、pm（ピコメートル）＝10^{-12}m。

図 6-3-1　ステッパー露光における目合わせ（レジストレーション）の例

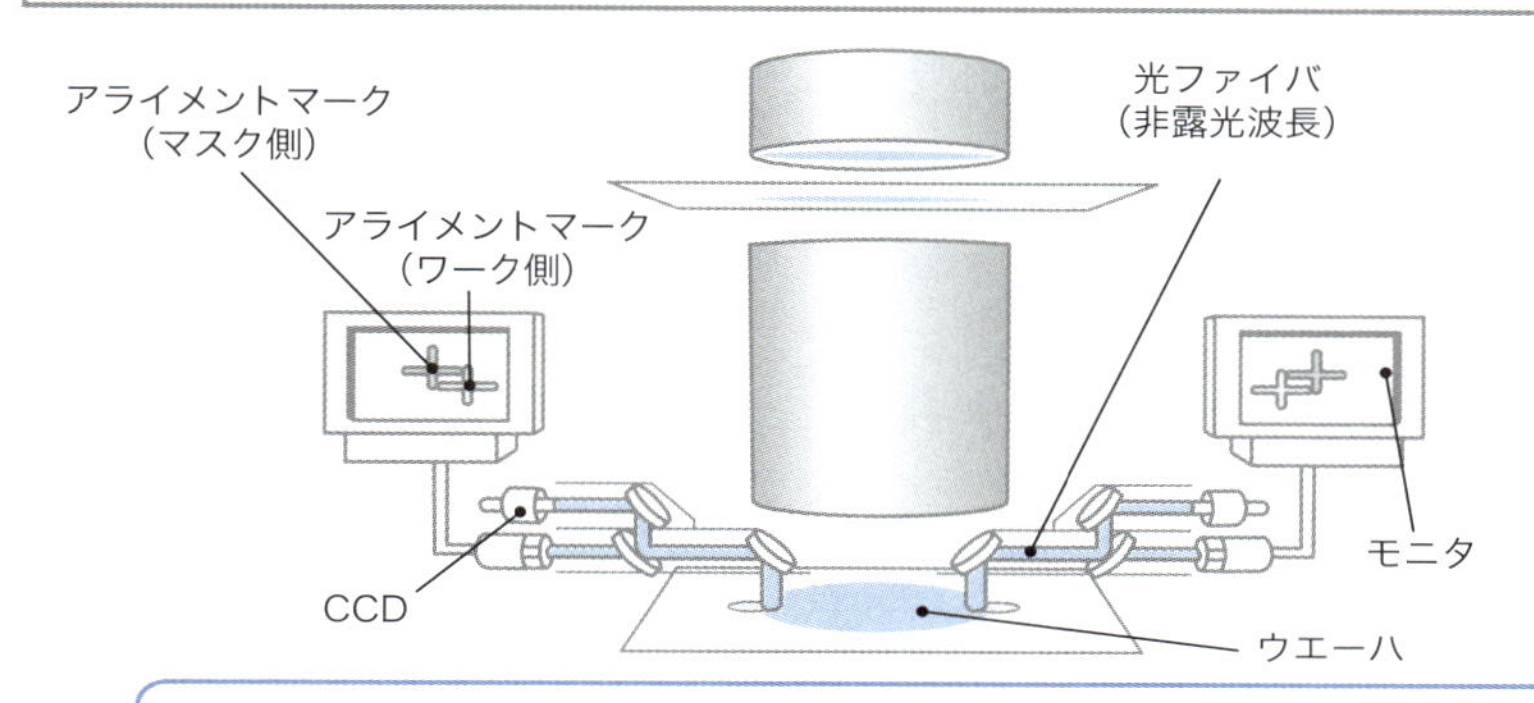

ステッパー露光で、ウエーハ上に形成されたマークに対しマスク上のマークの目合わせ（レジストレーション）を光学的に行なう。

図 6-3-2　ステッパーの群管理

ある製造ラインに設置されたステッパー群

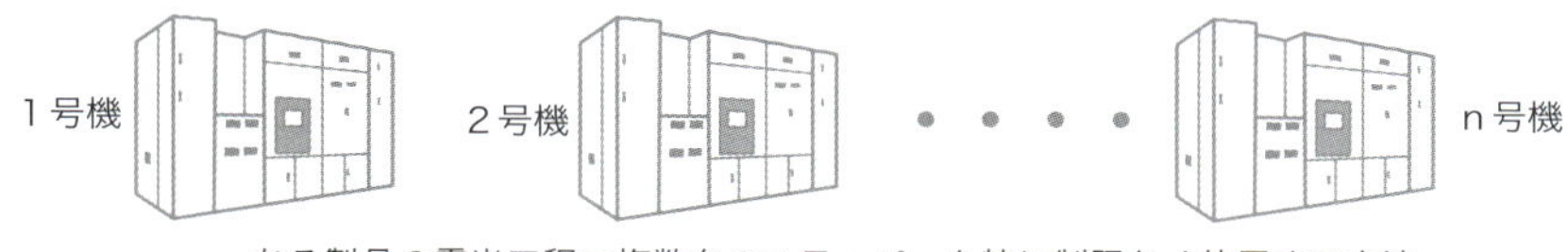

ある製品の露光工程で複数台のステッパーを特に制限なく使用する方法

群管理

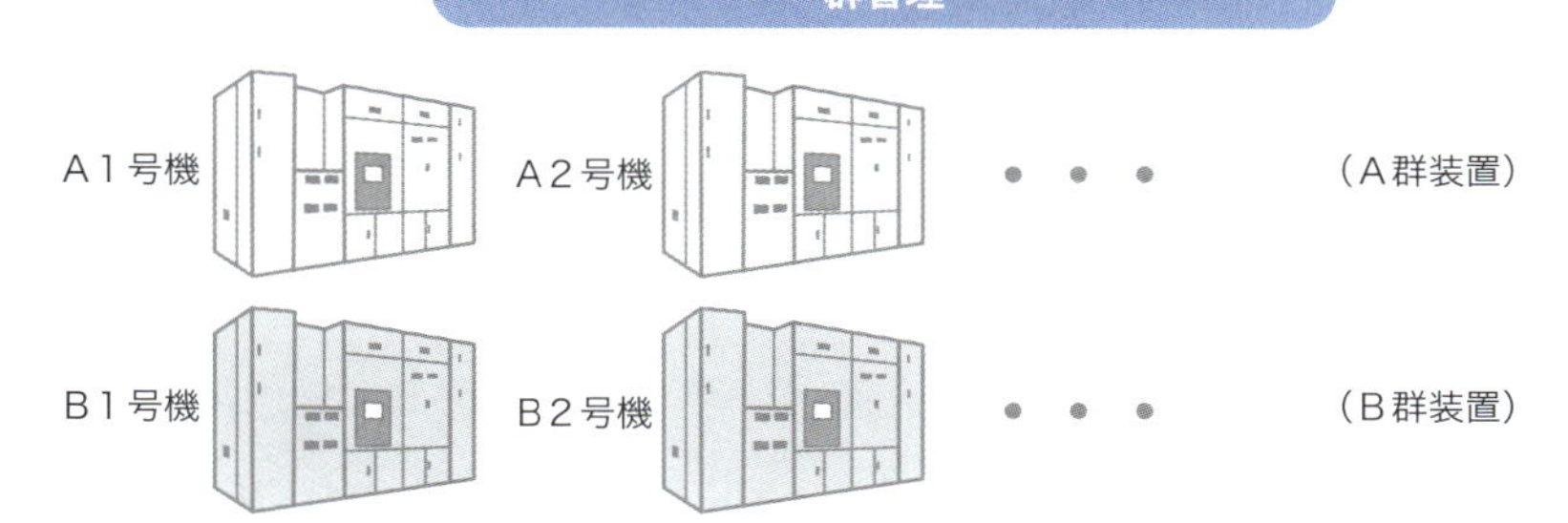

ある製品の露光で、最初から最後まで号機間差の少ない同じ群に属するステッパーを使用する方法。

▶目合わせ　露光装置による「位置合わせ」のこと。ウエーハ上のマークとマスク上のマークを合わせて行なう。このときの精度を「目合わせ精度」という。

Section 04

パーティクルがICをオシャカに
——どのくらいのゴミが問題になるのか

▼ウイルスもキラーパーティクルに

ICの製造では微細加工技術が用いられますので、微小な**パーティクル**でも歩留まりと信頼性を確保する上で大きな障害になります。ではどのぐらいの大きさから問題になるのでしょうか。

ICの設計で用いられる最小寸法は「**設計寸法**」あるいは「特徴寸法」と呼ばれ、時代（IC世代）とともに微細化が進められてきました。その結果、最近の最先端ICでは、設計寸法は数10nmになっています（図6-4-1）。

一般的に、ICを構成する素子や配線に対するパーティクルの影響については、設計寸法の数分の一以上のサイズをもつパーティクルが出てくると、致命的な欠陥になると考えられます。例えば図6-4-2に示したような、最小寸法で設計されたライン（L）とスペース（S）をもつ配線を考えれば理解できるでしょう。

すなわち設計寸法と同程度のパーティクルは、配線の細り（断線も含め）や配線間のショートを引き起こして歩留まりを低下させたり、初期動作しても信頼性を低下させる原因となるからです。このサイズ以上のパーティクルは「**キラーパーティクル**」と呼ばれます。したがって最先端のICではキラーパーティクルのサイズ（粒径）は10nm以下になってしまいます。

ところで、空気中に存在するさまざまな粒子の大きさを、図6-4-3に示してみました。これから水分子を除いて、どんな小さな粒子であっても、いったんIC上に載ってしまえば致命的なキラーパーティクルになってしまうことがわかります。

このため、クリーンルームでは**HEPA**（ヘパ）**フィルター**や**ULPA**（ウルパ）**フィルター**と呼ばれる高精度フィルターを用いて空気を清浄化しているのです。ちなみに、HEPAフィルターは粒径が0・3μmの粒子に対して99・97%以上の捕集率を持つものとして規定されています。HEPAフィルターでは濾紙（ろし）に直径1～10μm以下のガラス繊維を用い、充填率は約10%で空隙（くうげき）は数10μmの構造になっています。さらに高効率のULPAフィルターでは、粒径が0・15μmの粒子に対して99・9995%以上の捕集率を持つものとして規定されています。

したがってタバコの煙、黄砂、スギ花粉などはICの歩留りや信頼性には影響を及ぼしませんが、クリーンルームのフィルターの目詰まりの原因になってしまいます。

▶特徴寸法　feature size の訳語。しばしば単に「F」と表記される。

図 6-4-1　IC の設計寸法の推移

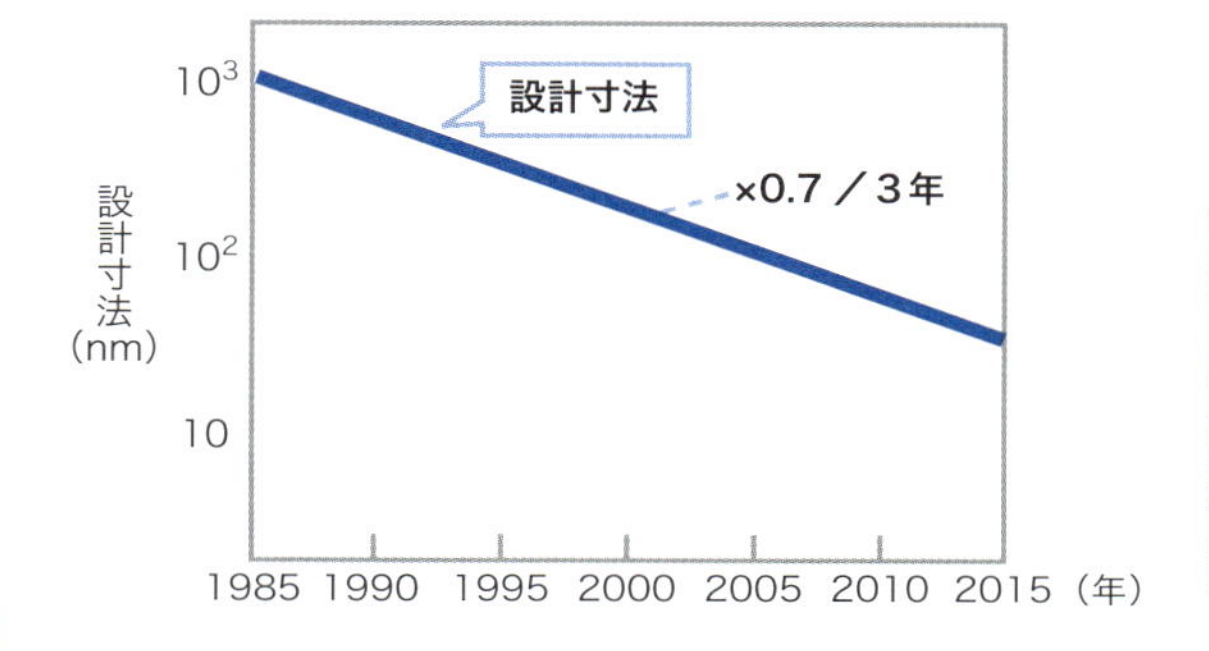

微細化は連続的ではなく、ほぼ３年ごとに起こるため、この３年間は「デバイスの世代」とも呼ばれる。したがって微細化は、世代ごとに前世代の７割に縮小される。

図 6-4-2　配線寸法とパーティクルサイズの関係

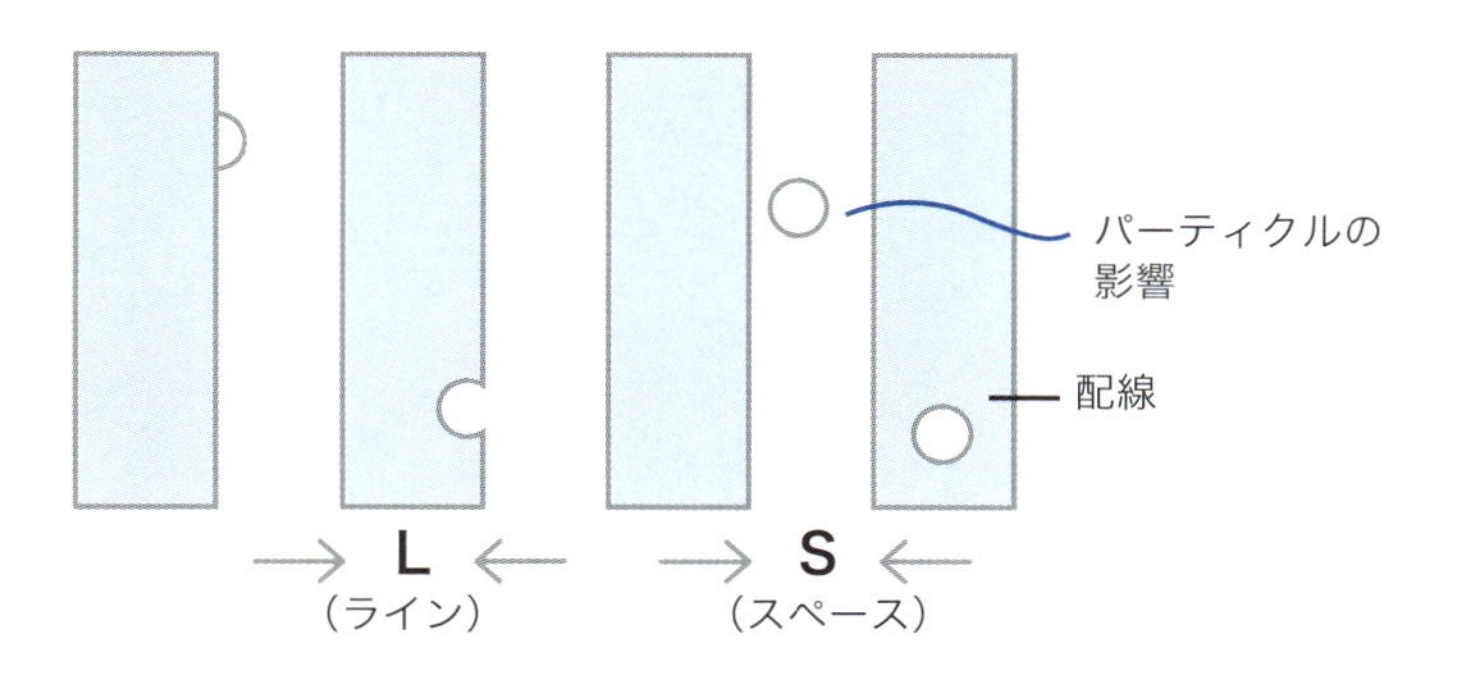

図 6-4-3　空気中のさまざまな粒子の大きさ

粒子（パーティクル）	大きさ（粒径）
タバコの煙	10nm ～ 1μm
黄砂	4～8μm
スギ花粉	30 ～ 40μm
細菌	100nm ～ 80μm
ウイルス	50 ～ 200nm
水分子	10Å

μ：micro（μ）10^{-6}
n：nano（ナノ）10^{-9}
Å：angstrom（オングストローム）10^{-10}m

▶キラー　「致命的な」という意味。したがって、キラーパーティクルとは IC にとって致命的な影響を及ぼすパーティクル（粒子）のこと。

Section 05

CIMの3つの役割
――半導体生産の効率、品質向上を実現する

CIM（コンピュータ統合生産：Computer Integrated Manufacturing）とは、コンピュータシステムを利用して、半導体生産の効率、品質の向上を実現するためのシステムです。

ICの製造では、同じような工程が何度も繰り返されること、同一の工程に使用される装置や設備が複数台あることなど、工程の流れが非常に複雑です。さらに1つの製造ラインに異なる製造プロセスを持った製品が流れる場合も多々あります。

このため、製品そのものや製造装置・設備に関し管理すべき項目も膨大で、CIMを利用しなければ、とても半導体生産そのものが成り立たないと言えます。CIMシステムの役割は、大きく以下の3種類に分けられます。

①生産制御

製品ロットを、ストッカーと呼ばれる仕掛り品の保管棚から、自動搬送機を用いて次の工程作業を行なう設備まで搬送します。

その生産ラインに流れるICの全製造工程に関する作業条件がコンピュータからネットワークを介して生産設備にダウンロードされるようになっていて、製品が仕掛ると条件指示に従って自動的に作業が実行されます。作業が終了すると設備から実績報告がコンピュータに上げられます。

いっぽう製品ロットは次のストッカーに搬送されそこで一時保管されます。

②生産管理

製品の製造計画や作業計画に関する日程管理、ラインに流れている製品ロットの作業順に関する**優先度付け**（特急、急行、鈍行などのロット分け）と進度管理、各工程での製品仕掛についての状況管理、設備管理（稼働、条件出し、パイロット、点検、保守、故障）なども含んでいます。

③品質管理

日々、定常的に管理すべき項目に関する日常管理、統計的な手法を用いた統計的工程管理、データの推移から予防保全を行なう傾向管理、技術データの統計解析などが含まれます。

これらについては次項で詳細を説明しますが、製造工程の各チェックポイントで収集される膨大なデータをコンピュータに統計的な処理・判断を行なわせることで、異常の検出と対応、原因の究明と対策を迅速に行ない、高い歩留まりと安定した品質の確保に役立てます。

▶CIM　あるラインに導入されている各種の製造装置や検査装置は、用いられているCIMと接続させなければならず、そのためインターフェースの標準化も行なわれている。

図 6-5-1 半導体工場における CIM の概念

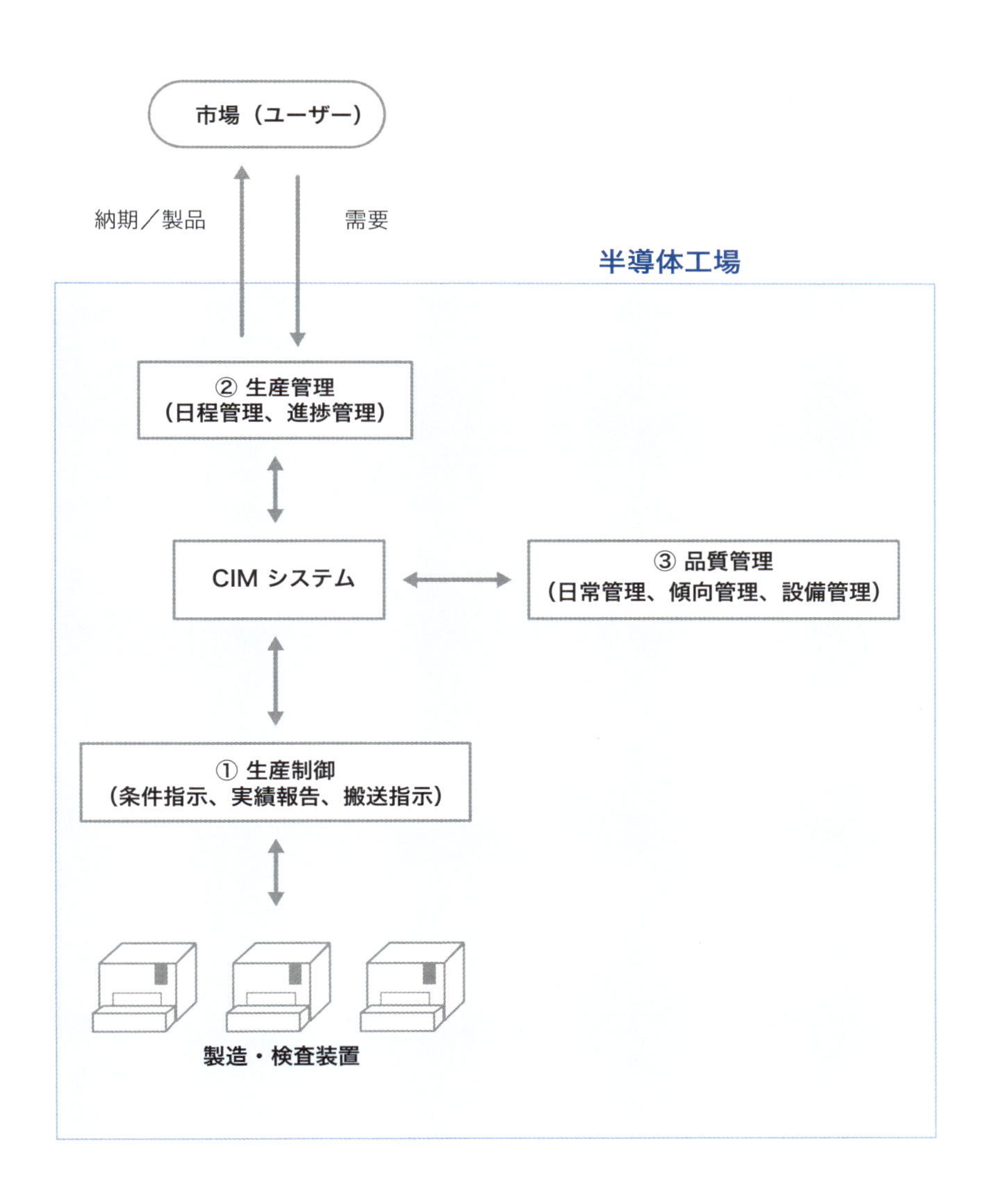

▶進捗管理・日程管理　最近は半導体のユーザー端末からも自社製品の進捗を見られるようにしている半導体メーカーもある。

Section 06

統計的工程管理が支えるもの

——安定した製品の実現と品質の作り込み

▼SPCという名の統計的工程管理

統計的工程管理（**SPC**：Statistical Process Control）とは、統計手法を用いて、設計から製造までの段階で安定した製品の実現と品質の作り込みを行なう管理手法を意味します。

設計においては、製造段階でのバラツキに対して、安定した製品特性を確保するための工夫が求められます。このような設計は「強靭な」という意味から「**ロバスト設計**」とも呼ばれます。

いっぽう製造においては、主要工程でのプロセスのバラツキを抑え一定範囲に収まるようモニターし、改善活動にフィードバックする必要があります。このため管理図による製造プロセスのバラツキや揺らぎと、工程能力指数による製造の安定度を常時モニターしてはもとよりデータの推移傾向からプロセスの変化をいち早く検出し対応することが可能になります。

これらの工程データや設備データは、前項で説明したCIMシステムに組込まれ、統計的処理が行なわれています。以下では、SPCの具体的手法としての管理図と工程能力指数について、具体的に説明します。

①管理図

管理図は製造工程が統計的に管理された状態にあるかどうかを判断するために作成されるグラフのことで、ここでは**X - R管理図**と呼ばれるものを取り上げます。このX - R管理図では、ある製品の主要工程において管理すべき項目について規格の中心値CL、上限値UCL、下限値LCLをプロットします。これにより、規格限界の外れ

②工程能力指数

一定期間に得られた工程データと規格値から、その製造工程の安定度が統計的に算出されます。この安定度を示す指標に**工程能力指数**（**Cp**）と呼ばれるものがあります。一定期間におけるある管理項目の最大測定値をXmax、最小測定値をXmin、標準偏差をσ（シグマ）とすれば工程能力Cpは次のように表わされます。

Cp=（Xmax－Xmin）/6σ

一般的に「Cpが1・33より大きければ安定な工程」とされています。このため、生産の安定化には、Cpが小さな工程に対して、生産設備やプロセス条件などの改善や設計へのフィードバックによりCpを上げる活動が必要になります。

▶UCL　実際の製品に対する許容上限値ではなく、その工程を管理するための管理上限値で、当然ながら許容上限値≧管理限界値となる。

図 6-6-1　管理図（X-R）の例

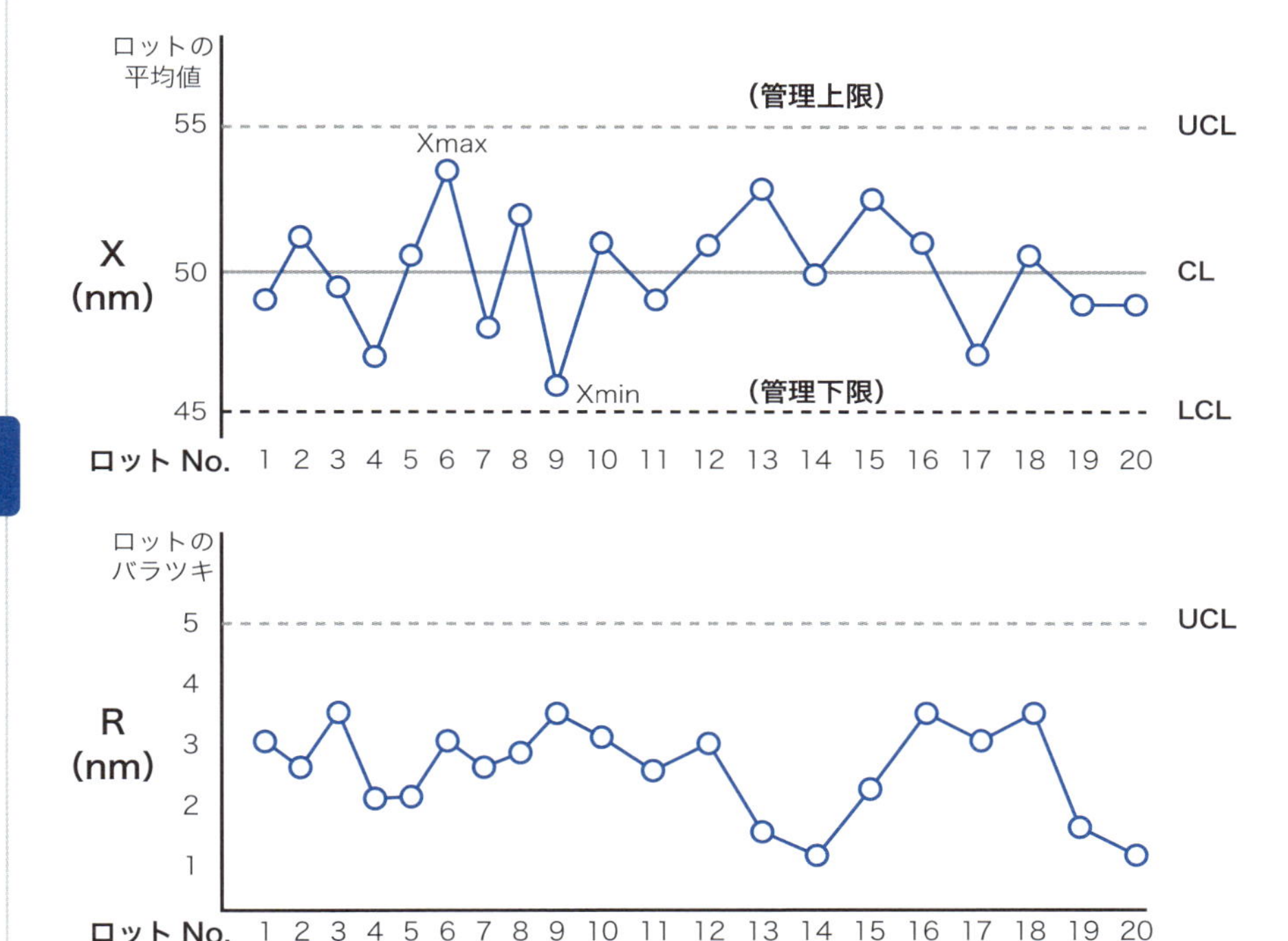

UCL（Upper Control Limit　管理上限界）、LCL（Lower Control Limit　管理下限界）

図 6-6-2　工程能力（Cp）の計算

図 6-6-1 のデータから 20 ロットを対象にした場合に X の最大値を Xmax、最小値を Xmin、標準偏差を σ とすれば、工程能力指数 Cp は次式で求められる。

$$Cp = \frac{(Xmax - Xmin)}{6\sigma}$$

Cp ＞ 1.33 のとき安定に生産が可能

▶LCL　許容下限値≦管理下限値の関係がある。

Section 07

傾向管理で異常兆候をキャッチ
――SPCの管理法

先に統計的工程管理（SPC）における管理図について説明しました。SPCでは、図6-7-1に示したように、ある管理項目に対する測定値が**管理限界**（上限、下限）を超えた場合には、直ちにその製品ロットを止め原因究明をしなければなりません。

もし、その工程が再工事が可能なものであればロットはそのサイクルに載せられます。もし、再工事（工程の初めに戻って作業をやり直す）が不可であれば当該ロット（または一部ウエーハ）は廃棄されます。同時にその管理項目に影響のあると考えられるプロセス工程と装置・設備を特定する必要があります。そのため、その製品ロットの処理に係わった装置・設備の号機層別などを通して、作業履歴を調査・分析します。

その結果、特定の装置・設備に不具合が見つかればその装置を使用停止にして改善・修復します。

▼管理限界内でも兆候を

SPCには、このような限界管理と並び、予測・予防を含む管理法があります。これは一般的に「**傾向管理**」と呼ばれ、管理図上で管理限界内に収まっているデータに対しても、その推移傾向からコンピュータに統計的なデータ処理と判断を行なわせるものです。

このとき、どのケースで異常な兆候としてアラームを発するかの判断基準はソフトウェアによって自由に設定可能です。例えば、次のような判断基準がしばしば設定されます。

- 中心値に対して全体的に上下の偏りがある
- 単調にデータが増加・下降し続けている（例えば連続7点）
- データの上下の変動が激しい
- データの推移に時間的な規則性がある
- 特に異常は見えないが、以前のデータ（例えば1週間前、1ヶ月前）に比べてバラツキが大きい

これらの統計的傾向は、「異常の発生に至る予兆」とも考えられますし、あるいは関係する装置・設備のどれかに性能変動が生じているためかも知れません。アラームを受けたプロセスや装置の担当技術者は、その原因の究明や必要な対策を講じることで改善のための迅速な対応が可能になります。

このように傾向管理は、製品や装置・設備の不良に対する予測・予防に役立っており、安定な生産と品質の維持向上に寄与しています。

▶層別　統計処理において、母集団をいくつかの部分集団（層）に分けること。層化とも呼ばれる。

図 6-7-1　SPC における管理限界ハズレの例

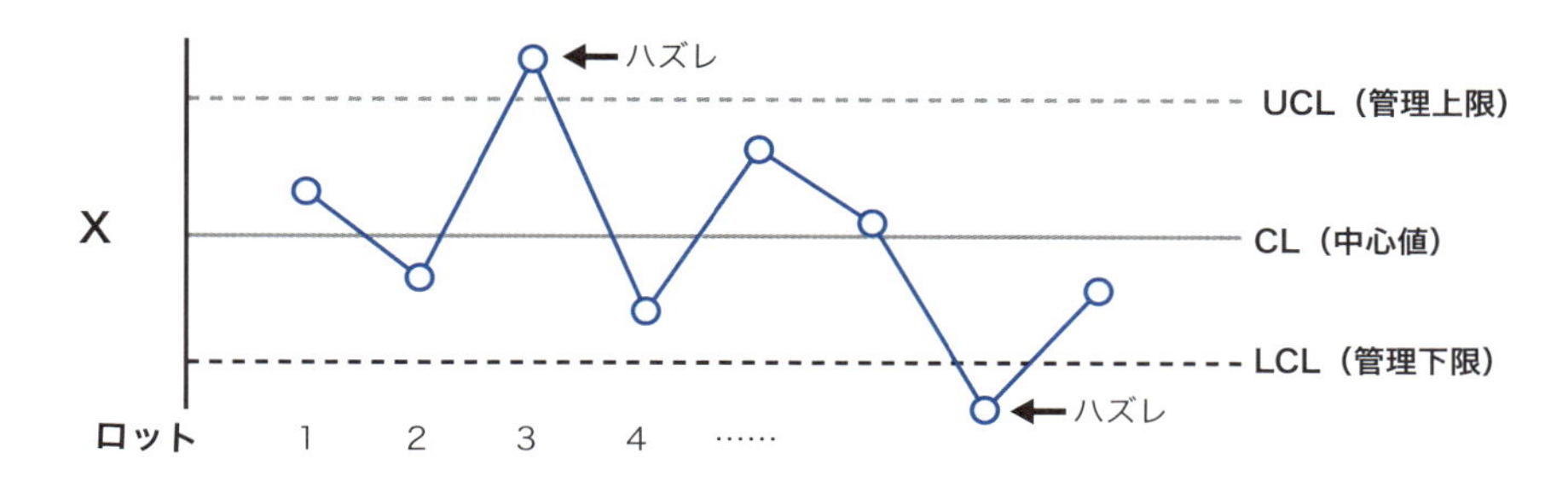

〈管理限界ハズレが出た時の対応〉

- 再工事可能のとき → 再工事　　再工事不可のとき → 廃棄
- 不良管理項目の関連プロセス・装置・設備と号機の特定
- 他ロットへの影響調査
- 該当装置・設備の停止と修理・改善

図 6-7-2　SPC による傾向管理の例

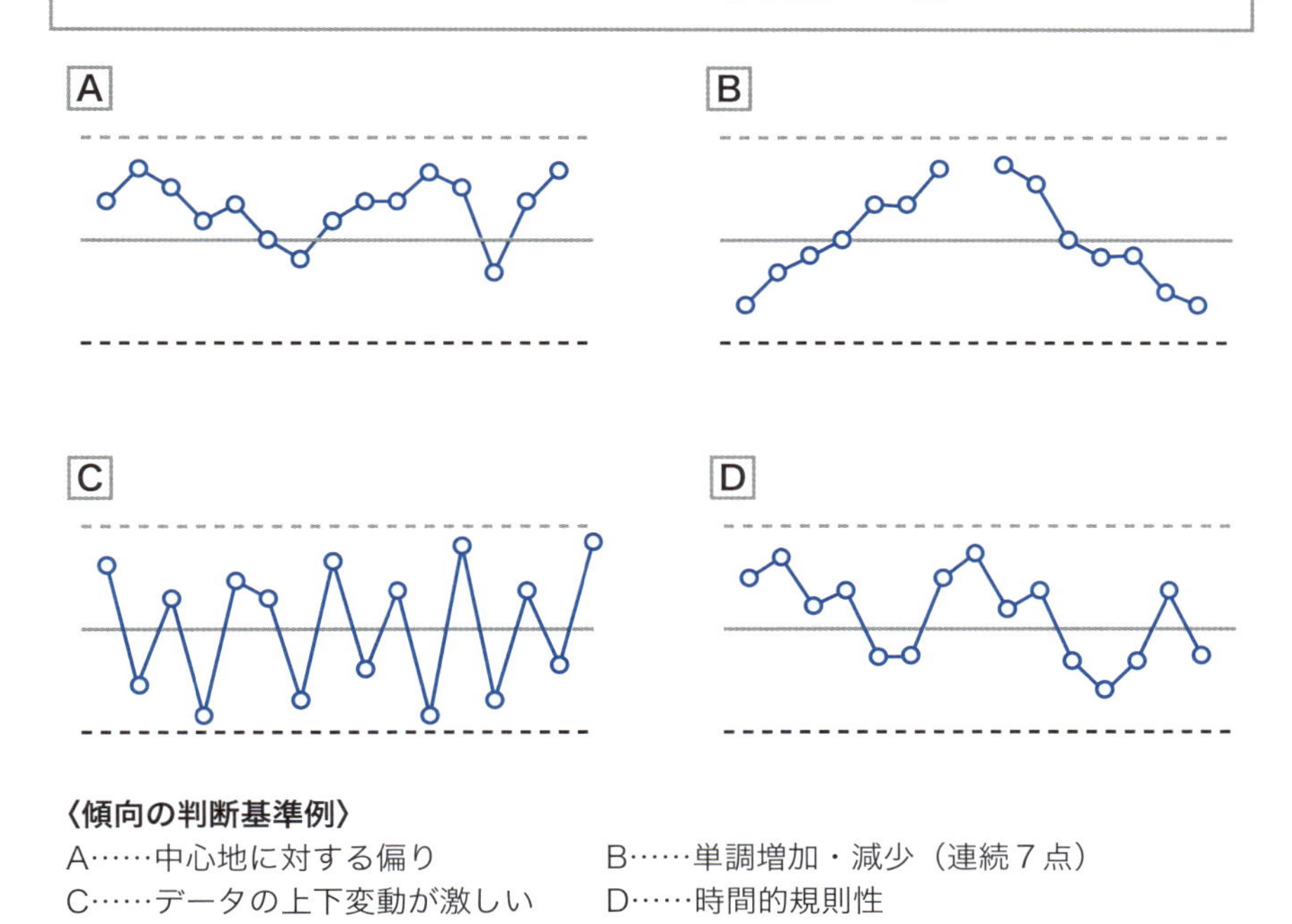

▶傾向管理　傾向管理においては、異常に対しコンピュータから自動的に装置・製品ロットの停止やアラームなどが発せられる。

Section 08

産廃業者の不法投棄の責任は自社に

——会社のイメージ失墜に至る

半導体（ＩＣ）の製造工程では、かなりの不具合チェックを行なっていますが、それでも一定程度の**不良品**が発生してしまいます。これら不良品の取り扱いは次のような点に留意しなければなりません。

▼信頼できる業者に

第一は、不良品がリサイクル業者などを介して「確実に処理されること」です。

以前、私が勤めていた会社で実際にあった例をお話ししましょう。ある時、その筋らしき人が会社に現われ、廃棄したはずの会社のロゴ入りＩＣの山を見せながら「これをいくらで買って貰えまっか?」と持ちかけてきたというのです。会社側が拒絶の姿勢を匂わすと、「さよか、ほんなら然るべきルートから市場に出してもえぇさかいに」と脅したそうです。これなどはズサンな廃棄処分の典型と言えるでしょう。

処理業者が不法投棄をして自社の名前が世の中に出れば、重大な企業イメージのダウンに繋がります。また回収に使用した薬品の垂れ流しによる環境汚染の原因になったのでは、何のためのリサイクルか、と問われかねません。リサイクル業者にも対象物による得手・不得手もありますし、最終処理までに複数の業者が絡むケースもあり、意識の低い業者が絡む可能性も否定できません。

第二は、地球資源を可能な限り有効活用しなければならないことです。特に日本のように天然資源に乏しく、半導体のような先端産業が進んでいる国では、より切実な問題です。

これに関しては平成12年に制定された「循環型社会形成推進基本法」の整備による廃棄物・リサイクル政策に沿った具体的対応が求められるようになりました。特に半導体（ＩＣ）では、ホウ素（B）、チタン（Ti）、コバルト（Co）、ニッケル（Ni）、ハフニウム（Hf）、タンタル（Ta）、タングステン（W）などのいわゆる「**レアメタル**」が使われており、「都市鉱山」の一翼を担っています。したがって、これら有用な資源の再生と有効活用が強く求められています。

以上のような点を踏まえ、半導体（ＩＣ）工場では、分別された不良品は数量を確認の上で、管理者が立ち会いのもと、破砕機にかけて信頼できるリサイクル業者に売却するとともに、最終処理までの過程を常に監視できるシステムを取っています。

▶都市鉱山　ICなどの工業製品の廃棄品に含まれる価値のある金属を鉱山資源と見なすリサイクル概念。日本は世界有数の都市鉱山をもつとされる。

図 6-8-1　シリコン半導体で使われるレアメタルの例

レアメタル（希少金属）とは、産業的な価値が大きいが、天然の存在量が比較的少なく高品位化が難しくコストも嵩（かさ）む非鉄金属のこと。シリコン半導体で使われている代表的なレアメタルと主な用途を示す。

レアメタル	主な用途
ホウ素（B：ボロン）	代表的なp型の導電型不純物
チタン（Ti）	単体あるいは窒素チタン（TiN）として、銅（Cu）配線などと積層構造を形成
コバルト（Co）	MOSトランジスタのサリサイド構造におけるコバルトシリサイド（$CoSi_2$）を形成
ニッケル（Ni）	MOSトランジスタのサリサイド構造におけるニッケルシリサイド（$NiSi_2$）を形成
ハフニウム（Hf）	High-kゲート絶縁膜としてのハフニウム酸化物（HfO_2）などを形成
タンタル（Ta）	DRAMの高誘電率容量膜のタンタル酸化物（Ta_2O_5）やタンタル窒化膜（TaN）として、銅配線などと積層される
タングステン（W）	埋込みコンタクトとしてのタングステンプラグ（W-plug）あるいは単体やタングステンシリサイド（WSi_2）としての配線材、さらに窒化タングステン（WN）として銅配線などと積層構造を形成

図 6-8-2　不良品（CI）の廃棄システム

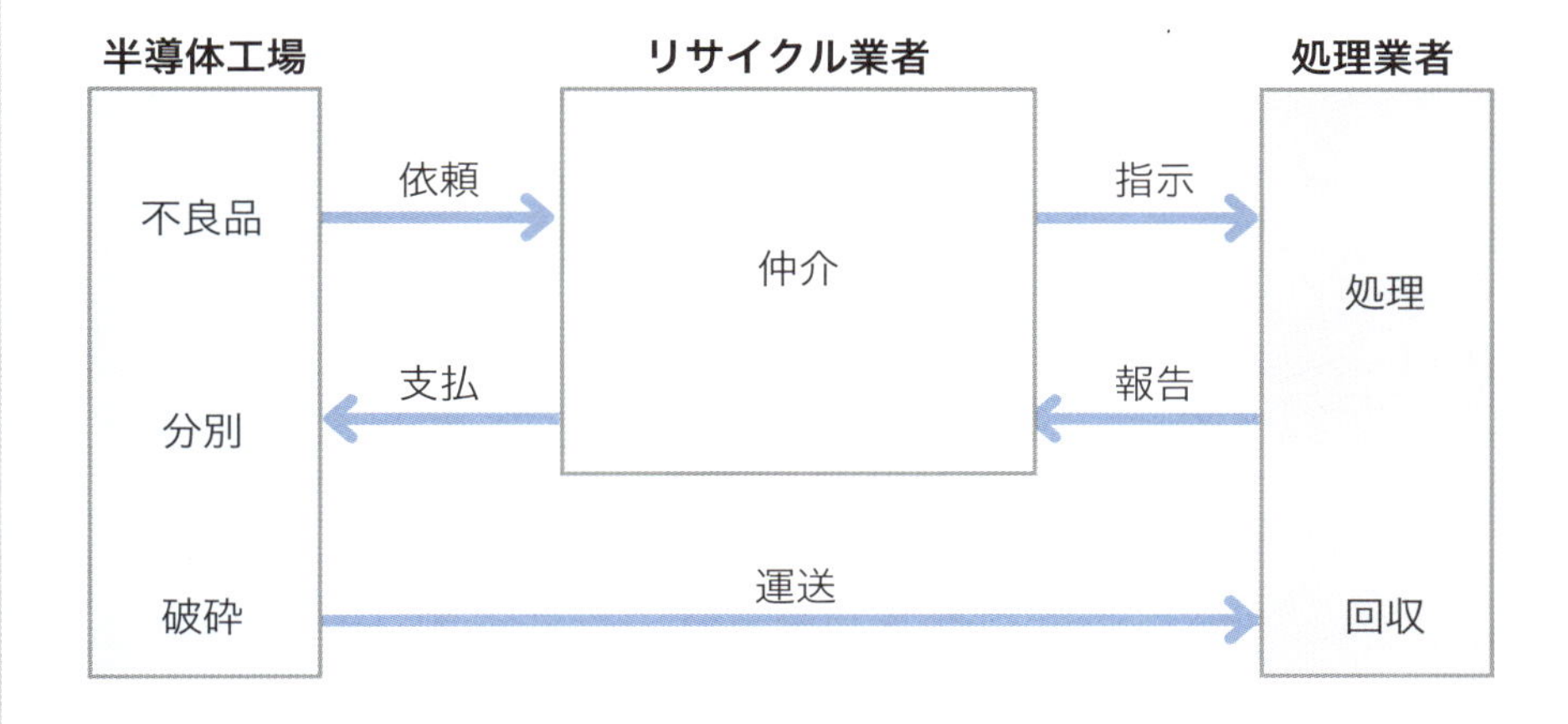

▶レアメタル　rare metalのカタカナ表記。似た言葉にレアアースがあるが、こちらは周期表の3族の元素を指し、「希土類」とも呼ばれる。

クリーンルームの清浄度
——JIS規格では「クラス1〜9」

ICの製造ラインである**クリーンルーム**は、文字通り、清浄な空間といわれていますが、実際、どのくらい清浄なのでしょうか。クリーンルームにも、その中で製造されるICの微細化レベルよって要求される清浄度が異なります。

なぜなら、ICで採用されている素子寸法が微細になるほど、より小さなパーティクル（微粒子）も不良の原因になるからです。

▼清浄度を表わす「クラス」表示

クリーンルームの清浄度（**クリーン度**とも呼ばれる）は、クリーンルームの単位体積中に浮遊している微粒子数で表示され「クラス」という名称で呼ばれます。図6-9-1は、クラス表示のイメージを示しています。一般的にこのクラス表示は、クリーンルームの施工完成時の数値で示されていて、実際に製品が流れているライン稼働時のものではありません。当然その場合の清浄度は施工完成時に比べ低下しています。

クリーンルームのクラス表示には、大きく分けてJIS規格、USA規格、ISO規格の3つがあります。

・**JIS規格（日本工業規格）**

1㎥中の粒径が0・1μm以上の微粒子数を10のべき乗で表わした時の指数で表わします。クラス1〜9に分類されています。

・**USA規格（米国連邦規格）**

英国単位（ft＝フィート：1ft＝約30センチ）に基づく場合は0・5μm以上の粒子を基準とし、1ft³中の粒径が0・5μm以上の微粒子数で表示します。これに対し、メートル法による場合は0・5μm以上の粒子を基準とし、1㎥中の微粒子数を10のべき乗で表わした時の指数で表わします。またメートル法であることを明確にするためMを加えてクラスM（X）と表示します。Xがクラスを表わします。

・**ISO規格（国際標準化機構）**

日本・米国・欧州中心に世界統一基準としての規格です。ISO表示では、基準粒子の粒径は0・1μmで基準体積は1㎥とJIS方式が取り入れられています。

JISやISOのクラス分類表では、占有状態（利用状態）として施工完成時、製造装置設置時、操業時から選択できるようになっています。

クリーン清浄度に関する各種の規格によるクラス表示を図6-9-2に比較して示してあります。

▶USA規格（米国連邦規格）　USA規格には、英国単位（ヤード・ポンド法）によるものと、メートル法によるものがある。

図 6-9-1　クリーンルームのクラス表示のイメージ

JIS 規格　　　　**USA 規格　英国単位**

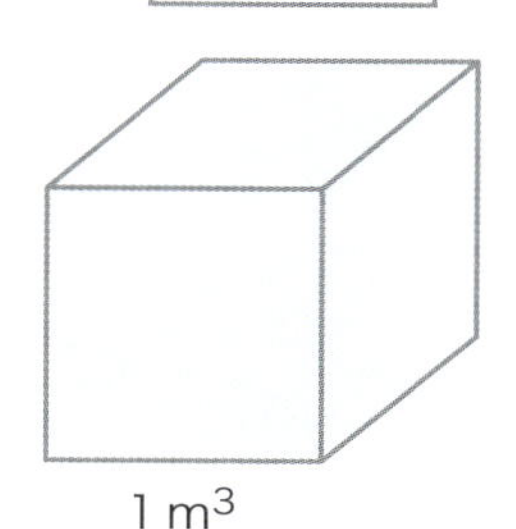

$1m^3 = 35.3ft^3$

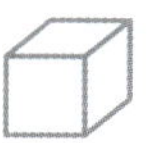

0.5μm の粒子数の場合

JIS 規格			USA 規格	英国単位
クラス3	35 個	⟷	クラス 1	1 個
クラス5	3,520 個	⟷	クラス 100	100 個
クラス7	352,000 個	⟷	クラス 10,000	10,000 個

図 6-9-2　クリーンルームの各種規格によるクラス表示

ISO 規格のクラス	USA 規格のクラス	対象粒径より大きい許容粒子の濃度（個／m^3）					
		0.1μm	0.2μm	0.3μm	0.5μm	1μm	5μm
1		10	2		—	—	—
2		100	24	10	4	—	—
3		1,000	237	102	35	8	—
4		10,000	2,370	1,020	352	83	—
5	100	100,000	23,700	10,200	3,520	832	29
6	1,000	1,000,000	237,000	102,000	35,200	8,320	293
7	10,000	—	—	—	352,000	83,200	2,930
8	100.000	—	—	—	3,520,000	832,000	29,300
9	1,000,000	—	—	—	35,200,000	8,320,000	293,000

印（—）は対象外を示す。

▶パーティクル　一般的に粒径の小さいパーティクルほどより多く存在しているが、ある程度以下では凝集力によりむしろ減少すると言われている。

Section 10

クリーンルームに入る儀式

――手で軽く全身を叩いて、2〜3回、身体を回転

ICの製造ラインであるクリーンルームは、極めて清浄な環境に保たなければなりません。当然、普通の服装のまま入ることはできません。人体からは、着衣から出る埃（ほこり）、呼吸に含まれるダスト、汗に含まれるイオン、女性の化粧品のはげ落ちなど、さまざまなパーティクルや不純物が発生しているからです。

このため、クリーンルームへの入室に際しては、一定の準備や手続きが必要になります。製造ラインの清浄度によって必ずしも同じではありませんが、ここではごく標準的な入室例を模擬体験していただきましょう。

まずクリーンルームに付属の更衣室で、室内履きや上着、セーターなどを脱ぎます。上着やセーターは静電気の面からも注意しなければなりません。

次に更衣室で、洗濯済みの特殊な**無塵衣**（むじんい）に着替えます。無塵衣の代表例を、図6-10-1に示してあります。ここで（a）はクラス1〜10対応のシールドギア型、（b）はクラス10〜100対応のハイグレード型の例です。

▼SF的なクリーンルームの世界

まずマスクを付け、顔面だけを露出したフード状の帽子を被上からすっぽり被ります。そして、袖口と裾をゴムで絞ったタイプのワンピース型の無塵衣を、胴体部分に付いているジッパーを開き、両足、胴体、両手の順に入れジッパーを閉じます。この際、帽子の裾を無塵衣の首の部分の内側に入れ、付いているマジックテープで止めます。

続いて裾をゴムで絞った足カバーを無塵衣の裾に重ね、静電気対策した導電靴を履きます。

次に自動手洗い機で純水、洗剤、純水で手をシャワー洗浄し、エアタオルで乾燥させます。その上から特殊な静電気対策された防塵手袋をはめます。これで着替えは終わりです。

次にクリーンルームに通じる、**エアシャワー**室を通ります。一度に入れる人数には制限があります。ボタンを押すと入口の扉が開き、中に入ると扉が閉じます。この辺はSF的な世界かもしれません。

エアシャワーは天井と両側面から噴き出しますが、ゴミ・塵・埃を効果的に落とすため、手で軽く全身を叩きながら2〜3回、身体を回転させるのがコツです。異物は床面から排出されます。一定時間エアシャワーを浴びると自動的にシャワーが止まり、開いた扉の先は、もうクリーンルームです。

▶喫煙者ルール　喫煙者がクリーンルームに入室する際には、備え付けの給水機から水を一口含まなければならないというルールがある。

図 6-10-1　無塵衣の例

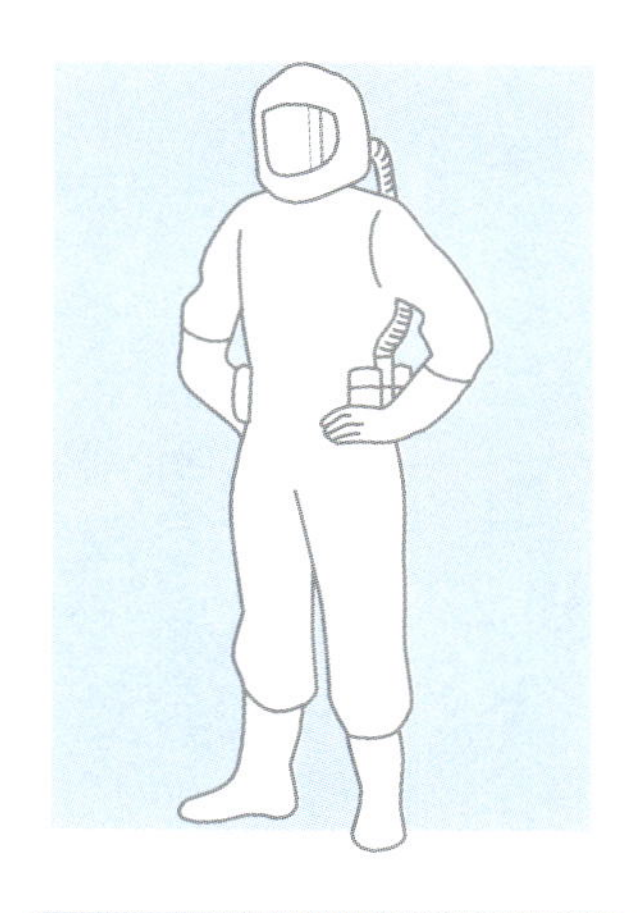

(a) シールドギア型

クラス1～10のスーパーハイグレード用の無塵衣。宇宙服のようにヘッドギアを持ち、HEPA フィルターで濾過された清浄空気を排出。

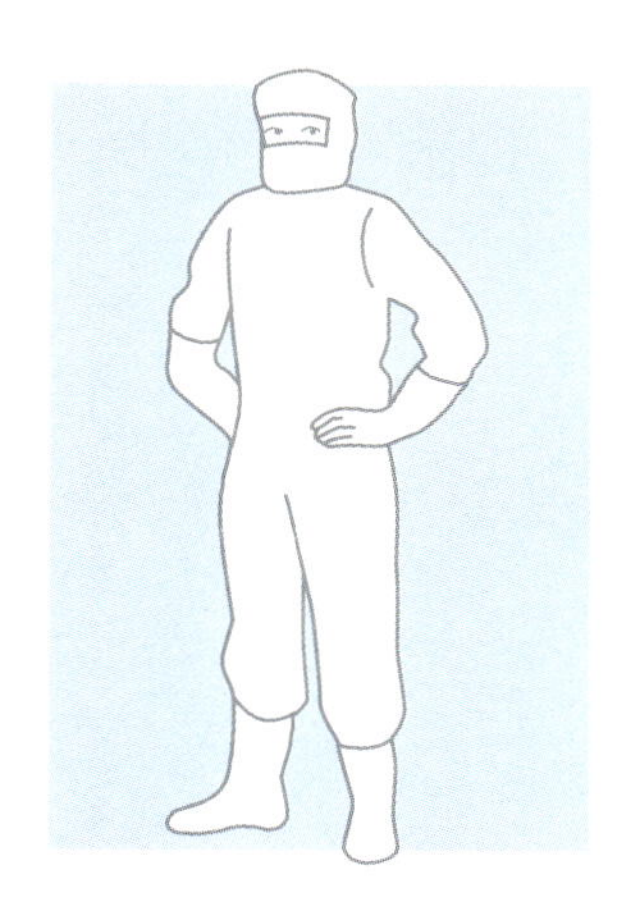

(b) ハイグレード型

クラス 10 ～ 100 のハイグレード用。(a)のシールドギア型よりレベルは低い。

図 6-10-2　エアシャワー室の例

左はクリーンルームへ入室の際に通るエアーシャワー室。退室時には別の箇所から出る。天井と両側面から乾燥空気が噴きだし、ゴミ・塵・埃を落とす。

▶家庭争議　ある工場ではクリーンルームに入室する際に裸になって全身シャワーを浴び、会社支給の下着と無塵衣を着ていた。会社支給の下着を着たまま帰宅して家庭争議が起こった……という、笑えない話もある。

クリーンルームの構造と使い方
――大部屋方式とベイ方式

IC製造用のクリーンルームでは、清浄な環境を維持するために、清浄な空気の**層流**（**ラミナーフロー**）が導電性の床面に向けてダウンフローで流れ続けています。この空気の流れは、天井面に設置された**FFU**（Fan Filter Unit）とよばれるファン付きフィルターを通して清浄化されています。図6-11-1はクリーンルームの基本的な構造と空気の流れを示しています。

FFUに内蔵されている**ULPAフィルター**は0・15μm径の微粒子に対し99・9995％以上の捕集率を誇っています。またダウンフローの流速は通常1〜2m／秒程度で、ある程度の風速を感じます。

クリーンルームには製造装置、洗浄・乾燥装置、測定機器、搬送機、ロボット、仕掛り品の一時保管棚であるストッカーなどが配置されています。

▼クリーンルームは温度23±3℃

クリーンルームの利用法には、大きく「大部屋方式」と「ベイ方式」がありますが、一般的にはベイ（bay：入り江）方式が用いられています。

大部屋方式では空間を仕切らずにクリーンルームを利用することになります。全体のクリーン度を上げることはきわめて不経済なので、一般的に局所的にクリーン化し、ウエーハの搬送には特別なボックスを用います。これについては次項で説明します。

ベイ方式では、図6-11-2に一例を示したように、プロセス装置群ごとの各作業エリアを中央通路に対してコの字形に配置します。作業エリアはフォトリソグラフィプロセス、成膜プロセス（熱酸化、CVD）、エッチングプロセス、イオン注入プロセスなどに分かれ、工程によっては10台以上の号機が整然と並べられています。ベイ方式では、同種の装置がまとめて置かれていますので、ある装置が故障した場合に他の号機での作業が容易にできる反面、各作業エリア間を何度も行ったり来たりしなければなりません。

工程間のウエーハ・ロットの搬送には、遠距離の場合は天井に吊るされたリニアモーターが使われ、近距離では床面搬送車やロボットなどが利用されます。

クリーンルームは温度23±3℃、湿度45±15％程度に制御されるとともに中央管理室で常時モニターされています。快適な温度・湿度ですが、これは人のためではなく、あくまでも「半導体のため」なのです。

▶大部屋方式　英語ではball roomで舞踏室（場）の意味。

図 6-11-1　クリーンルームの基本的な構造と空気の流れ

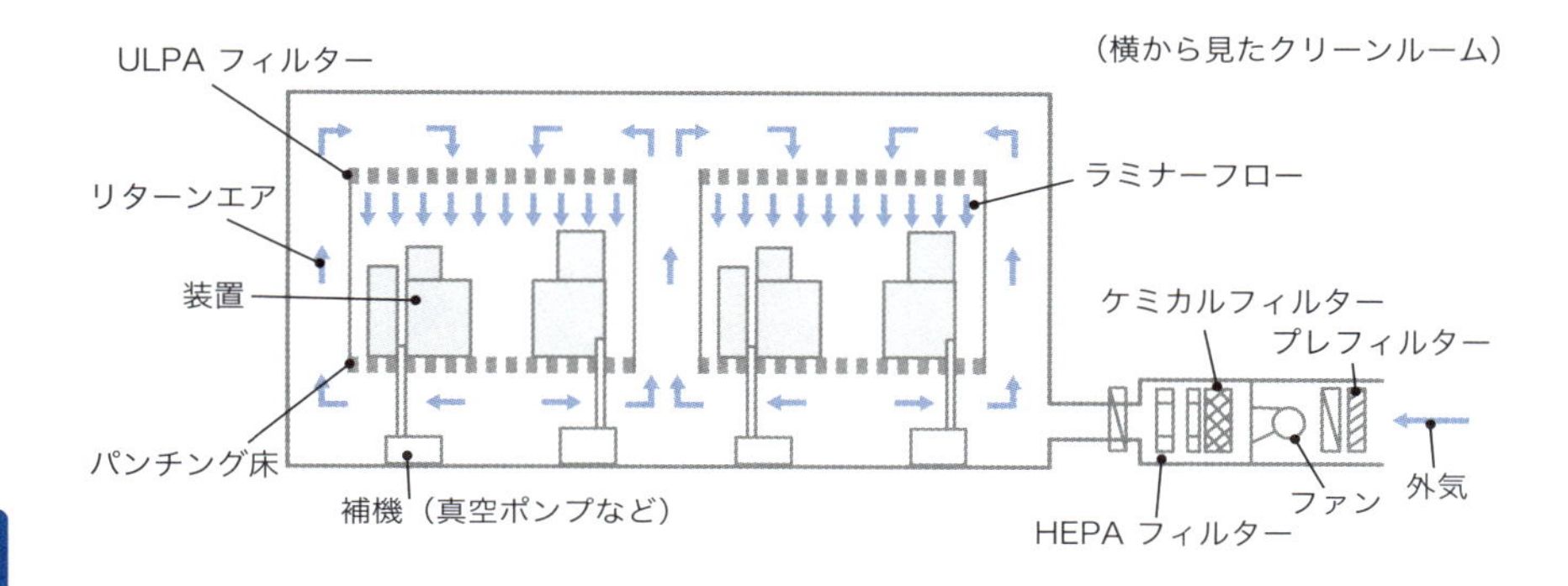

HEPAフィルター（High Efficiency Particulate Air Filter　ヘパフィルター）は粒径が0.3μm の微粒子に対し99.97%以上の捕集率を持っていて、直径が10μm以下のガラス繊維でできた濾紙を10%位に充填したフィルター。
ケミカルフィルターは空気中の微量な汚染状物質を濾過除去するためのフィルター。

図 6-11-2　ベイ方式のクリーンルーム利用法

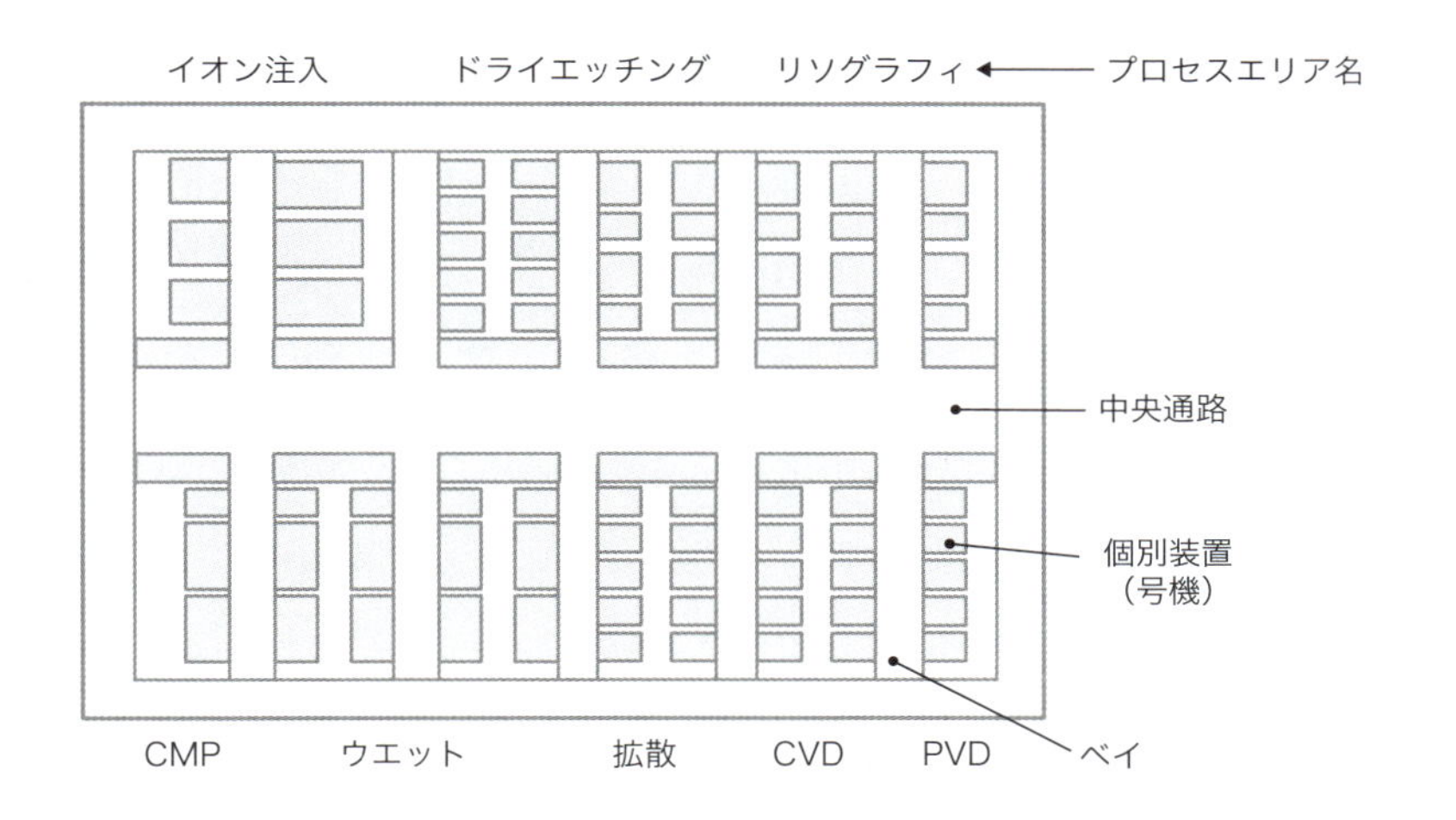

▶ベイ方式　英語にすれば港湾を意味する bay だが、通常 finger wall と呼ばれている。各作業エリアを中央通路に対して「コの字」型にレイアウトした方式。

Section 12

「局所クリーン化」戦略
――クリーンルームのコストを抑える知恵

ICの設計寸法の微細化に伴って、それを歩留まりよく安定に製造するためのクリーンルームにも、より高い清浄度が求められるようになります。そのため、クリーンルーム技術をより高度化することでICの高集積化を実現するという考えに基づき「スーパー・クリーンテクノロジー」が推進されました。

その一方で、清浄度を向上させるためのクリーンルームの建設コストと運転コストが膨大になり、生産性、もう少しはっきりいえば事業性が圧迫されるようになりました。

これに対処するために、複数のウエーハから成るロットを収納する「密閉型カセット」を利用してクリーンルーム全体の清浄度を抑えること、またウエーハが外気に晒される装置周りのみ清浄度を上げる「ミニエンバイロメント」を組み合わせた「**局所クリーン化**」とよばれる技術が採用されるようになりました。局所クリーン化とは、図6-12-1に示したような概念に基づくクリーンルーム技術のことで、いわば「局所クリーン化=密閉型カセット+ミニエンバイロメント」のことです。以下、密閉型カセットとミニエンバイロメントについて説明します。

▼密閉型カセット

半導体ウエーハを密閉した箱に入れて内部を特別に清浄な環境を確保するためのもので、最初のSMIF (Standard Mechanical Interface スミフ) と呼ばれた**密閉型カセット**はアイデアレベルに終わり、200ミリウエーハ用の搬送ボックスとして名前を残すのみです。本格的なものは、図6-12-2に示す300ミリウエーハ対応のFOUP (Front Opening Unified Pod フープ) からです。

▼ミニエンバイロメント

密閉型カセット内のウエーハを製造装置にロード・アンロードする時の汚染を防ぐため、装置前面に極度に清浄度の高い移載室を設けるという考え方です。図6-12-3に示したような移載室回りのクリーン環境を**ミニエンバイロメント**と呼びます。

局所クリーン化技術を採用することで、ウエーハを直接クリーンルーム環境に晒す(さら)ことなく高清浄な処理が可能になり、クリーンルーム全体を清浄化する従来技術に比べて低コスト・省エネルギー化を図ることが可能になりました。

▶カセット　cassetteのカタカナ表記。もともとは「小箱」の意味。

図 6-12-1　局所クリーンルームの概念

局所クリーン化＝密閉型カセット＋ミニエンバイロメント

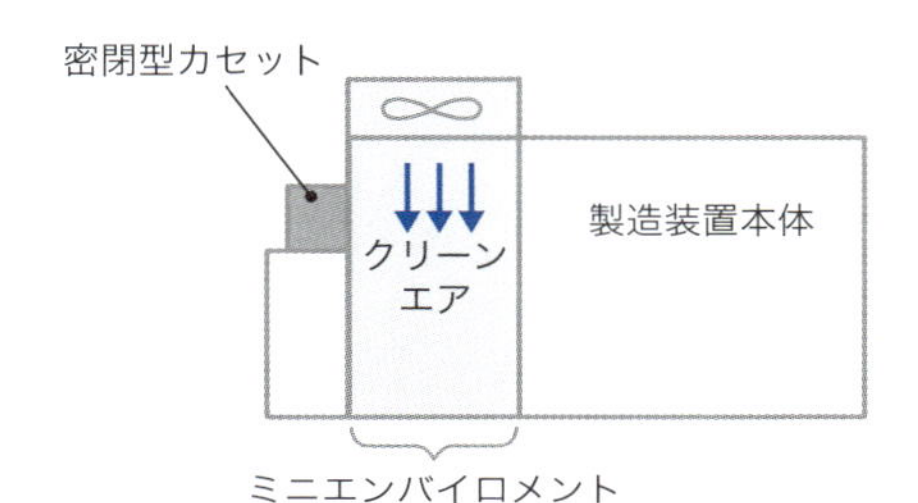

装置前面に設置された移載室は極度にクリーン化されている。

図 6-12-2　300mm ウエーハ用 FOUP（フープ）の例

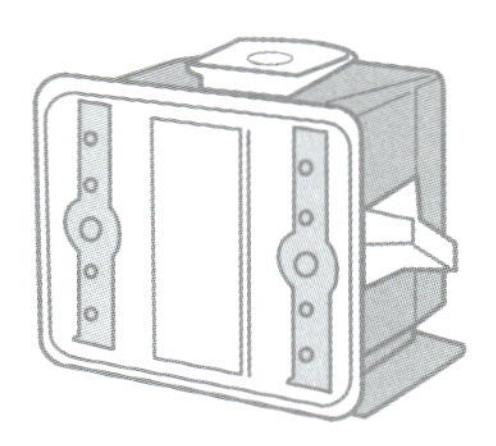

FOUPは300ミリウエーハ用の搬送容器。ミニエンバイロメントに近いクリーン度。

図 6-12-3　ミニエンバイロメント

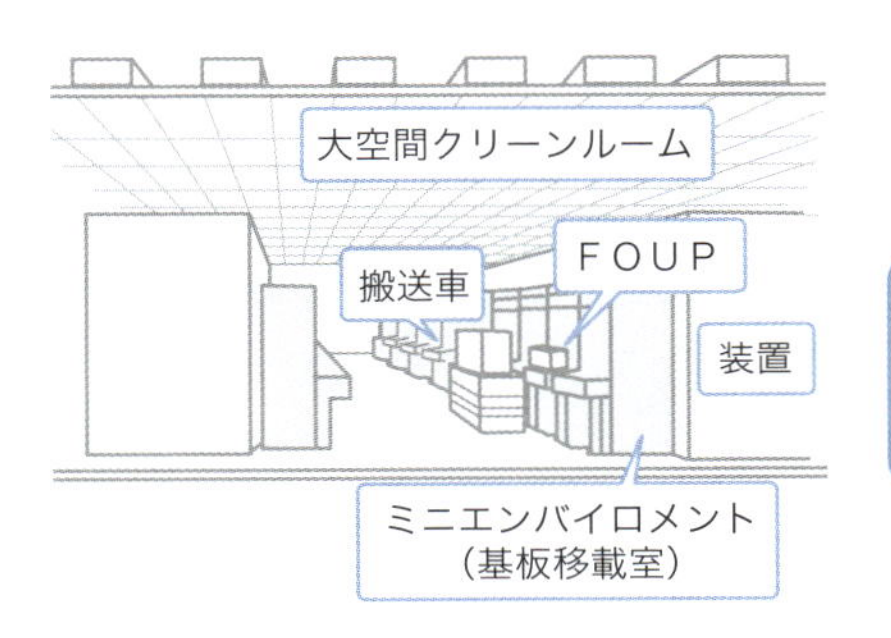

搬送車で運ばれたFOUP（フープ）は基板移載室で開けられ装置にロード、アンロードされる。

▶ミニエンバイロメント　mini-environment のカタカナ表記。「ミニエン」とも略称される。

Section 13

クリーンルームは宇宙実験棟？

――黄色の照明、特殊な筆記具

ここでは今まで触れなかったクリーンルームのトピックスを紹介します。

▼黄色い照明を用いるエリア

微細パターンを転写するリソグラフィ・エリアでは、フォトレジストと呼ばれる感光材料が利用されています。そのためこのエリアの照明としては、フォトレジストに有害な波長５００ミリ以下の光や紫外線を除去しなければならず、黄色蛍光灯が一般に用いられます。最近では黄色ＬＥＤ（発光ダイオード）も利用されるようになりました。ＬＥＤは高輝度、低消費電力、長寿命などの利点があります。

▼アルカリご法度のエリア

設計寸法が０・２５μｍ以下の超ＬＳＩのリソグラフィでは、パターン転写のためにエキシマレーザー光源（KrFやArF）が用いられています。またフォトレジストとしては、これらの光源に対して高感度を有する「化学増幅型」と呼ばれるタイプのものが用いられます。

このタイプのフォトレジストは、図6-13-1に示したように、光酸発生剤としての感光剤、アルカリ不溶保護基を有するポリマーの樹脂、有機溶剤の溶媒から成っています。露光により感光剤が化学的活性種として「酸」を発生させ、これを触媒としたフォトレジストの連鎖反応によりポリマーをアルカリ可溶にする反応を利用しています。

このためアルカリイオンはご法度でリソグラフィ・エリアではケミカルフィルターを多用するとともに、壁など建材の選択にも十分注意を払うことが必要です。

▼クリーンルームに持ち込める特殊紙

クリーンルーム内でメモを取ろうとするとき、通常のノート（紙）は発塵源になるので「持ち込み厳禁」です。このため特殊な導電性機能を有する無塵紙とボールペンが使用されています。

▼塩害や火山灰の影響

半導体工場が海岸や火山に近い場合、重大な影響を及ぼすケースがあります。例えば台風で多量の塩分を含んだ風雨や火山灰により、クリーンエアを供給するフィルターが汚れたり詰まったりしてダメージを受けるからです。その場合、ラインを止めてフィルターを洗浄したり取り換えたりしなければならず大きな被害を受けます。

▶塩害　NEC山口工場で台風による塩害（塩水を含んだ風によるクリーンルーム・フィルターの目詰まり）を筆者自身も経験したことがある。

図 6-13-1　化学増幅型フォトレジストの原理

フォトレジスト材の組成例

感光剤 … 光酸発生剤 PAG（フォト・アシッド・ジェネレータ）
＋
樹脂 … ポリマー PHS（ポリ・ヒドロキシ・スチレン）
＋
溶媒 … 有機溶剤 PGMA（プロピレン・グリコール・モノエチルエーテル・アセテート）

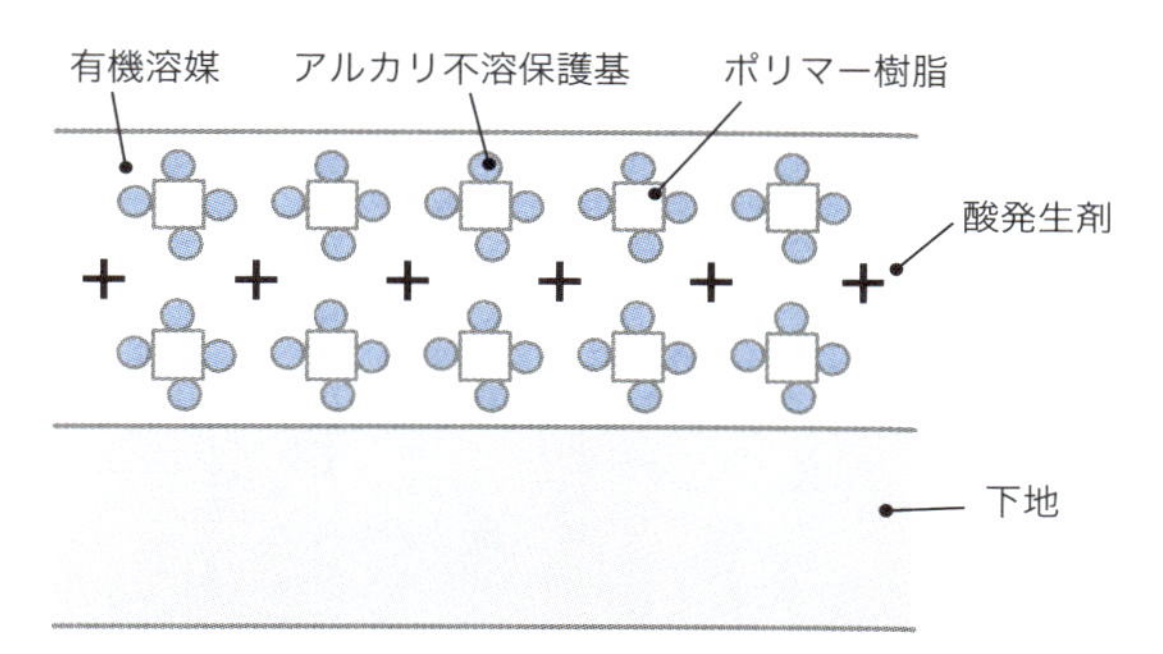

ポリマーにはアルカリ不溶保護基が付いている

光化学反応

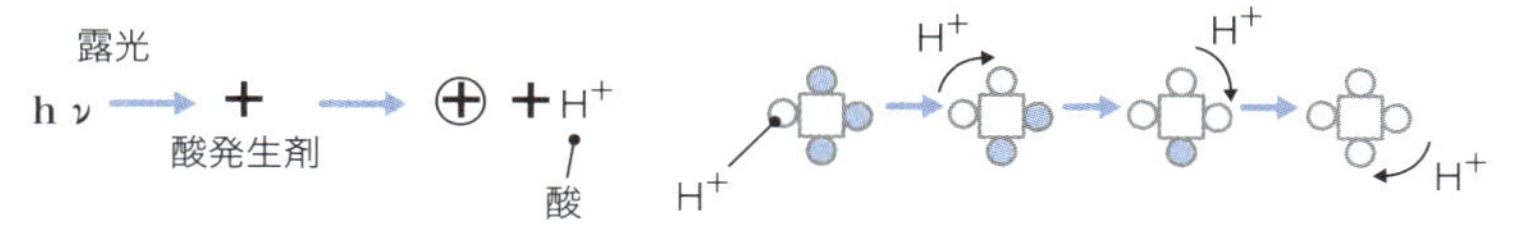

小さな青マル ●（アルカリ不溶保護基）に酸（H^+）が反応し、小さな白マル ○（アルカリ可溶性）に変わる反応が次々に起こって、ポリマー樹脂に付いているすべてのアルカリ不溶保護基●を順次アルカリ可溶性○に変化させている。

露光により酸発生剤に光（hν）が当たると酸（H^+）が発生し、これがポリマーのアルカリ不溶保護基と反応し、アルカリ可溶性に変化させる。酸触媒反応のため反応が進行し、さらに熱を加えることで反応が促進される。

▶火山灰　雲仙岳の噴火の時、ソニーの長崎工場が影響を受けた。

ラインを特急・急行・普通が走る

——製造工期の異なる商品が混流しすぎると……

ＩＣの前工程の製造ラインで「普通」「急行」「特急」という言葉が使われることがあります。もちろん電車のことではありません。これは製造ラインにシリコンウエーハを投入してから前工程（＝拡散工程）が完了するまでの製品ロットの**製造工期**（**ＴＡＴ**：Turn Around Time）の長さを区分して管理するための名称です。

すでに説明したように、ＩＣ製造の前工程では、原材料としてのシリコンウエーハからスタートし、数百回もの工程ステップを経てウエーハ上に多数のＩＣが作り込まれます。いま、ある製品ロットを待ち時間がゼロの状態で処理する場合を想定してみます。つまり、待ち時間なく、次から次へと処理していける最短の製造工期のことで、「**理論ＴＡＴ**」と呼んでいます。

▼特急と普通とでは2倍の工期差

実際の製造ラインには通常、異なる品種のＩＣや同じ品種でも多数のロットが同時並行的に流れていますから、他の製品やロットを全て押し退けてある製品ロットを優先しない限り、それを理論ＴＡＴで製造することはできません。

例えば、あるＩＣの理論ＴＡＴが25日とすれば、平均的にはその2・5倍の2ヶ月程度の工期で製造されます。このようなロットは「**普通ロット**」と呼ばれます。これに対し、理論ＴＡＴの1・8倍の1ヶ月半程度のＴＡＴのロットは「**急行ロット**」と呼ばれます。また理論ＴＡＴの1・3倍の1ヶ月程度のＴＡＴのロットは「**特急ロット**」と呼ばれます。もちろん、これらの数値はあくまで目安であって絶対的意味を持つものではありません（図6-14-1参照）。

急行ロットや特急ロットはユーザーの特別な要求に応じて設定されます。ただし、急行ロットや特急ロットの数を増やすと、当然、普通ロットの工期にしわ寄せが行き、ライン全体としての生産量が低下し、結果的に生産効率が落ちてしまいます。図6-14-2に示したように、ある生産ラインの生産量は仕掛り品（WIP：Work In Process）とＴＡＴで決まります。

生産ラインの仕掛りウエーハ総数と工期の関係、さらに普通・急行・特急ロットの比率による平均ＴＡＴや生産量の関係についてはＣＩＭシステムと専用ソフトウェアによるシミュレーションも行なわれています。ＣＩＭはこんなところでも活躍しています。

▶QTAT　TAT を短くするために特別な工夫・試みが施されていること、またその時の TAT を QTAT（Quick Turn Around Time）という。一般的に「キュータット」と呼ばれる。

図 6-14-1　理論 TAT と「普通・急行・特急」ロット

「理論 TAT」とは、ある製造ラインに流れているIC 製品のロットが、シリコンウエーハ投入から前工程（拡散工程）を完了するまでにかかる物理的に最短の製造工期を意味する。言い換えれば、各プロセス処理のための設備・装置がレディの状態で作業待ち時間がゼロの時の製造工期。

例

ロットの種類	TAT（理論 TAT の何倍）
普通	×2.5　→　2ヶ月
急行	×1.8　→　1.5ヶ月
特急	×1.3　→　1ヶ月

理論 TAT ＝ 25 日と仮定

図 6-14-2　生産量と WIP および TAT の関係（イメージ）

ラインの仕掛り品（総ウエーハ枚数）は WIP（Work In Process）と呼ばれる。

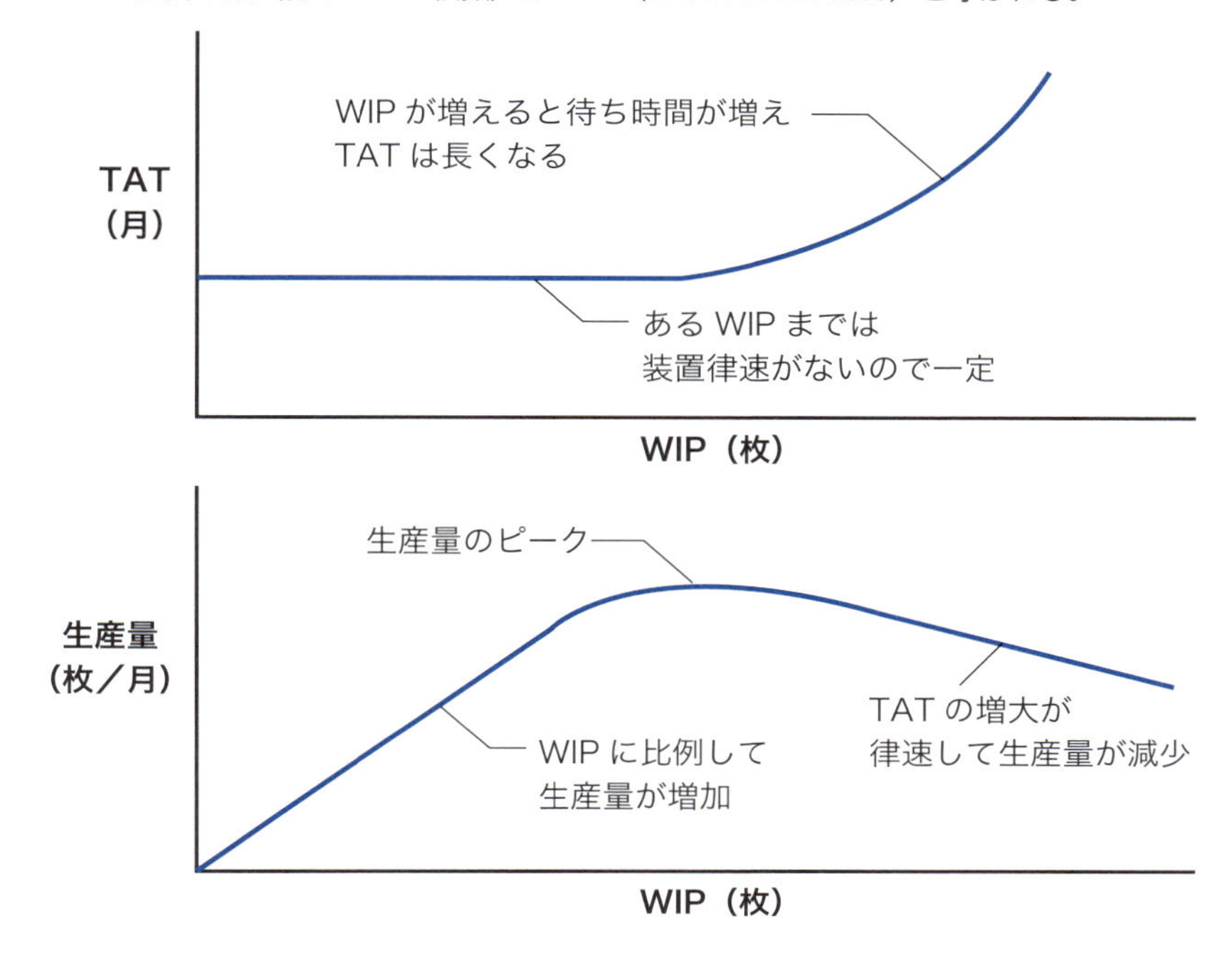

▶シミュレーション　ラインの仕掛り、生産量、TAT などの関係をシミュレートするさまざまなプログラムがある。

コラム

クリーンルームの関連企業

ＩＣの製造ラインである「クリーンルーム」の設計～施工に関係する代表的な企業について見てみましょう。

クリーンルームの建造は、通常「ゼネコン」と呼ばれる総合建設業者と、ゼネコンの下請けなどとして土木・建築工事の一部を請け負う建設業者が組んで行なわれます。ゼネコンは、"General Constractor" の和製英語で、各種の工事一式を半導体メーカーから請け負って、設計から施工工事全体のとりまとめを行ないます。

ゼネコンには、以下に例をあげたように、スーパーゼネコンと呼ばれる超大手やその他があります。

〈スーパーゼネコン〉	〈ゼネコン〉
鹿島建設	フジタ
清水建設	長谷工コーポレーション
大成建設	前田建設工業
竹中工務店	戸田建設
大林組	熊谷組
⋮	⋮

いっぽう、請負業者は、特定工事を請け負う「専門工事業者」とゼネコンから一部工事を請け負う「下請け業者」があり、後者は「サブコン」とも呼ばれます。請負業者は、以下に示すように、工事の種類によって分かれています。

鳶工事…………………向井建設など
電気設備工事………関電工、中電工、きんでん、九電工など
空調設備工事………高砂熱学、三機工業、新日本空調など
衛生設備工事………日立プラント、東芝プラント、須賀工業など
消防設備工事………ホーチキ、ニッタンなど

第７章

働く人々のホンネ
――工場は人でもっている！

Section 01

アイデアは喫煙室で生まれる
――独特な雰囲気の異次元空間

禁煙が一般化した現在では考えられないかもしれませんが、ひと昔前には職場の一角に「喫煙所」が設けられていました。近くの部署で働いている人や近くに来た人などが、煙草を吸いたくなったらそこへ行って紫煙を燻らせながらひと時を過ごしたものです。愛煙家の筆者としては、至福のひとときでした。

▼半導体工場の「都市伝説」？

実はこの喫煙所には優れた効用もありました。喫煙所は業務から離れた特異な空間のため、仕事のストレスから一時的に開放され、寛いだ気分になれます。そこには、いろいろな職位や部署の人々が集まり、心地よい雰囲気の中で、図7-1-1に示したように、さまざまな話題がネタにのぼり、自由な意見が飛び交ったものです。

もちろん喫煙所という性格から、長居をして話や議論を続けることはできません。しかし、連れ立って職場に戻って話を続ける場合や、各自の職場に戻ってから電話をかけ直すなど、ホットなケースも少なからず見受けられました。

このように、喫煙所というスペースは、一般のホウレンソウ（報告・連絡・相談）や公式会議とは一味もふた味も違った独特のコミュニケーションの場として、異次元空間を提供していたと考えられます。

私自身、喫煙所では、他の部署・職位の人々とホンネで自由闊達なコミュニケーションをすることで、多くの表裏の情報を得たり、自分とは異なる考え・発想・着眼点などに触れて触発されたりしました。

また、新しいアイデアやインスピレーションを得たり、さらには特許などのネタを思い付いたり、抱えている問題への解決への糸口を見いだしたりと、オフィスの場では得られない経験も多数しました。

▼喫煙室に替わる興隆の場を

喫煙の「罪」の部分はともかく、このような喫煙所の「功」の部分は何らかの形で残せれば……と感じます。

私が夢想するところでは、何か他のことに浸かりながら通常の業務モードから切り替えられ、生理的にリラックスして本音で話し合える雰囲気の場として、例えば図7-1-1の具体例に示したようなものが求められていると思われるのですが、はたして読者はどのようにお考えでしょうか。

▶ペット　職場へのペット持ち込みを許可している会社もある。

図 7-1-1　会社内の交流の場

名称	リフレッシュルーム、 コミュニケーションフロア、 ラウンジ、休憩室、社交室、 コラボレーションスペース、… 
目的	ストレスを除きリラックス、 職場とは一味違ったコミュニケーション、 創造力やひらめきの発揮、知的生産性の向上、…
集まる人	さまざまな職場・職位、さまざまな年齢層、男女とも、…
話題	業務関連の非公式な話題やデータ、他社や市場に関する話題、個人の趣味や家族、人事関連（異動・昇進・左遷、退職）、社会問題・トピックス、…
具体例	カフェラウンジ、社内ライブラリー、 ビリヤード、卓球台、ダーツ、 カラオケルーム、エアロバイク、 ダイエット器具、玩具、 アイス・お菓子・栄養ドリンク、… 

▶茶室　コミュニケーションの場として職場の一角に茶室を設置している会社もある。

工場ツアーは原則「お断わり」
――製造ラインへの入室は「秘密保持契約」を結んで

▼半導体工場の秘密をどう守るか

「工場ツアー」が人気です。ビール工場、食品工場、自動車工場など、訪問客のために専用の人を割いているケースもあります。

半導体（ＩＣ）工場にもさまざまな訪問者が来ますが、上記の工場とは異なり、半導体工場は「秘密の山」であり、また、埃（ほこり）などを極端に嫌う製品を作っています。このため、「ただラインを見学してみたい」という申し出に対しては受け入れが難しい場合もありますが、できる範囲でオープンにすることも社会的責任の1つと考え、訪問してもらっています。

さて、半導体工場を訪れる人のタイプは、図7-2-1に示したように、産業界、官・学界、その他の3つに分けることができます。

①**産業界**：同じ半導体（ＩＣ）業界のライバル企業からの訪問は、基本的にあり得ません。最先端技術に関する機密事項やノウハウの漏洩を懸念するため、お断わりしています。装置のメーカーや台数などからも、同じ業界に属していれば、多くの情報を得ることができるからです。

相手側が半導体（ＩＣ）ユーザーの場合には、当然ながら製造ラインの監査（オーディット）という形で受け入れます。この場合には、**秘密保持契約（NDA**：Non Disclosure Agreement）を結んだ上で、先方が購入している製品のＱＡシステム（品質保証体系）に基づき、クリーンルームへの入室をはじめとして、求められる情報の提供を行ないます。

たまに関連業界の経営者層の人が訪問してくる場合もあります。この場合はクリーンルームまで入室してくることは稀で、ウインドウツアーと会社の説明や地域社会との係わりなどが話題になります。「どんな装置が入っているか」まで関心のある経営者は少ないのが実情です。

②**官・学界**：工場が立地している場所の県知事・市長・町長などが訪問してくることもあります。この場合も一般的な会社説明に加え、ウインドウツアーが行なわれます。それほど立ち入った質問もほとんどありません。

地元にある大学、高校からの訪問者を受け入れることもあります。ほとんどの場合、教授や先生が引率して数人～10人ぐらいのグループでやってきます。この場合は、会社と半導体技術の説明に加え、ウィンドウツアーが行なわれます。ただし、教授が業界に詳し

▶ウィンドウツアー　特別な廊下沿いのガラス越しに見学するツアー。ウィンドウショッピングに似たイメージ。

く、また学生が半導体を研究しているような場合で、特に希望があればNDAを結んだ上で、クリーンルームに入室を許可することもあります。

③その他：新聞社などが記事にするために取材訪問をしてくることがあります。この場合には、先方から質問事項が事前に用意されていますので、それに応じた可能な範囲での写真撮影を許可します。

この時には、ウインドウツアーで撮る場合とクリーンルームの限られた場所にカメラを持ち込む場合があり、そのケースでは清浄度の維持に配慮しなければなりません。

年に一度くらい、会社員の親族（夫、妻、子供）を工場見学に招待します。ウインドウツアーを行ない、できるだけ楽しく、やさしく説明し、半導体工場に興味を持ってもらうとともに、働いている親族を誇りに思ってもらえるように配慮します。

図 7-2-1　半導体工場の訪問者

訪問者のタイプ		対応（例）	ウィンドウツアー	クリーンルームへの入室
産業界	同じ業界	通常は受け入れない		
	ユーザー	NDA 締結、監査、QA（品質保証）システム		○
	関連業界	一般的説明、地域との関係など	○	
官・学界	知事・市長・町長	一般的説明		
	大学・高校	会社紹介、半導体技術説明	○	
	専門（教授・学生）	会社紹介、半導体技術説明、NDA	○	○
その他	マスコミ	取材対応	○	○
	従業員親族	年1回招待、会社・仕事の紹介	○	

QA：Quality Assurance（品質保証）
NDA：Non Disclosure Agreement（秘密保持契約）

▶クリーンルーム入室　外部の人にクリーンルームに入室してもらう場合は、事前に靴のサイズ（cm）や無塵衣サイズ（S、M、L）を聞き、合うものを準備しておく。

Section 03

カイゼンは半導体工場でも
――提案を審査し、等級を決定

「カイゼン」といえばトヨタが有名ですが、私が勤務した半導体会社（工場）にも、同様な改善・改良に関する提案制度がありました（図7-3-1）。

一般的に提案は、職制とは別に、個人あるいは少人数のグループによって行なわれます。会社（工場）には関係部門の部長や課長クラスから成る「評価委員会」が設けられていて、一定の頻度で会合を開き、その席でこれらの提案を審査し等級を決定します。

▼カイゼン提案制度と報奨金は？

原則的に月に1回、会社幹部と評価委員会のメンバーさらに受賞者の上司の出席のもと、表彰式が開催され表彰状と報奨金の授与が行なわれました。

報奨金の額は提案のレベル（等級）によって異なりますが、平均して1万円ぐらいというところです。

▼アイデア倒れはNG

本来、この提案制度は、第一線の現場で働く人たちの創意工夫をボトムアップで吸い上げ、実施することで業務の改善・改良に役立てるとともに、改善・改良の意欲発揮へのインセンティブとしての目的がありました。

このためアイデア倒れに終わっている提案は、表彰対象にはしません。あくまでも実際の金額に換算した明確な効果が確認されたもの、あるいは確実に見込めるものに限られます。したがって評価委員会による等級付けも、主にこの効果の大きさによって決定されるわけです。

会社（工場）側としては、提案制度が活用され多くの提案が上がってくることは歓迎すべきことですが、手放しで喜べない問題もありました。

すなわち提案内容のほとんどは、それぞれの担当業務に直結したものになりますので、どこまでが通常業務に属するものかが必ずしも明確ではないからです。この点に関して評価委員会の評価が厳し過ぎると提案意欲を削ぐことになりますし、甘過ぎると提案が粗製乱造になります。極端な場合には、通常業務に支障をきたすケースさえ出てきます。

私も評価委員を務めていましたので、この辺の事情を勘案し、また提案の採否や等級付けの理由を提案者に説明し、できるだけ納得してもらうように努めました。基本的には、報奨金の予算の範囲内で、できるだけ多くの提案を意識的に取り上げるようにしたのを覚えています。

▶インセンティブ　incentiveのカタカナ表記。もともと刺激、励み、誘因、報奨などの意味。

図 7-3-1　改善・改良の提案制度

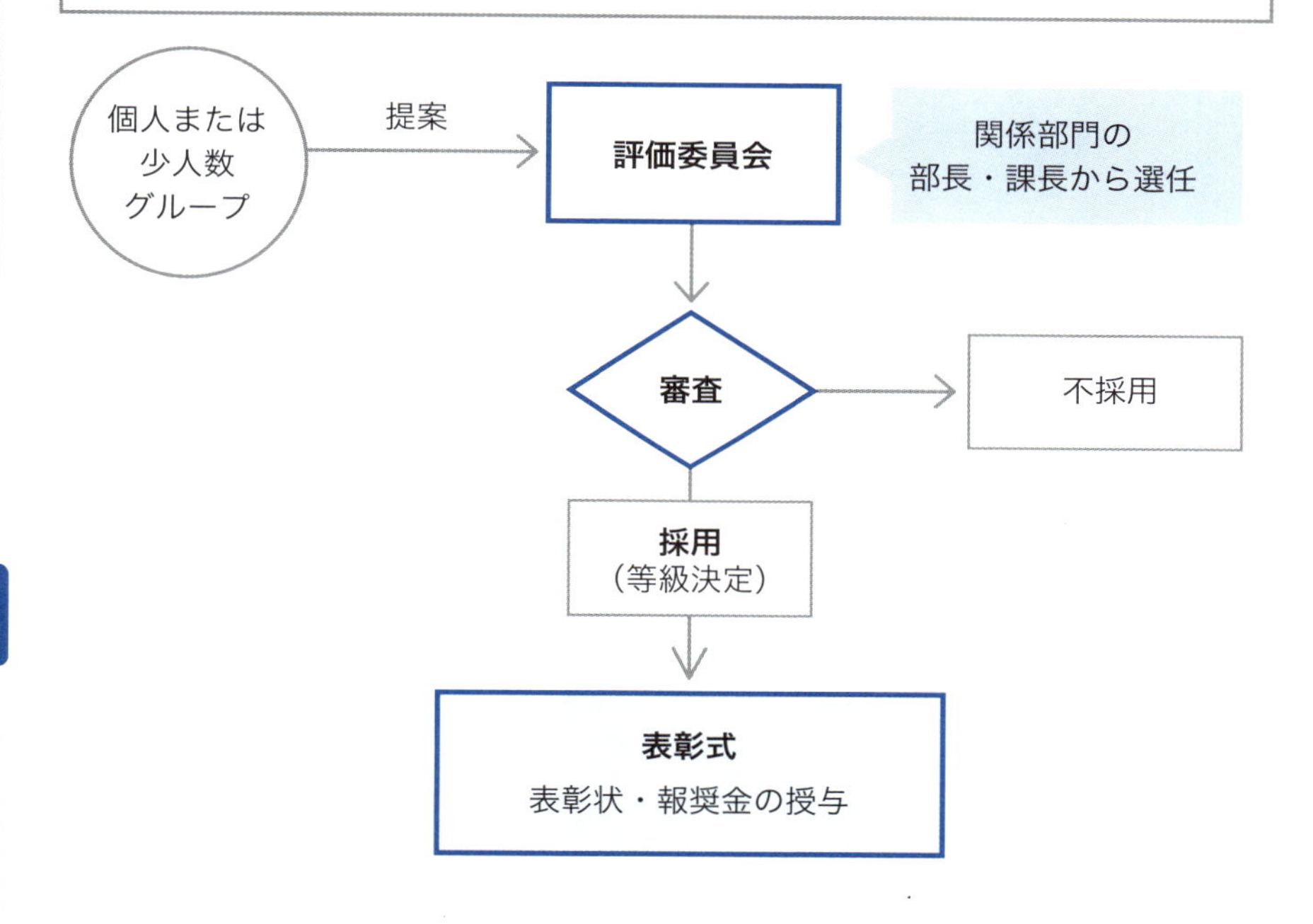

図 7-3-2　提案制度の目的・問題

目的	・ボトムアップの創意工夫の吸い上げ ・参画意識の強化・職場の活性化
内容	・自主的テーマ ・ほとんどは担当業務関連
問題	・通常業務との切り分け ・判定が甘過ぎると粗製乱造に繋がり通常業務に支障 ・判定が厳し過ぎると提案意欲を削ぐ

▶表彰の透明性・公平性　式の場で「提案内容の概略」「等級の理由」などの説明をすることが望ましい（筆者自身の経験による）。

Section 04

さまざまな非正社員が働いている

——スキルの高い人材を得やすい特定派遣社員

半導体の製造ラインで働くオペレータ（作業者）の中には、その会社から給料を受け取る正社員とは別に、「非正社員」と呼ばれる雇用形態の人が含まれる場合もあります。非正社員が必要とされるのには、大きく分けて2つの理由が考えられます。

▼シリコンサイクルに対応する

その1つは、秒進分歩とも呼ばれるほど技術革新が激しい半導体産業における高度で複雑な製造オペレーションに対し、十分なスキルを有するオペレータを常に自社内で育成・確保し、欠員に対して補充することが容易ではないためです。したがって雇用者側には、経験やスキルのある人を外部から調達したいという思いがあります。

もう1つは「**シリコンサイクル**」と呼ばれる、半導体業界のほぼ4年ごとの景気の浮き沈み（景気サイクル）に対して、オペレータの雇用数に弾力性を持たせておきたいという思惑が働くためです。

ところで、半導体工場で働く非正社員にもいくつかの形態があります。「**派遣社員**」とは、人材派遣会社を介して半導体メーカー（派遣先）と雇用契約を結び、所属する派遣会社（派遣元）から給料を受け取りながら一定期間、派遣先の半導体工場で勤務する形態です。

この派遣社員にも、「一般派遣社員」と「特定派遣社員」の別があります。一般派遣社員は期間限定で業務を行ない、期間終了に伴って派遣先と派遣元の双方と雇用契約が終了します。いっぽう特定派遣社員は派遣元と雇用契約を結んで派遣先で勤務し、契約の終了に伴い、次の派遣先に継続的に勤務できます。

一般的に、特定派遣社員の方が雇用が安定しており、派遣元が人材の確保や教育をしやすいこともあって、よりスキルの高いオペレータが得られる傾向にあります。

これら個々の派遣とは別に、組織的な命令・指揮系統を持った技能集団により製造業務の一括請負を行なうケースもあります。またリソグラフィやエッチングなど、まとまった工程の製造オペレーションだけでなく、装置据え付け、調整、メンテナンス、保全などの広い業務を受託するケースも見られます。

図7-4-2には、半導体製造における、各種の非正社員と業務の例を示しています。

▶シリコンサイクル　ほぼ4年ごとに半導体業界に起きる浮き沈みのことで、製品の世代交代時期に需給のアンバランスが生じるために起きると考えられている。

図 7-4-1　半導体の製造ラインに非正社員が求められる理由

1

半導体分野は技術革新が著しく、高度で複雑な製造オペレーションが必要となる。その状況に対して、十分なスキルを持ったオペレータをすべて自社内で育成・確保し、欠員に対しても補充できる体制を取るよりも、すでにある程度の経験とスキルを持った人材を外部から一部導入する方が効率的である。

2

「シリコンサイクル」と呼ばれる市場の景気サイクルに対し、自社内に必要十分なオペレータを常時抱えるよりも、人的外部リソースを利用する方が労働力を弾力的に調整できる。

図 7-4-2　非正社員の種類と業務の例

派遣社員

- 一般派遣社員
  - 期間限定業務。期間終了に伴い派遣先（半導体工場）と派遣元（人材派遣会社）との雇用契約が双方とも消滅する
- 特定派遣社員
  - 派遣元と雇用契約を結んで派遣先で勤務し、派遣先との契約終了に伴い、次の派遣先に継続的に勤務できる

製造業務の一括請負

組織的な命令・指揮系統を持った技能集団による請負。リソグラフィ、エッチングなどのまとまったプロセス工程の製造オペレーションに限らず、装置の据え付け・調整・メンテナンス・保全まで含むこともある

▶非正規社員　雇用側の本音として雇用弾力性の確保と人件費削減があることは否めない。

チェックに次ぐチェック
——クルマ、医療器具に使われるだけに厳正に

▼インライン・モニターが中心

半導体（ＩＣ）の製造ラインでは、最終的に出荷可能な製品として入庫されるまでの工程で、実にさまざまなチェックが行なわれています。

前工程が終了したシリコンウエーハ上のＩＣチップの良否を判定する「ウエーハ検査工程」やパッケージに収納したＩＣを判別する「選別・検査工程」はすでに触れましたが、他にもさまざまなチェックがあります。

前工程では、トランジスタなどの素子や配線の立体構造に関する各部の寸法や形状、あるいは相互の位置関係がチェックされます。また、素子の抵抗値や容量値、トランジスタ特性などの電気的特性がチェックされます。さらに、それらの基になっている導電型不純物の濃度プロファイルや各種薄膜の膜質（誘電率、微小リーク、絶縁耐圧など）などの物性値も詳細にチェックされます。パーティクル、キズ、汚れなどのチェックは当然、行なわれます。

実際の量産ロットでは、これらのうち主要なチェック項目がロット単位、ウエーハ単位で測定され、コンピュータに記憶されます。このように、製品ロットそのものに付随して行なわれるチェックとデータ収集は「**インライン・モニター**」とも呼ばれ、そのロットのいわば製造履歴として記録・保存され、ＩＣの性能や歩留まりあるいは信頼性に関するバックグラウンド・データとなります。

さらにＩＣをパッケージングした後にも、外形や外観、キズや汚れ、リードの寸法や形状、メッキ状態、異物付着の有無、捺印状態などに関するチェックがあります。これらの各種チェックにおいては、自動外観検査装置などの機械を用いたチェックと、オペレータ（人間）による目視や顕微鏡を用いたチェックがあります。

機械によるチェックでは、パターン形状や寸法を測定し設計値と比較したり、ウエーハ内の分布を測定・表示したりさせます。いっぽうオペレータによるチェックでは、限度見本に沿った**官能チェック**が主に行なわれます。

これらのインライン・モニターとは別に、必要に応じて、抜き取りウエーハやリファレンスウエーハを用いた各種のチェック（ＳＥＭ、ＴＥＭなど）が行なわれることもあります。

半導体工場で作られる製品は、自動車、医療器具など生命に関わる装置にも使われるだけに、チェックにつぐチェックが厳正に行なわれているのです。

▶自動外観検査装置　パターン形状検査、寸法測定、相互位置関係測定、欠陥検出、パターン比較などさまざまな機能を持ったものがある。

図 7-5-1　前工程におけるインライン・モニターの例

物性値チェック
- 誘電率
- 絶縁耐圧
- 反射率

など

電気的特性チェック
- 抵抗値
- 容量値
- トランジスタ特性

など

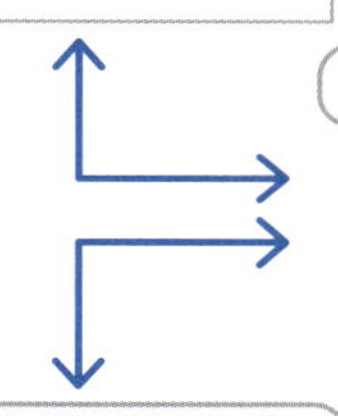

製品ロット
- オペレータ
- 機械

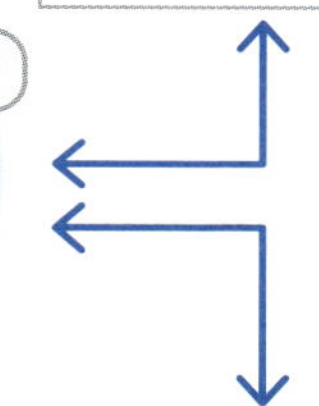

形状・寸法チェック
- パターン形状
- 寸法
- 位置関係

など

その他
- パーティクル
- キズ
- 汚れ

など

図 7-5-2　具体的なチェック例

G/W 目視チェック

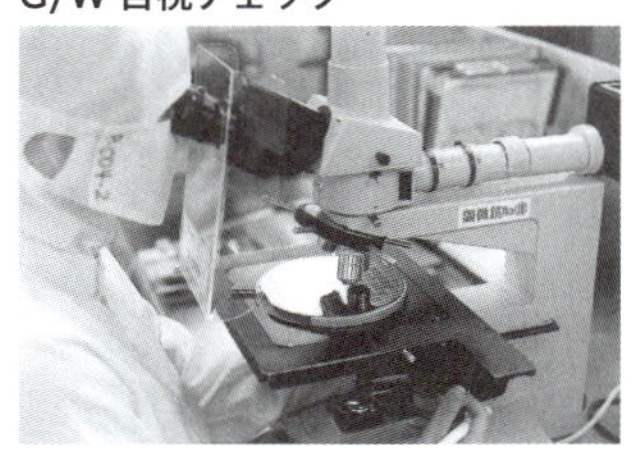

顕微鏡パターンチェック

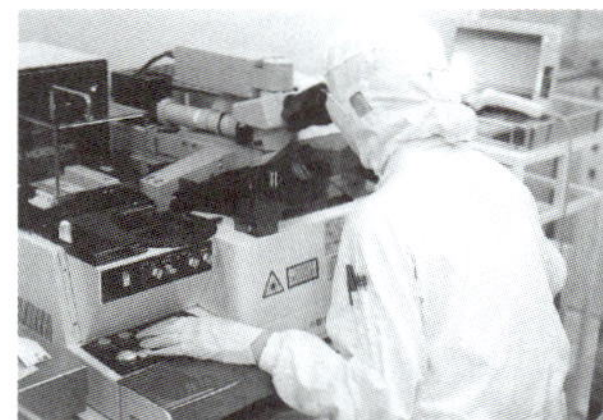

パターン寸法チェック

▶G/W　Good die per Wafer の略。1 枚の前工程完了ウエーハ上の良品チップ数。

Section 06

どんな資格が必要となるか？

——電気取扱、フォークリフト、溶剤、防火……

半導体工場を動かしていくためには、そこで働く人の中に、一定の資格を持った人がどうしても必要になります。この資格は、法的に絶対に必要なものと、あれば望ましいものの2つに分けられます。

①工場に必要な法的資格者

図7-6-1には、半導体工場で必要とする法的資格を名称、内容の概略、関連法規についてまとめてあります。かんたんに紹介しておきましょう。

作業関係でいえば、「**玉掛け作業**」があります。これはロープなどを用いて荷を吊り上げるための準備から球はずし作業までの一連の作業を指します。この作業は玉掛技能講習を修了した人にしかできません。

また、「**産業用ロボット作業者**特別教育講習会」の受講後、事業者に対し、教示・検査等の業務に係る特別教育終了通知書の交付と受講者に修了証書が発行されます。

「**低電圧電気取扱者**」は電気取扱業務に係る特別教育、または低圧の充電電路の敷設等の業務に係る特別教育を修了した人に与えられるものです。

運転業務に関係する資格としては、「**クレーン運転**（5t未満）特別教育」があり、これは当該業務に対する安全のための特別教育です。また、「**フォークリフト運転**」はフォークリフト運転技能講習または運転特別教育の修了者で、ヘルメットにフォークリフトステッカーを貼りつけられます。フォークリフトの運転は見た目には軽やかですが、重いものを上げ下げする、狭い場所で後ろ向きにも走るなど、かなり危険を伴う運転です。

溶剤系でいえば、「**有機溶剤作業主任者**」は国家資格である作業主任者の1つで、有機溶剤作業主任者技能講習を修了した者の中から事業者により選出された人です。「**特定化学物質及び四アルキル鉛等作業主任**」は特定化学物質及び四アルキル鉛作業主任者技能講習の受講者です。

「**第一種衛生管理者**」は、一定以上の規模の事業所については衛生管理者免許、医師、労働衛生コンサルタントの免許・資格を有する者からの選任が義務付けられています。「**防火責任者**」は消防への届け出が必要です。

②あれば望ましい資格

図7-6-2に、法的には半導体工場に必要ではないけれど、あれば業務の進捗に望ましいという資格を、名称、

▶有機溶剤　トリクロロエチレン、テトラクロロエチレンなどが半導体で用いられている。

図 7-6-1　必要な法的資格

名　称	内　容	法　規
玉掛け	玉掛け作業を行なう際に必要な資格	労働安全衛生法 第 61 条、76 条
産業用ロボット特別教育	産業用ロボット作業者に義務付けられた安全教育	労働安全衛生法第 59 条・同規則第 36 条
低圧電気取扱者	交流 600V 以下、直流 750V 以下の電気取扱業務に係る特別教育	労働安全衛生法 第 59 条・同規則第 36 条
クレーン運転（5t 未満） 特別教育	つり上げ荷重 5t（トン）未満のクレーンの運転業務	労働安全衛生法 第 59 条・同規則第 36 条
有機溶剤作業主任者	有機溶剤による身体的な被害防止の指揮・監督を行なう	労働安全衛生法施行令第6条・ 同施行令別表第6の2
特定化学物質及び 四アルキル鉛等作業主任	特定化学物質および四アルキル鉛を取り扱う業務に従事する労働者の指揮等を行なう	労働安全衛生法 第 14 条・同施行令第6条、 特化則第 27 条、 四アルキル則第 14 条
フォークリフト運転	フォークリフト運転技能講習、または運転特別教育の終了者	労働安全衛生法 第 61 条、第 76 条、第 59 条
第一種衛生管理者	労働条件、労働環境の衛生的改善と疾病の予防処置を担当し、事業場の衛生全般を管理する国家資格者	労働安全衛生法
防火責任者	防火に関する講習会の過程を終了した者等一定の資格を有し、防火対象物の防火上の管理を行なう	消防法

▶アルキル　alkyl のカタカナ表記。メタン（CH_4）系炭水化物から水素原子を 1 個取り除いた原子団に対する総称。

図 7-6-2　望ましい資格

名称	内容	法規
特定高圧ガス取扱主任者	特定高圧ガスの保安に関する業務を管理する者	高圧ガス保安法
危険物取扱者（乙種4類）	危険物を取り扱い、またはその取り扱いに立ち会うために必要な国家資格	消防法
酸素欠乏危険作業主任者	酸素欠乏危険作業主任者技能講習終了、または酸素欠乏・硫化水素危険作業主任者技能講習を終了した国家資格者	労働安全衛生法
eco 検定	正式名称は「環境社会検定試験」で、広く環境問題に関する知識を問われる	東京商工会議所開催
一般毒物劇物取扱者試験	すべての毒物・劇物を取り扱う場合に必要な国家資格	毒物及び劇物取締法
エックス線作業主任者	国家資格としてのエックス線作業主任免許の交付を受けた者の中から選任	労働安全衛生法
高圧電気取扱者	交流 600V を超え 7000V 以下、直流 750V を超え 7000V 以下の電気取扱業務に係る特別教育	労働安全衛生法 第 59 条・同規則第 36 条

内容の概略、関連法規等についてまとめてあります。

ここで「**特定高圧ガス取扱主任者**」の特別高圧ガスとはアルシン、ジシラン、ジボラン、セレン化水素、ホスフィン、モノゲルマン、モノシランの七種ガスを含みます。「危険物取扱者（乙種4類）」で乙種第4類とはガソリン、灯油、軽油、エタノールなどの引火性液体を意味します。「**酸素欠乏危険作業主任者**」には事業者による選任が必要です。

どのような業態でも、資格は必須ですが、半導体工場では物理的な装置から化学薬品の扱い、防火に至るまで幅広い資格取得者が必要とされています。

▶**毒物・劇物**　毒物…フッ酸、ヒ素化合物（アルシン AsH_3 など）、三塩化ホウ素（BCl_3）など。劇物…塩酸（HCl）、硫酸（H_2SO_4）、硝酸（HNO_3）、水酸化ナトリウム（NaOH）、アンモニア（NH_3）、過酸化水素（H_2O_2）など。

第8章

知られざる半導体工場の秘密

Section 01

タテ型の「炉」が主流の理由

――フットプリント、ウエーハの支持、移載の容易さ

複数枚のシリコンウエーハに一括して熱処理を施したり、熱拡散現象を利用して不純物を添加したりするための製造装置に「**炉**」（furnace **ファーネス**）があることはすでに述べました。半導体工場で使われるこのような炉は、慣用的に「**拡散炉**」とも呼ばれています。この炉には、「縦型炉」と「横型炉」の2つのタイプがあります。

▼拡散路の2つのタイプ

縦型炉とは、図8-1-1に示したように、石英などで作られた炉心管を縦方向に配置し、そこにウエーハが水平に置かれた縦型の石英製ボートを入れ、外部ヒーターで加熱された炉心管にガスを流しながらウエーハ処理をする装置です。

このときシリコンウエーハは、ボートの3本の支柱に刻まれた溝に入れるようにして3点で支持されます。

いっぽう**横型炉**とは、図8-1-2に示したように、炉心管を横方向に配置し、そこにウエーハが縦に置かれた石英製ボート（ウエーハ立て）を入れ、ウエーハを処理する装置です。このときシリコンウエーハは、ボートの3本の支柱に刻まれた溝に立て懸けるように入れて3点で支持されます。

最近の炉はほとんどすべて、横型から縦型に移行してきていますが、その理由は何でしょうか。これには、図8-1-3に示したように、3つの大きな理由があると考えられます。

第一は装置の「**フットプリント**」です。フットプリントとは、本来、足跡や足型を指す言葉ですが、半導体工場では「装置の占有する床面積」を意味します。すなわちクリーンルームの高さが十分なら、縦型炉は横型炉に比べてフットプリントが小さくなり、その分、クリーンルームの床面積を有効に使えます。これが第一の理由です。

第二はウエーハの支持の仕方の違いによって、加熱時にウエーハにかかる熱応力は縦型炉の方がより均一になるという特徴があります。このため縦型炉ではウエーハに導入される熱歪が少なくなることによって、ウエーハの反りや結晶欠陥の危険性が減る利点があります。

第三はウエーハのボートへの、またボートからの移載の容易さにあります。横型炉では移載用のロボットアームがウエーハを立てたまま把持し移載しますが、縦型炉ではウエーハを水平に保ったままで移載できるため、より容易にできるのです。

▶拡散炉　本来、拡散炉とは拡散現象を利用してシリコンに導電型不純物を添加する炉を指すが、熱処理用の炉も慣用的に拡散炉を呼ばれることがある。

図 8-1-1　縦型炉のイメージ

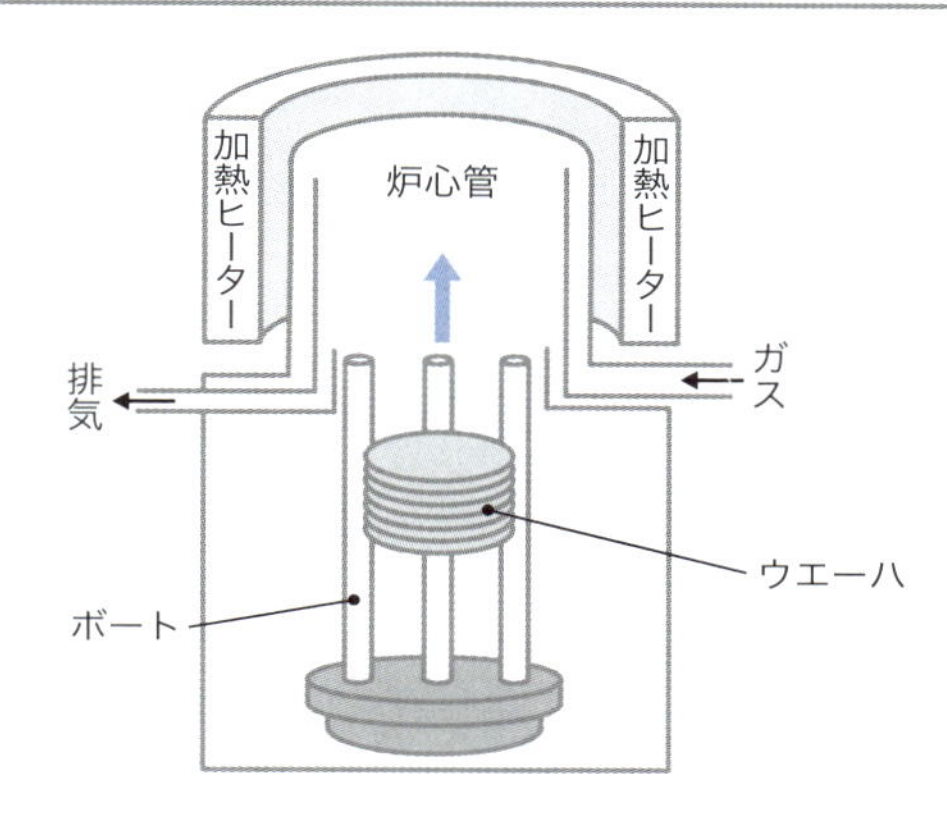

図 8-1-2　横型炉のイメージ

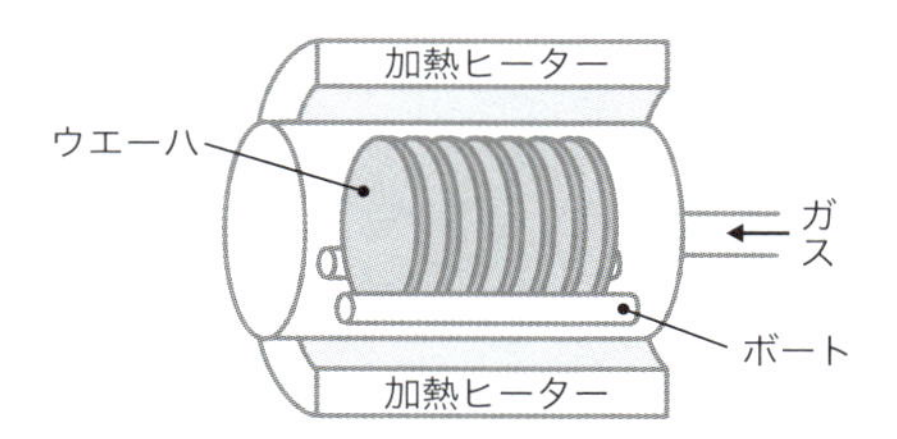

図 8-1-3　縦型炉と横型炉の比較

項目	縦型炉	横型炉
装置のフットプリント	少ない	多い
装置の高さ	高い	低い
熱応力	平均化	局在化
ウエーハのロボット移載	容易	難しい

近年は縦型炉の割合が非常に多くなっている。
特に大口径ウエーハに対しては縦型炉のメリットが大きくなる。

▶炉心管　炉心管の材料としては石英が一般的だが、高温の処理炉にはシリコンカーバイド（SiC）製のものもある。

ウエット洗浄以外の洗浄方法
──目的・用途に応じて使い分ける

シリコンウエーハを清浄な状態にする洗浄法については、すでに第3章で主に酸などの薬液を用いた「ウエット洗浄」を紹介しましたが、実はこの他にも各種の洗浄方法があり、目的に応じて使い分けられています。ここではそのいくつかについて説明します。

▼目的別の洗浄方法

・ドライ洗浄

プラズマ励起させた酸素ガス（O_2）や紫外線やレーザー光で発生させたオゾン（O_3）により不純物の化学結合を切断し、酸化分解して揮発除去する洗浄法です。ドライエッチングなどの後の表面有機物の除去に向いています。

・ブラシ洗浄（スクラブ洗浄）

超純水を流しながら回転ブラシを当てて擦りながら表面の異物を物理的に除去する洗浄法で、図8-2-1に示したように、ブラシとしてロール型やディスク型があり、材質にもさまざまなものがあります。またメガソニックシャワーと組み合わせることで、除去効率を上げたタイプのものもあります。各種の成膜後やCMP後の比較的大きなサイズの異物除去に効果を発揮します。またこの洗浄法は、ウエーハだけでなくマスク（レチクル）の洗浄法にも利用されています。

・低温エアロゾル洗浄

図8-2-2に示したように、冷却したアルゴン（Ar_2）、窒素（N_2）、炭酸ガス（CO_2）などの不活性ガスを減圧したチャンバー内に噴射して氷結させ、チャンバー内に置いたウエーハ表面に氷結固体粒子を衝突させ、異物を物理的に除去します。氷結粒子は常温で気体に戻るため、特別な乾燥装置は不要です。

・超臨界洗浄

図8-2-3に示したように、臨界温度と臨界圧力の下で「気体と液体の中間」の性質を持つ炭酸ガス（CO_2）などの**超臨界流体**を用いた洗浄です。粘性が低く拡散が速いことを利用し、異物の溶解や剥離に有効です。

・機能水洗浄

これはウエット洗浄の一種と言えますが、酸やアルカリではなくオゾン水や電解イオン水などの機能水を用いた洗浄で、廃液処理が不要で環境負荷の少ない洗浄法です。

これらは、素子の微細化による深い開口部、あるいは溝の底の洗浄、狭く高いパターンの洗浄、さらには新規材料のダメージレス洗浄などに期待されています。

▶メガソニック洗浄　超音波を用いた精密洗浄のこと。

図 8-2-1　ブラシ洗浄（スクラブ洗浄）

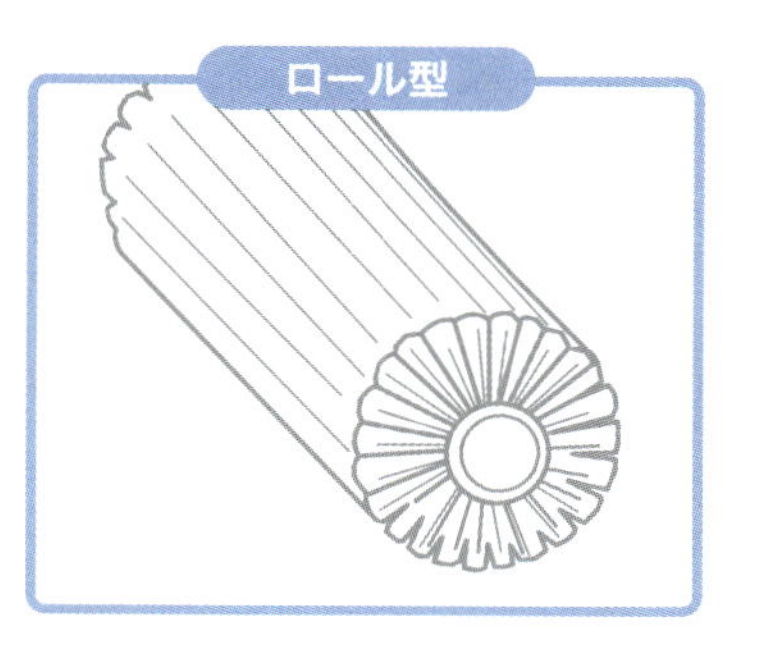

ブラシの材質、毛の硬さ・長さ、密集度などに違いがある。また洗浄時の回転数や押しつける圧力などで最適条件に設定できる。

図 8-2-2　低温エアゾル洗浄装置

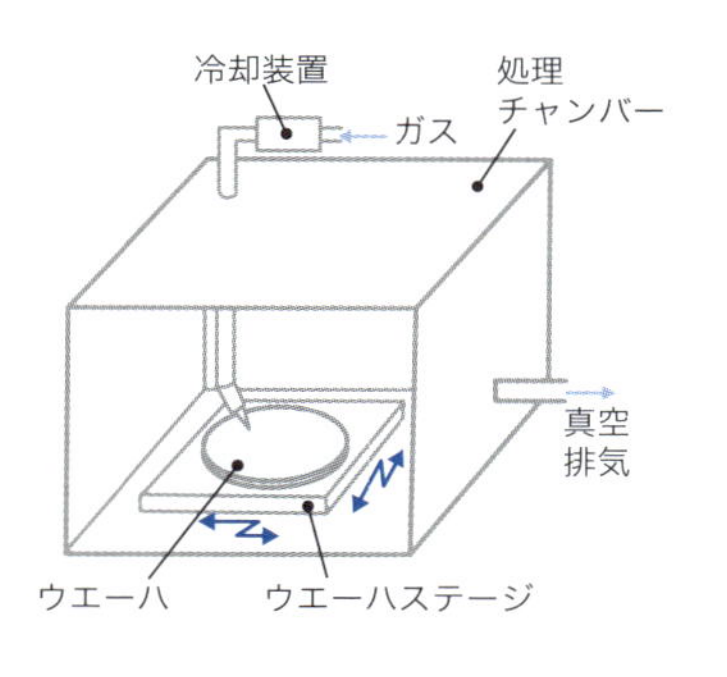

Ar_2、N_2、CO_2などの不活性ガスを減圧したチャンバー内に噴射して氷結させ、それをウエーハ表面に吹きつける。

図 8-2-3　炭酸ガスの状態図

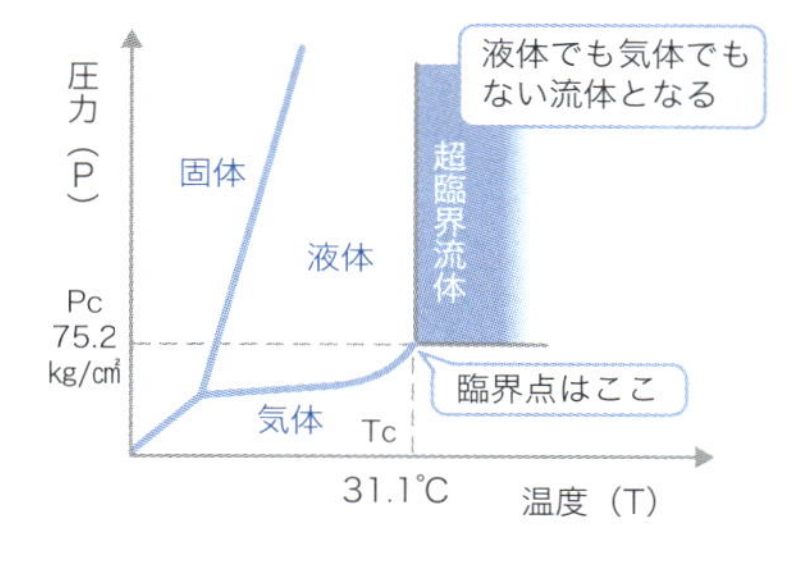

臨界温度（T_C）以上と臨界圧力（P_C）以上の条件下で液体と気体の中間の超臨界状態になる。粘性が低く拡散が速いので、異物の溶解や剥離が容易になる。

▶狭く高いパターン　IC内の幅が狭く高さが高いパターンの場合、洗浄時に受ける力で倒壊することがあるため、洗浄法の選択も重要になる。

Section 03

歩留まりって、なんだ？

——1枚のウエーハから何個の良品チップが得られるか

どのような工場であっても、製造した製品の中には一定の割合で不良品が含まれてしまいます。この不良品を除いた良品の割合を「**歩留まり**」（yield イールド）と呼んでいます。歩留まりは製造原価を高めることになるだけに、企業の収益に直結する最重要指標の1つです。

▼ウエーハ検査歩留まりが重要

半導体工場の場合には、他の業種以上に、歩留まりという概念は特別な意味を持っています。どういうことでしょうか。

半導体の製造における歩留まりは、図8-3-1に示したように、通常、いくつかの種類に分類されます。これはICの製造工程を構成する工程、すなわちシリコンウエーハの上に多数のICチップを同時に作り込む「前工程」と、ウエーハ上のICチップの良否を判定する「ウエーハ検査工程」、さらにウエーハを1個1個のチップに切り分けてパッケージに収納し検査する「組立・検査工程」では、性質や方法が大きく異なっているためです。

前工程（拡散工程）における歩留まり、すなわちラインに投入したシリコンウエーハのうち、前工程を完了したウエーハの割合は「**前工程歩留まり**」と呼ばれます。また組立工程に投入したICチップ数のうち最終検査に合格して入庫されるチップ数の割合は「**後工程歩留まり**」と呼ばれます。

もちろんこれらの歩留まりも重要ですが、もっと重要なのは、「前工程が完了した1枚のウエーハから何個の良品チップが得られるか」であり、それは「**ウエーハ検査歩留まり**」と呼ばれ、特別に重要な意味を持っています。

この歩留まり（Y）は、1枚のウエーハ上に載っている有効チップ数（N）と良品確率（P）によって次式で表わされます。

$$Y=N\times P$$

ここで有効チップ数Nは、微細な設計基準を採用し、大口径のウエーハを用いた場合の方が多くなります。

また良品確率Pは、ゴミ・キズ・汚れやプロセス誘起欠陥に起因する欠陥密度（ウエーハ単位面積当たりの致命的欠陥数）で決まります。結果として、図8-3-2に示したような、歩留まりY（=G／W）は、ICの製造コストに直接反映するだけでなく、設計と製造におけるプロセス・材料・装置・管理などを含めた総合的指標になってくるのです。

▶プロセス誘起欠陥　ICが製造プロセスを経るなかで、機械的な力、熱による歪、あるいはパーティクルの発生などによって導入される欠陥。

図 8-3-1　半導体製造における歩留まり

前工程歩留まり （拡散歩留まり）	＝	前工程を経て完成したウエーハ数 ／ 製造ラインに投入したウエーハ数
ウエーハ検査歩留まり （G/W 歩留まり）	＝	1 枚のウエーハ上の良品チップ数 （G/W：Good Die/Wafer）
後工程歩留まり （組立・検査歩留まり）	＝	組立・検査を経た最終良品 IC ／ 組立工程に投入したチップ数

総合歩留まり＝前工程歩留まり × ウエーハ検査歩留まり × 後工程歩留まり

図 8-3-2　G/W 歩留まりの内容

Y=N×P

Y：G/W 歩留まり　……IC コストの主要因。設計・製造・管理の総合的指標
N：有効チップ数………全体がウエーハに収まっているチップの総数。ウエーハ口径が大きいほど多い。
P：チップが良品になる確率。高グレードの製造ラインほど高く、先端技術品（微細化等）ほど低い。

有効チップ数

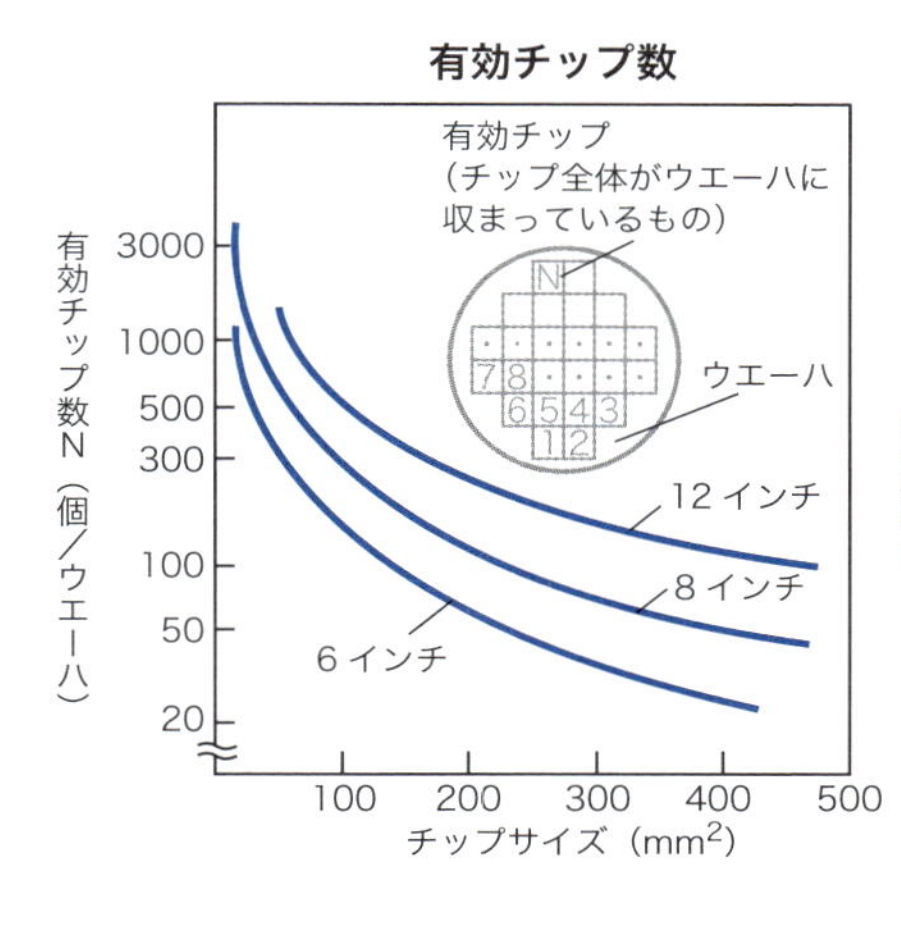

良品確率

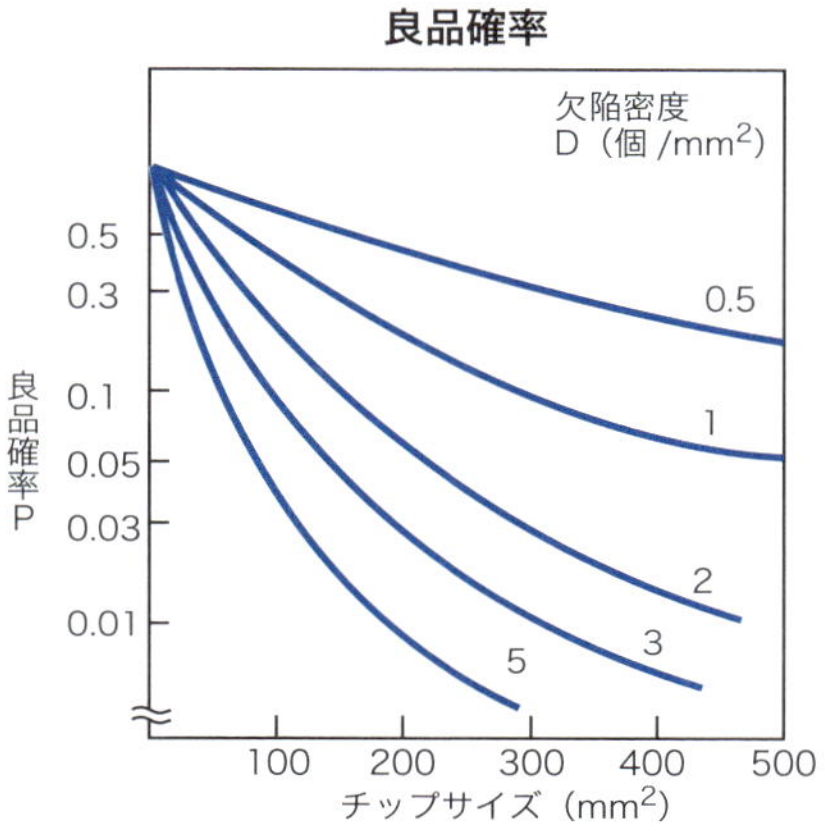

▶**有効チップ**　IC の周辺部の除去領域（エッジエクスクルージョン）を除いた内側にチップ全体が収まっているチップのこと。

Section 04

ロットサイズが生産性に影響
——小ロットならサイクルタイムは短くなるか？

半導体（ＩＣ）製造の前工程では、何枚かのシリコンウエーハをひとまとめにして各種のプロセス工程を順番に流していきます。

１つのウエーハキャリア内に収納された同一ロットのウエーハは、図8-4-1に示すように、あるプロセス処理装置のポート上で、全ウエーハの処理が終わるまで待っていて、その後に収納されたキャリアごと、次の工程に送られます。

例えば３００ミリウエーハのラインでは、ウエーハキャリアの最大収納枚数は25枚ですので、ロット内のウエーハ枚数はこれ以下になります。

あるラインに流れているＩＣの種類、すなわち実験品、試作製品、ＳＯＣ（System On chip）、ロジック、メモリなどによって**ロットサイズ**と呼ばれるロット内ウエーハ枚数が異なってきます。メモリ系では同一製品を大量生産しますのでロットサイズは25枚フルが多いのに対し、ＳＯＣやロジックなどでは小ロットサイズで流れるものも数多くあります。

▼ロットの大小とプロセス時間

一例として、ＳＯＣに関して必要ウエーハ枚数の分布とロット内枚数の分布のイメージを、それぞれ図8-4-2に示してあります。

このロットサイズにより、製造装置の**サイクルタイム**、すなわち1つのロットを処理する平均的な処理時間は図8-4-3に例を示したようになります。

一般的にロットサイズが小さくなるとサイクルタイムは短くなると考えられますが、装置へのキャリアのロード・アンロード、段取り、待ち時間などの影響でロットサイズに無関係に必要となる時間があります。このため、小ロットでむしろサイクルタイムが増加してくる傾向があります。

これは小サイズのロットでは、装置の有効稼働率、つまり装置が実際に処理をしている時間が少なくなり、効率が悪くなるためです。

また全生産量を落とさずに多品種生産を行なうため、小サイズのロットが増えると、キャリア数の増加による総搬送量も多くなり、これも生産効率の低下を招きます。

このようにＳＯＣやロジック系ＩＣを生産するラインや、メモリも合わせて製造する混流ラインでは、ロットサイズの影響を十分に考慮したライン設計や生産設備の選択、生産管理法などの工夫が求められます。

▶SOC　１つのまとまったシステム機能をワンチップ上に搭載した集積回路のこと。あるいはそのような設計手法のこと。

図 8-4-1　製造装置でのロット単位のプロセス処理

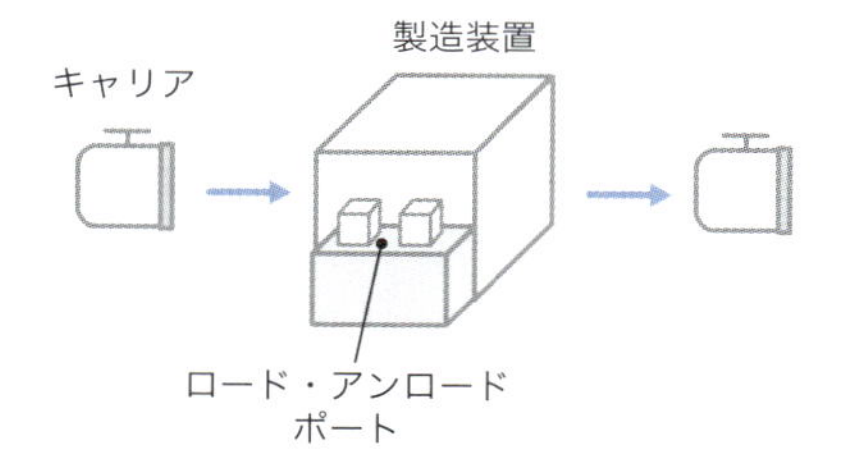

キャリアに収納されたロット・ウエーハは全ウエーハの処理が終わるまで装置のロードポート上で待機しなければならない。

図 8-4-2　SOC の必要ウエーハとロットサイズの割合

(a) SOC における必要ウエーハ枚数の分布例

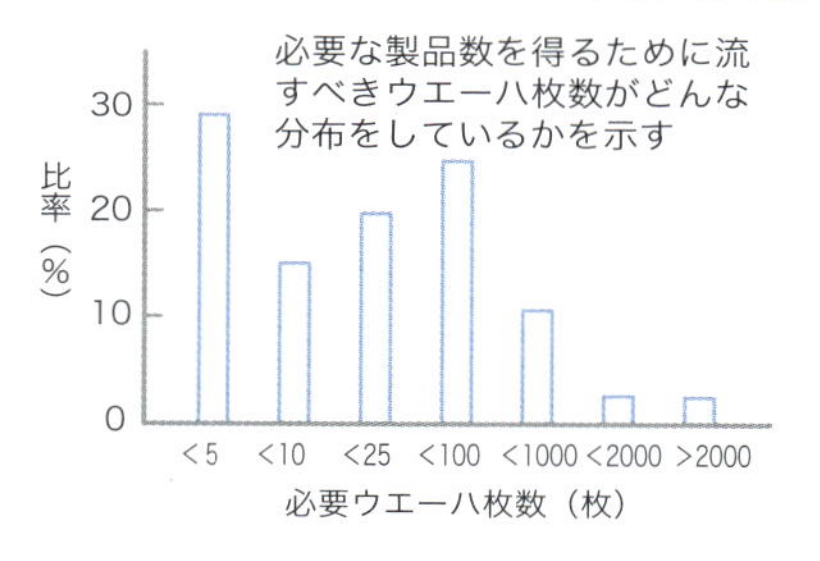

(b) ロット内ウエーハ枚数の分布例

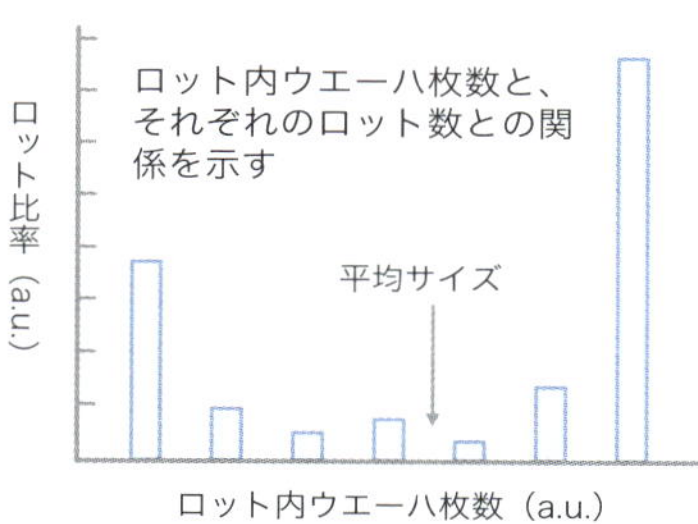

a.u.：「任意単位」の意味で、スケールの単位を特定しない。

図 8-4-3　ロット当たりの必要な平均的処理時間（サイクルタイム）の例

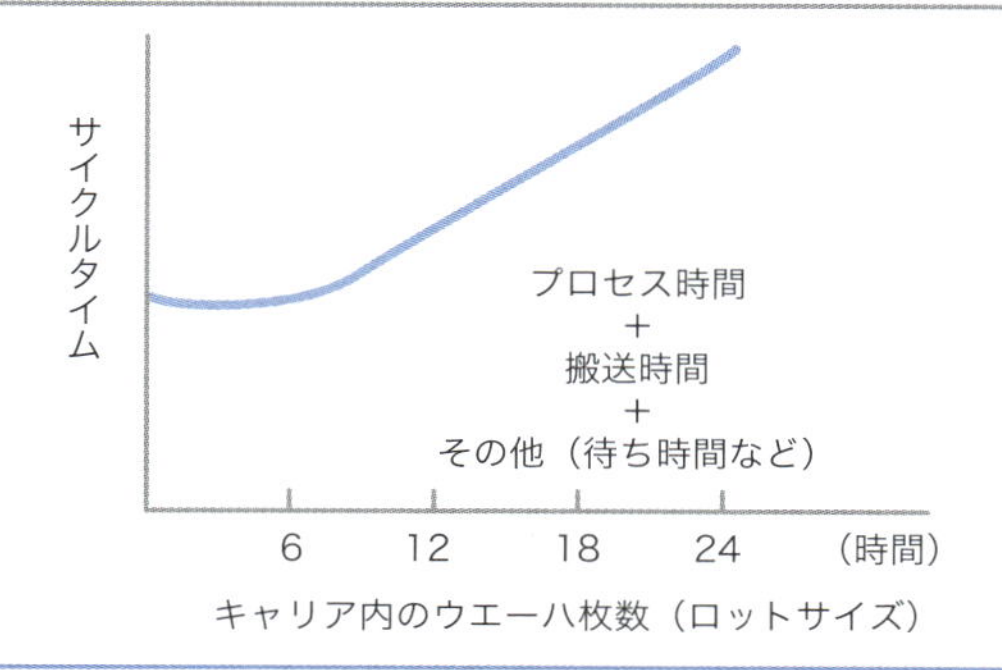

ロットサイズが小さくなるとサイクルタイムはむしろ長くなる。

▶ポート　製造装置と処理ロット（ウエーハが搭載されたカセット）の接続場所。
▶サイクルタイム　処理時間はウエーハ枚数に比例するが、その他の搬送時間や待ち時間はウエーハ枚数が少ないとむしろ1枚当たりは増える。

Section 05

クリーンスーツの色分け

――瞬時に相手を見分けるために

半導体（IC）の製造ラインであるクリーンルームでは、特殊な防塵衣である**クリーンスーツ**を着用しなければならないことはすでに述べました。

▼華やかな色で相手を識別

ところで、クリーンルームによっては、いろいろなカラーのクリーンスーツを見かけることがあります。

通常、クリーンスーツといえば白色ですが、場合によってはピンク、ライトブルー、緑などの色とりどりのクリーンスーツを着た人が同じクリーンルーム内で多数働いています。

このクリーンスーツの色分けは、「なぜ・どのように」行なわれているのでしょうか？

クリーンルームでは、さまざまな人々が働いています。これらの人々の中には、図8-5-1に示したように、オペレータをはじめとして直接生産活動に係わる製造関係の人々、実験や検討や改善を行なう技術関係の人々、装置の設置や修理や改造を行なう外部の装置メーカーの人々、クリーンルームの見学者など、いろいろです。そこで、これらの人々を「クリーンスーツの色で瞬時に識別できるようにするため」とされています。

例えば、図8-5-2に一例を示したように、製造関係者は白、技術者はライトブルー、製造メーカーの人は緑、見学者はピンクなどです。もともと、クリーンスーツは白色が基本になっていることもあり、製造関係者が白色を纏うのはどのラインでも変わらないように思います。

色分けすることのメリットとしては、他にも、クリーンルーム内のノウハウや機密事項の守秘がしやすいことを挙げることができるでしょう。

では、すべてのクリーンルームでクリーンスーツの色分けが実施されているかといえば、そうでもありません。つまり、色分けをしている必然性や効果については、本当のところ明確な理由がない、というのが実態のようです。半導体工場と言えば、多くの人は「すべてが理に適った行動」と思いがちのようですが、必ずしもそういった理由ばかりではありません。

ただ、個人的な印象では、具体的な効用はともかくとして、クリーンルームに入った時に白色一色のクリーンスーツで働いている人をみるより、カラフルなクリーンスーツを纏った人の動きを見るほうが、気持ちが和む思いがします。

▶クリーンスーツの色分け　スーツ全部ではなく、帽子の色だけで分けているケースもある。

図 8-5-1　クリーンルーム内にいる人

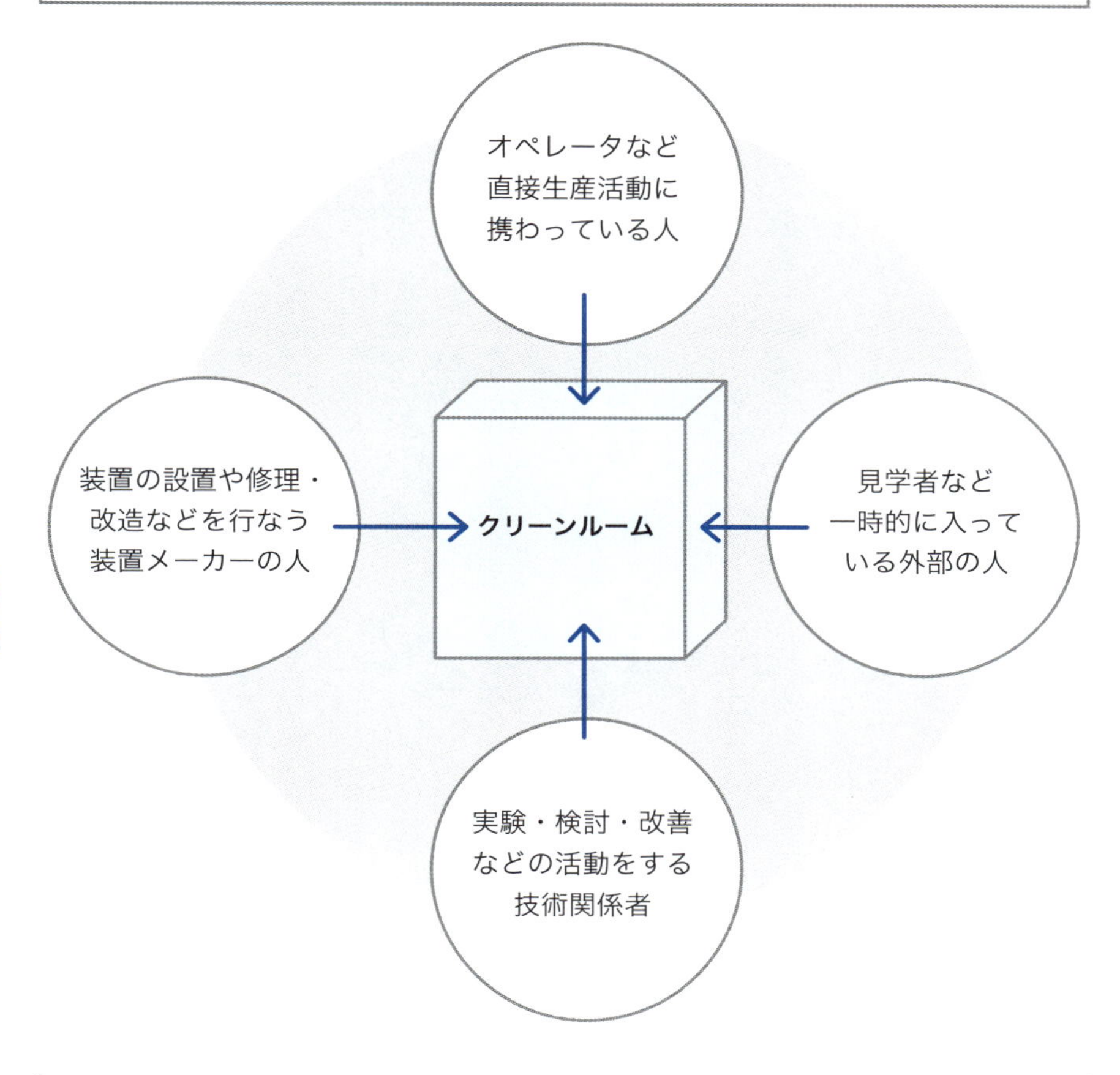

図 8-5-2　クリーンスーツの色分け例

製造関係者	……	白
技術者	……	ライトブルー
装置メーカーの人	……	緑
見学者	……	ピンク

クリーンスーツの色分けの理由

・クリーンルーム内の人や仕事を見分ける

・ノウハウや機密事項の守秘

▶守秘　クリーンルーム内でも、当然ながら外部の人が入れる場所と入れない場所がある。

Section 06

ガスボンベ室の工夫
――なぜ天井の耐圧を弱くしてあるのか?

▼4つのガス供給法

IC製造ラインではさまざまなガスが用いられていますが、これらガスの供給法は大きく4種類に分けられます。

1つ目は、工場敷地内あるいは近くに設置された**オンサイトプラント**(現地生産設備)で、空気中から高純度の窒素を分離し、それを配管でクリーンルーム内のユースポイントに供給するものです。

2つ目は、業者がタンクローリーで運んできた大量に使用する窒素、酸素、水素、アルゴンなどのガス(液化ガス)を**ガスプラント**と呼ばれる施設に貯蔵し、そこから供給するものです。

3つ目は、比較的大量に使用するさまざまな特殊ガスをガスボンベで購入し、シリンダーボックスに収納し、まとめてガスボンベ室に保管して、そこから配管で供給するものです。

4つ目は、たまに少量使用する特殊なガスの小型ボンベをクリーンルーム内で使用装置の近くに置いて、それから供給するものです。

▼爆発も想定した建屋の構造

ガスボンベは、図8-6-1に示したように、液化ガスや圧縮ガスを入れて貯蔵・運搬・使用の目的に使われる完全密閉できる鋼製の耐圧容器で、取り出し口には目的に応じたバルブが取り付けられています。半導体で用いられるガスボンベは高純度のガスを扱うため、内壁を研磨加工した**クリーンボンベ**が利用されます。

気体用のボンベでは「容器保安規則」によって、ガス種に応じてボンベ本体の塗装色が決められています。「その他」に相当するねずみ色のボンベでは容器にガスの名称を文字で記さなければなりません。さらにガス種が劇物、毒物、可燃物の場合には、その旨と所有者を記載する必要があります。

このようなガスボンベを多数保管しているボンベ室では、特にガスのリークに注意が必要なため、集中管理室では常時モニターされています。もしリークが生じた場合にはバルブを自動的に締めて閉じる「**シメタロウ**」などと呼ばれる装置も備えています。

また最悪、爆発などの事態が生じた場合には、そのエネルギーを天井方向に逃がしてやることで横方向への影響を抑えるための、天井の耐圧強度を周辺の壁より弱く設計しておくなどの「防爆システム」上のさまざまな工夫も施されています。

▶容器保安規則　高圧ガス取締法(昭和26年法律第204号)に基づき、および同法を実施するために制定された規則。

図 8-6-1　高圧ガスの種類によるボンベの塗装色

ガス種	ボンベの塗装色
酸素 (O_2)	黒色
水素 (H_2)	赤色
二酸化炭素 (CO_2)	緑色
塩素 (Cl_2)	黄色
アンモニア (NH_3)	白色
アセチレン (C_2H_2)	褐色
その他のガス＊	灰色（ねずみ色）

＊ボンベ容器に文字でガスの名称を記入する

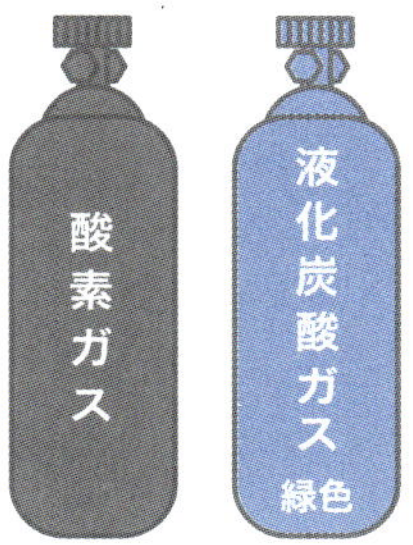

酸素ガス

液化炭酸ガス
緑色

図 8-6-2　ガスボンベを収納するシリンダーキャビネットの例

ガスボンベ室のシリンダーキャビネット

- 自動のパージやリークチェック
- タッチパネルによる操作
- ガス漏れ検知器による漏れ濃度をグラフ上でモニター

　などの機能を備えている

中に１本あるいは複数本の
ガスボンベを収納したボックス

▶可燃性ガス　アセチレン、アルシン、アンモニア、エチレン、ジシラン、ジボラン、水素、ホスフィン、モノシラン、プロピレン、メタンなど。

静電気対策に知恵を絞る

——CO_2を水に混ぜる？

▼静電気は半導体工場の大敵だ

半導体（IC）製造においては、特別な**静電気対策**が必要になります。特に内部素子に用いられている極薄の絶縁膜は静電気放電（ESD：Electro Static Discharge）によって絶縁破壊を起こしやすく、製造工程においてもさまざまな対策が打たれています。その代表的なものを見てみましょう。

①クリーンルーム関係

クリーンルームの建材、特に人が歩いたり、物が動いたりする床材には金属などの導電性材料を用いることで帯電を防止しています。またクリーンルームの湿度は帯電防止の面から50%程度に設定されています。さらにクリーンルームに入室する際に着用するクリーンスーツ、手袋や靴にも導電性のある材質のものが用いられています。

②超純水関係

製造工程で洗浄などに利用される超純水（UPW：Ultra Pure Water）は18MΩ・㎝もの高い電気抵抗を持っていて絶縁物と言えます。そのため製造工程におけるシリコンウエーハの洗浄（スクラブ洗浄やジェット洗浄を含む）、マスク（レチクル）の洗浄、裏面研削やダイシングなどにおける静電破壊を防止するため、二酸化炭素（CO_2）を超純水に溶け込ませることで電気導電度を上げて帯電を防止する工夫がされています。

図8-7-1は超純水の比抵抗と二酸化炭素濃度の関係ですが、通常比抵抗が0・5～1MΩ・㎝の領域が利用されています。

③製造装置関係

加速した導電型不純物（リン、ヒ素、ボロンなど）のイオンをシリコンウエーハ表面に打ち込むイオン注入では、プラスイオンでウエーハ表面が帯電し、デバイス絶縁膜が静電気により絶縁破壊してしまいます。そこで、図8-7-2に示したように、ウエーハ表面に到達する直前に、イオンを電子シャワー（electron shower）に潜らせることで中性化してから打ち込むことで帯電を防止する対策が打たれています。

また洗浄後に超純水でリンスしたウエーハを遠心力を利用したスピンドライヤー（S/D回転乾燥器）で乾燥する際、ウエーハ表面が乾燥空気に当たって表面が帯電し静電気により絶縁破壊が起こります。これに対し、エレクトロンシャワーを当てながら回転することで帯電を防ぐことができます。

半導体工場は、静電気対策の知恵の宝庫なのです。

▶エレクトロンシャワー　同義語にエレクトロフラットガン（EFG）がある。EFGは低速の電子の供給源。

図 8-7-1　超純水の比抵抗と二酸化炭素濃度の関係

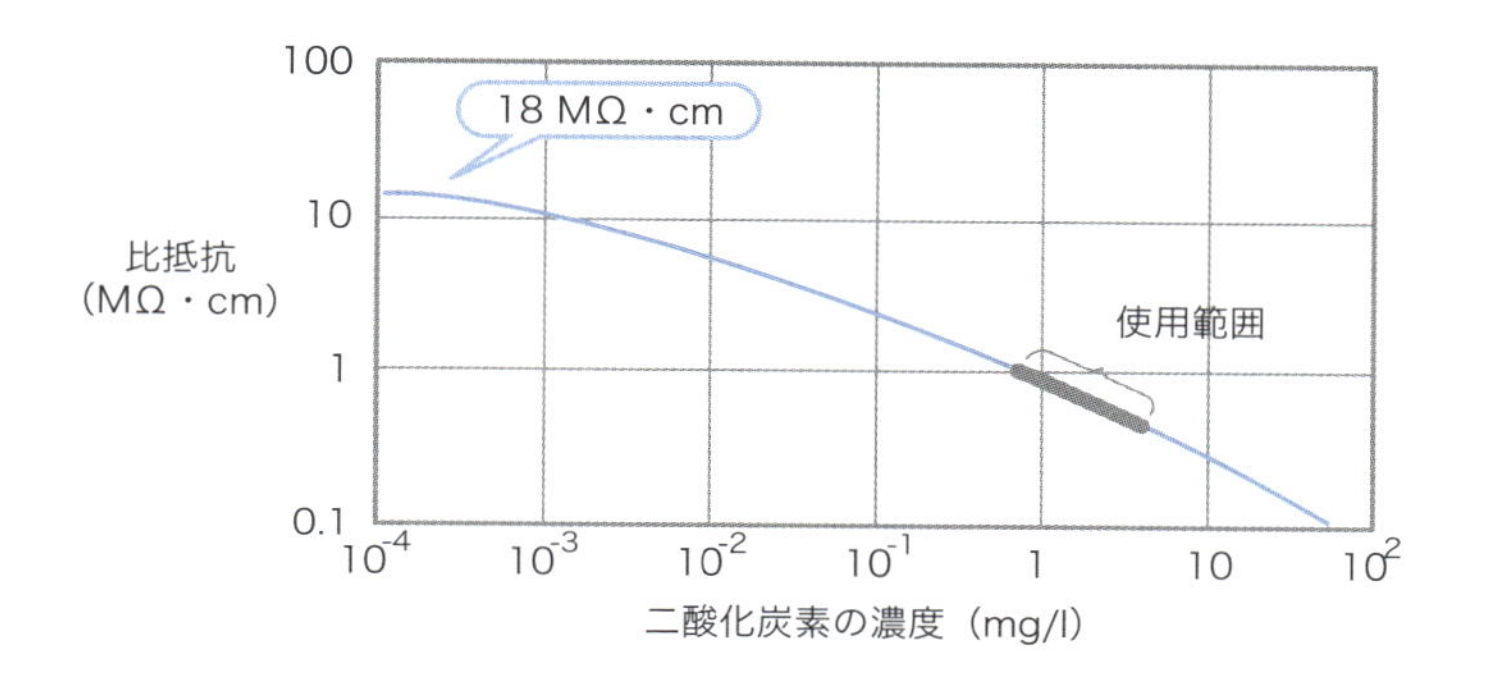

二酸化炭素（CO_2）を含まない超純水の比抵抗は18MΩ・cm　で、溶け込んでいるCO_2 濃度が上がるほど比抵抗は下がってくる。

図 8-7-2　注入イオンのエレクトロンシャワーによる中性化

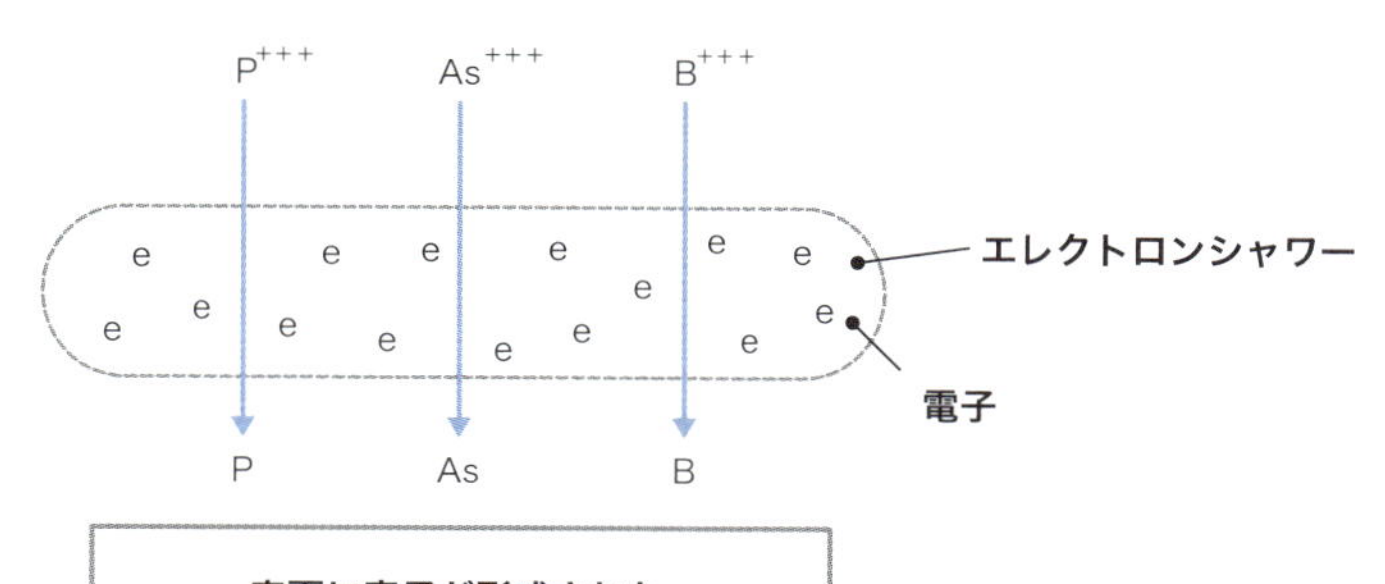

加速された注入イオン（P^{+++}、As^{+++}、B^{+++}）はウエーハ直前のエレクトロンシャワー（電子シャワー）を通ることで中性化され、ウエーハ表面に達するため帯電を防止できる。

▶イオン　一般的に元素 M のイオン M^{+n} に対し、± n は「イオン価数（かすう）」と呼ばれる。

クリーンルーム見学を楽しむ法

——知っていると工場のスポットごとの特色もわかる

▼特に寒いコーナー、横風の場所……

半導体製造ラインとしてのクリーンルームに入る機会があれば、次のような点をチェックされて見てはいかがでしょうか。

クリーンルームは清浄度を保つため、天井面から床面に向けて絶えず層流（ラミナーフロー）化された空気を、全面**ダウンフロー**（秒速1〜2ｍ）として流し続けています。このことは述べました。

さて、クリーンルームの中を歩いて行くと、他の場所に比べて寒く感ずる場所があるはずです。そこはリソグラフィの領域で、特に高いクリーン度が要求されるため、ダウンフローの速度を他の場所より上げることによって、よりクリーン度を上げているのです。寒く感ずるのは、風速の違いによるものです。

「横方向の空気の流れ」がある場所にも注意して下さい。特に出入りのできる区切られた場所では、片側が陽圧に、他方が陰圧になりますが、陽圧部分の方がよりクリーン度が高くなるように設定されています。

このようにクリーンルーム内の空気の流れはクリーン度を保つ上で重要な管理項目の1つで、定期的にチェックされています。

▼剥き出しのウエーハはセンサー役

さらにクリーンルームの一角に、なぜかシリコンウエーハが剥き出しのまま置かれていることもあります。これは何のためでしょうか。

シリコンウエーハの表面は、完全に清浄な状態では疎水性を発揮し、水を完全に弾いてしまいます。ところがシリコンウエーハ表面に有機物などの不純物が付着すると親水性に変わり、水に濡れるようになってしまいます。このシリコンウエーハ表面の変化を観察することで、クリーンルームに漂っている微量不純物の有無の検出に役立てているのです。いわば、剥き出しのウエーハはセンサーの役目を与えられているのです。

さらに工場の周りを一周してみましょう。特に工場裏側の各種薬液タンクが設置されている場所の近くにあるコンクリート舗装路が、一方に向けて微かに傾斜させてあります。これは万が一に薬液が漏出した場合に、大量の水を流して希釈しますが、これを流し込むための一時的な貯蔵タンクが路の片側の地下に設けられていて、そこに意図的に流し込むためです。

▶層流　流れの方向が揃ってはいるが、流速が十分に遅い流れで、「乱流」に対する語。

図 8-8-1　クリーンルーム内空気の流れ——陽圧と陰圧

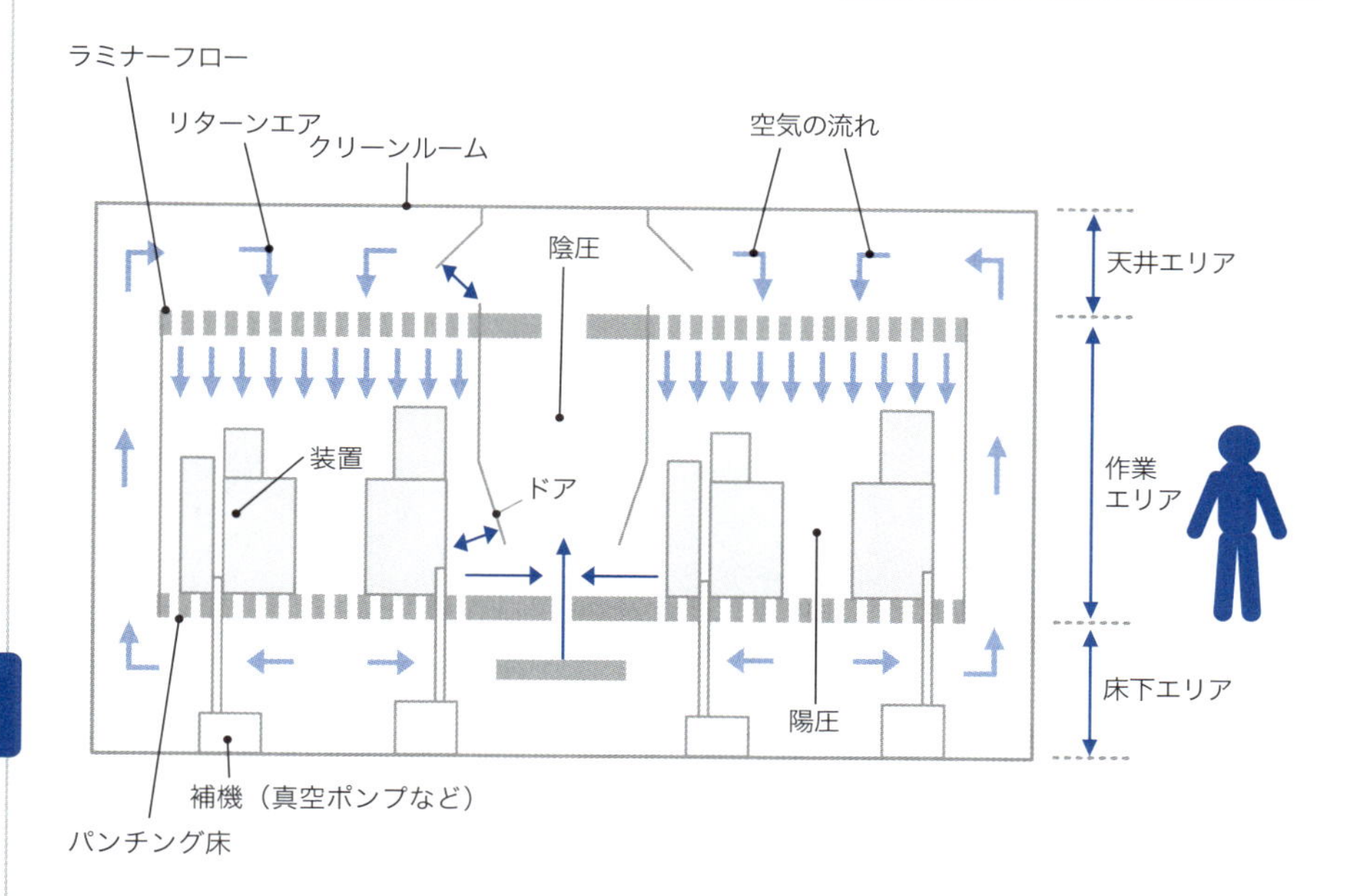

図 8-8-2　シリコンウエーハの疎水性と親水性

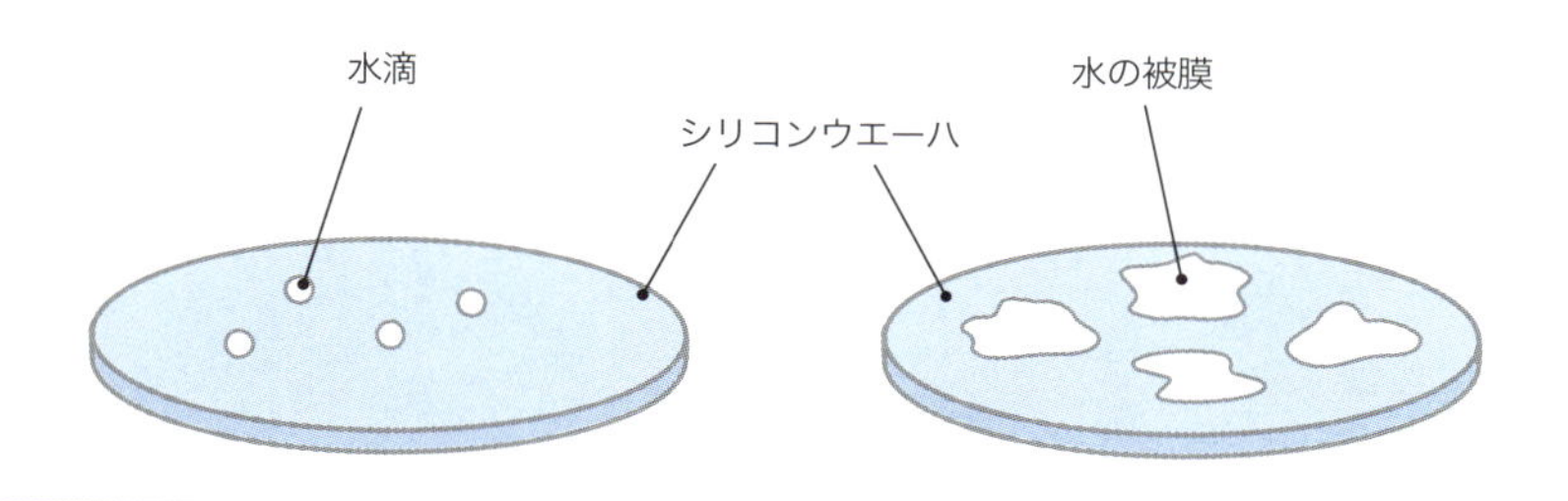

清浄なシリコンウエーハ表面は水をはじく性質を持つ（疎水性）。

シリコンウエーハ表面に有機物などの不純物や酸化膜があると水をはじかなくなる（親水性）。

▶**親水性**　シリコンウエーハの表面が酸化されて二酸化シリコン膜（SiO_2）が形成されても親水性になる。

Section 09

定期点検では何がチェックされる

――毎日の検査、1ヶ月検査、6ヶ月検査……

製造ラインに設置されている各種装置の機能を維持するためには、**定期検査**を行なうことが必要です。定期点検の内容や頻度は装置によって異なりますが、ここでは代表的な製造装置の1つである「ドライエッチング装置」を取り上げ、点検事項を含む管理項目の一例を見てみましょう。

▼定期点検の種類と点検項目

定期点検には、毎日一度行なわれる「日常点検」に加え、「1ヶ月点検」「6ヶ月点検」「12ヶ月点検」などがあります。

図8-9-1は**日常点検**の内容を示しています。RF累積放電時間は日常点検時に記録を行ない、1000時間に達したらチャンバーのメンテナンスを行ないます。点検項目には下部電極温度や各種冷却水流量などがあります。冷却水は装置の発熱を逃がし、一定の温度に保つための循環純水です。

図8-9-2は**1ヶ月点検**の内容を示します。点検項目には、ヒーター温度、ターボ分子ポンプ（TMP）用のN_2パージ流量、プロセスガス圧力、窒素・エアー圧力、キャパシタンス・マノメータのゼロ点調整、圧力コントローラのゼロ点調整、リークチェック、ドライポンプの冷却水流量、ドライポンプのN_2圧力、サーキュレーターの循環水交換、サーキュレーターの循環水変換後圧力、サーキュレーターの冷却フィン確認などがあります。

TMPは金属性のタービン翼をもつロータが高速回転し、気体分子を弾き飛ばすことでガスを排気するポンプのことです。キャパシタンス・マノメータは変位を静電容量の変化として検知する隔膜真空計です。

図8-9-3は**6ヶ月点検**と**12ヶ月点検**の内容を示しています。6ヶ月点検にはピラニーゲージの真空度、マスフローコントローラー（MFC）のゼロ点調整が含まれます。また12ヶ月点検には高周波（RF）電源の校正が含まれます。ピラニーゲージは真空中で通電により加熱された金属線からの放熱量が圧力によって変化する現象を利用した真空計で、大気圧～10^{-1}Paで動作し真空排気系の制御などに利用されています。MFCは流体の質量流量を計測して流量の制御をするための機器です。

毎日の検査、1ヶ月検査、6ヶ月検査など、検査回数が多いだけでなく、検査項目がいかに多いかがおわかりになっていただけるでしょう。

▶ドライポンプ　dry pumpのカタカナ表記。オイルなどの液体を用いないタイプの真空ポンプで、ミストの発生がなくクリーンな真空が実現できる。

図 8-9-1　日常点検の例（ドライエッチング装置）

項目	内容	管理基準
RF 累積放電時間	記録	1000 時間に達したらチャンバーメンテを行なう
下部電極温度	点検	78 ～ 80℃
各種冷却水流量	点検	TMP2.3 ～ 2.8L/min、RF8.5 ～ 9.0L/min マッチャー 5.0 ～ 7.0L/min

RF：Radio Frequency　メガヘルツ～ギガヘルツの高周波
マッチャー：RF（高周波）電源と負荷の間の整合をとる装置

図 8-9-2　1 ヶ月点検の例

項目		管理基準
ヒーター温度		96 ～ 104℃
TMP 用 N_2 パージ流量		18 ～ 22sccm
プロセスガス圧力		0.07 ～ 0.13MPa
N_2 エアー圧力		0.25 ～ 0.35MPa
キャパシタンス・マノメータのゼロ点調整		− 10 ～ 10mV
圧力コントローラのゼロ点調整		− 0.13 ～ 0.13Pa
リークチェック	到達圧力	≦ 1.0E − 2Pa
	リークレート	≦ 1.0E − 3Pa
ドライポンプ	冷却水量	3.5 ～ 8.0L/min
	N_2 圧力	0.09 ～ 0.12MPa
	N_2 流量	19 ～ 22Pam3/s
サーキュレータ	循環水交換	実施
	循環水交換後圧力	50 ～ 70psi

図 8-9-3　6 ヶ月、12 ヶ月　定期点検の例

点検ユニット	項目	管理基準
ピラニーゲージ（6 ヶ月）	真空（≦ 1.0E − 2Pa）	1.995 ～ 2.005V
マスフローコントローラ（6 ヶ月）	MFC のゼロ点調整	− 10 ～ 10mV
RF 電源（12 ヶ月）	RF 校正	1900 ～ 2000W

ピラニーゲージ：真空中で通電により加熱された金属線からの放射熱が圧力によって変化する現象を利用した真空計で 0.01 ～ 2000Pa で動作する
MFC：Mass Flow Controller　流体の質量流量を計測して流量の制御を行なう機器

▶サーキュレータ　circulator のカタカナ表記。液体を循環させる装置で、ここでは純水関係の循環装置を意味する。

Section 10

装置のレベルを揃えておく
——ラインバランスを整えると生産性が上がる

半導体（IC）製造の前工程は、成膜、リソグラフィ、エッチング、不純物添加、洗浄など、さまざまなプロセス工程の繰り返しで構成されています。各プロセス工程には、それぞれいくつかの製造装置群が含まれており、それらは一般的に複数台の全く同じ装置、あるいは同種の機能を持つ異なる装置から構成されています。

ところで個々の装置では、処理すべきICのプロセス条件に従って「**スループット**」、すなわち時間当たりの平均的な処理可能なシリコンウエーハ枚数が決まっています。このため、製造ラインを構築する際には、生産量（あるICを作るための1ヶ月当たりシリコンウエーハの処理枚数）に基づき、各装置のスループットを勘案して導入すべき装置台数を決めなければなりません。

▼ラインバランスで考える

図8-10-2には、装置能力の違いからみた生産性に関する**ラインバランス**の例を示しています。この図では、各装置群を1ヶ月当たりの処理枚数が少ない順に並べてあります。この場合には、一番上の処理枚数が少ない装置群G_3がボトルネック工程になり、ラインの生産量を律速しています。E_1以降の装置群では、G_3の処理枚数を超える部分が発生していますが、これは**装置余裕度**とも呼ばれるもので、別の見方をすれば、装置のムダな処理能力とも言えます。

ここで処理能力を上げるため、ボトルネック工程となっているG_3装置群を追加すると、次のE_1装置群が次のボトルネック工程になるわけです。

以上の説明から明らかなように、ラインバランスを上げるためには、「各装置群の処理能力をできるだけ同レベルに揃えること」が重要です。この意味でラインを大規模にするほど、個々の装置台数を調整することで装置のムダな能力を小さくできるメリットがありますが、それにも一定の限度があります。また処理能力を小さく抑えた装置を作り、装置台数でバランスを調整することも考えられますが、装置台数が多くなってしまうことでデメリットも発生してしまいます。

このように生産性の高いラインを作り維持するには、適切なライン生産能力の設定、処理能力を考慮した装置の導入、個々の装置の処理能力の向上などを含めた総合的なラインバランスの確保が重要になります。

▶スループット　throughputのカタカナ表示。装置・機器の単位時間当たりの処理能力で性能を示す指数の1つ。

図 8-10-1　主要プロセス工程と製造装置群の例

プロセス工程	装置群	記号	個別装置
成膜	熱酸化 気相成長 スパッタ	A B C	A_{11}、A_{12}、… B_{11}、B_{12}、B_{13}…；B_{21}、B_{22}…；B_{31}、… C_{11}、C_{12}…；C_{21}、C_{22}…
リソグラフィ	レジスト塗布 露光 現像	D E F	D_{11}、D_{12}、… E_{11}、E_{12}、E_{13}、… F_{11}、F_{12}、…
エッチング	ドライエッチ ウエットエッチ	G H	G_{11}、G_{12}、…；G_{21}、G_{22}、…；G_{31}、… H_{11}、H_{12}、…
不純物添加工	イオン注入 拡散	I J	I_{11}、I_{12}、…；I_{21}、I_{22}、… J_{11}、J_{12}、…
CMP		K	K_{11}、K_{12}、K_{13}、…
洗浄		L	L_{11}、L_{12}、…

（注）一般的に記号 X_{ij} で、X はプロセスごとの装置群の違い、i は装置メーカーや機種の違い、j は号機を示す

図 8-10-2　装置の処理能力とラインバランス

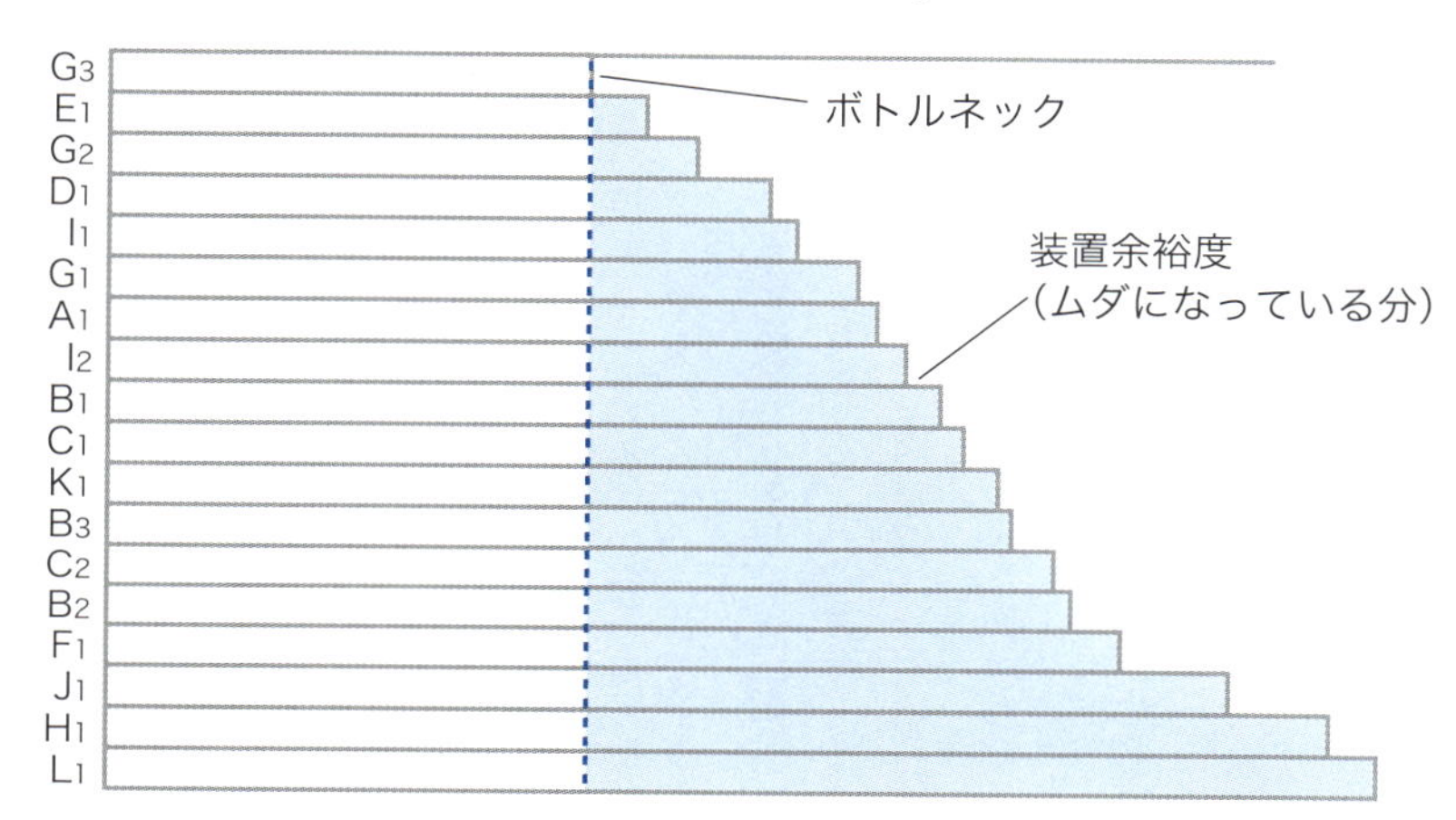

▶ボトルネック　bottleneck のカタカナ表記。文字通りビン（ボトル）の首（ネック）の部分を指し、支障となるもので隘路（あいろ）とも呼ばれる。

半導体工場のゼロ・エミッション
――地球にやさしい循環型産業をめざして

ゼロ・エミッションとは循環型社会を実現するために1994年に国連大学により提唱された概念です。

これは産業活動により排出されてきたさまざまな廃棄物や副産物を有効活用することで結果的に資源の使用効率を高め、廃棄物の最終処分量をゼロにすることを意味します。

▼N社熊本工場のゼロ・エミッション

現在では我が国におけるほとんどすべての半導体工場でゼロ・エミッションが達成されていますが、最初にゼロ・エミッションを実現したのはN社の熊本工場でした。このため図8-11-1に示したように、廃棄物の再利用を進めるために徹底した分別回収と排酸・排油・排プラスチック・排石英ガラスなどの再資源化を進められました。再資源化の主な用途としては、自社における回収・再生利用に加え、他産業の原材料としての活用があります。

例えば酸類では、硫酸は無機系の凝集剤として利用される硫酸バンド（硫酸アルミニウム）の原料として、またリン酸はリン酸肥料の原料として使われます。さらに、フッ酸・アンモニア混合液はアルミニウム冶金（やきん）や乳色ガラス製造に用いられるナトリウム・アルミニウムのフッ化物である氷晶石の原料として利用されています。

また有機物のフォトレジストやイソプロピルアルコール（IPA）は助燃剤として、また各種材料膜のエッチング用マスクとして用いられたフォトレジストを除去するための剥離液は再生利用されます。

さらにその他として、排水処理で沈殿させたスラッジ（汚泥）はセメント原料、金属屑は精錬用原料、廃プラスチックは助燃剤として利用され、ウエス（機械類の汚れ取り用のぼろきれ）やオイルは熱回収されます。

窯業（ようぎょう）が盛んな地域特性を活用して、石英ガラスは窯業用原料（土に混ぜて使われる）としても利用されています。

▼省資源化に寄与する半導体産業

半導体は地球にやさしい循環型産業であることに加え、半導体を用いた電子機器を活用している他産業の省資源化や効率化に多大な寄与をしています。

このように考えると、半導体は他産業を含めた社会全体のゼロ・エミッション化に寄与する産業であることがわかります。

▶国連大学　国際連合総会で決議・設置された国際協力による研究・研修機関。1975年に東京を本部として発足した。

図 8-11-1 製造廃棄物と再資源化利用の例

排出物質		再資源化用途
酸類	硫酸	硫酸バンド用の原料
	リン酸	リン酸肥料用の原料
	フッ酸	フッ素製品用の原料
	フッ酸・アンモニア混合液	氷晶石の原料
	フッ酸・硝酸混合液	ステンレスの洗浄液
有機物	フォトレジスト	助燃剤
	イソプロピルアルコール	助燃剤
	剥離液	再生利用
その他	スラッジ	セメント用の原料
	金属屑	金属精錬用の原料
	プラスチック	助燃剤
	ウエス	熱回収
	オイル	熱回収
	石英ガラス	窯業用の原料

硫黄バンド（硫酸アルミニウム）：無機系の凝集剤として利用
氷晶石：アルミニウムの冶金や乳色ガラスの製造に利用
スラッジ（汚泥）：排水を中和・微生物処理した残りの沈殿物
ウエス：機械類の汚れ取り用のぼろきれ

▶窯業（ようぎょう） 陶磁器、ガラス、セメント、レンガなどの製造業に対する総称。「窯」（かま）を用いて高温加工する工業の意味。

Section 12

半導体メーカーに見る「戦略」の違い
――インテル、サムスン、TSMC

ICにはロジックやメモリなどさまざまな種類があり、業態についても、**IDM**、**ファウンドリ**、**ファブレス**、**ファブライト**、などの別があります。製造という面でも、作る製品や業態の違いによって、異なる考え方（生産戦略）を取っています。

▼what と how

米国の**インテル**が作っているMPUでは、アーキテクチャを含め独自の機能が問われます。そのため他社の代替え品がないICと言えます。このようなICを作る最初の製造ラインでは、導入すべき製造装置などを徹底的に検討した上で選択しますが、次のラインへの展開に際してはできるだけ変更しないという考え方を取ります。インテル社はこれを「copy exactly」すなわち、全く同じようにコピーすると呼んでいます。いわば「**what**」（何を作るか）ということに製品の基本的な付加価値があるICの製造に有効な生産戦略と言えるでしょう。

韓国の**サムスン**はDRAMやフラッシュメモリで世界第一のシェアを持っています。メモリICでは製品の基本的な付加価値はプロセス技術にあり、いかに安く安定して大量に生産できるかが問われるわけです。そのためにはプロセス技術や製造装置の進展に合わせ、より微細な寸法のICを高精度で安定に高スループットで実現するかが重要になります。

このため、既存ラインに入っている装置の一部更新や新規ラインへの導入装置の選択にあたっては、最新装置の調査と、その比較検討を始めとして、できるだけ有利なものにアップグレードする必要があります。このような考え方は、いわば「**how**」（どのように作るか）ということに製品の基本的な付加価値がある場合に有効な戦略と言えます。

いっぽう台湾の**TSMC**は世界トップの**ファウンドリ**です。ファウンドリは、自社では設計を行なわず、ユーザーが設計したICの製造のみを請け負う業態の会社です。ファウンドリでは、もちろん最先端のICを製造できる装置をいち早く導入する必要がありますが、その場合どちらかと言えば、新規装置の立ち上げなどには装置メーカーへ強く依存する傾向があります。むしろ真骨頂は、多品種生産へのフレキシビリティ、高歩留まり・短工期などに関する、効率のよい「生産システム」そのものにあると言えるでしょう。

▶TSMC　Taiwan Semiconductor Manufacturing Company の略。世界最大の半導体製造ファウンドリで、ファブレス企業を主な顧客とする。

図 8-12-1　半導体産業の業態

業態名	特　徴	代表的な企業
IDM*	設計から生産まで一貫して自社内で行なう	(日) キオクシア、ソニー (米) インテル (韓) サムスン (欧) ST マイクロエレクトロニクス
ファウンドリ	設計は行わずもっぱら製造を請け負う	(台) TSMC、UMC (中) SMIC
ファブライト	製造装置を保持しつつ、一部を外部委託する	(日) ルネサス (米) TI 社
ファブレス	設計に特化し、生産は 100%外部委託する	(米) クアルコム、AMD、アーム エヌビディア、ブロードコム (台) メディアテック

* Integrated Device Manufacturer　垂直統合型デバイスメーカーのこと

図 8-12-2　代表的な製品とメーカーおよび業態の特徴

業態	主要IC	代表的なメーカー	付加価値の源泉
IDM	MPU	(米) インテル	機能 (what)
IDM	メモリ	(韓) サムスン	プロセス (how)
ファウンドリ	ロジック系	(台) TSMC*	生産システム

* Taiwan Semiconductor Manufacturing Company

▶ファウンドリ　大手の一部はコア IP の設計なども行なっている。

Section 13

装置メーカーから情報が漏れた？

——蜜月から一気に不信へ？

半導体産業発展の初期段階において、特に日本では、製造装置開発や量産機の改善・改良を半導体メーカーが技術的に指導しながら進めたという経緯があります。すなわち、装置を利用する半導体メーカーに実験や量産での経験やノウハウが蓄積され、それを装置にフィードバックすることで新規装置や既存装置の改良に役立てられたからです。

これが、その後の我が国における半導体メーカーと**装置メーカー**の関係において、特殊な譲歩や感情をもたらしたのは否定できません。半導体と装置の両業界に身を置いた経験を踏まえ、私見を述べさせていただきます。

①装置メーカーからノウハウ漏洩？

我が国の半導体産業が好調に発展していた時にはあまり聞かれていませんでしたが、韓国や台湾などが急激に台頭するに及んで、ある声が聞こえてくるようになりました。それは「日本の半導体メーカーの技術が装置に蓄積され、それを通して外国に流失した」というものです。これが全く荒唐無稽とは言えませんが、もし本当に重要な技術が守れなかったというなら、それは知財戦略の不在・不足というべきでしょう。

その意味で「貧すれば鈍する」的な印象が残るのは残念なことです。

②半導体メーカーの一部業務が装置メーカーへ移転

半導体産業の業態変化に伴い、製造だけを請け負うファウンドリメーカーなどが台頭するに及んで、従来もっぱら半導体メーカーが行なっていたプロセス構築などを含め、かなりの部分を装置メーカーに依存するようになってきました。それに伴い装置メーカーも、スタンドアロン的な装置だけでなく、半導体のミニ製造ライン的なものをもってプロセス工程を考慮した装置開発ができるようになってきています。

③商慣習に絡む売掛金の問題

我が国の半導体メーカーと装置メーカーの間の売掛金の支払い条件が、諸外国と異なるという問題が表面化することが時々あります。日本では支払いが検収後半年から9ヶ月と長いのに対し、海外の半導体メーカーでは一般的に検収月に90%で残りは翌月となっています。これが日本の装置メーカーの債権回収期間の長期化で経営を圧迫しているというものです。このような商習慣の変更を本気で考えるなら、国を含めた業界の真摯な取り組みが必要でしょう。

▶半導体装置メーカー　露光装置ではニコン、キヤノン、熱処理炉や成膜装置では東京エレクトロン、洗浄装置では大日本スクリーン、超純水装置ではオルガノ、クリタなどがある。

図 8-13-1　日本の半導体メーカーと装置メーカーの関係

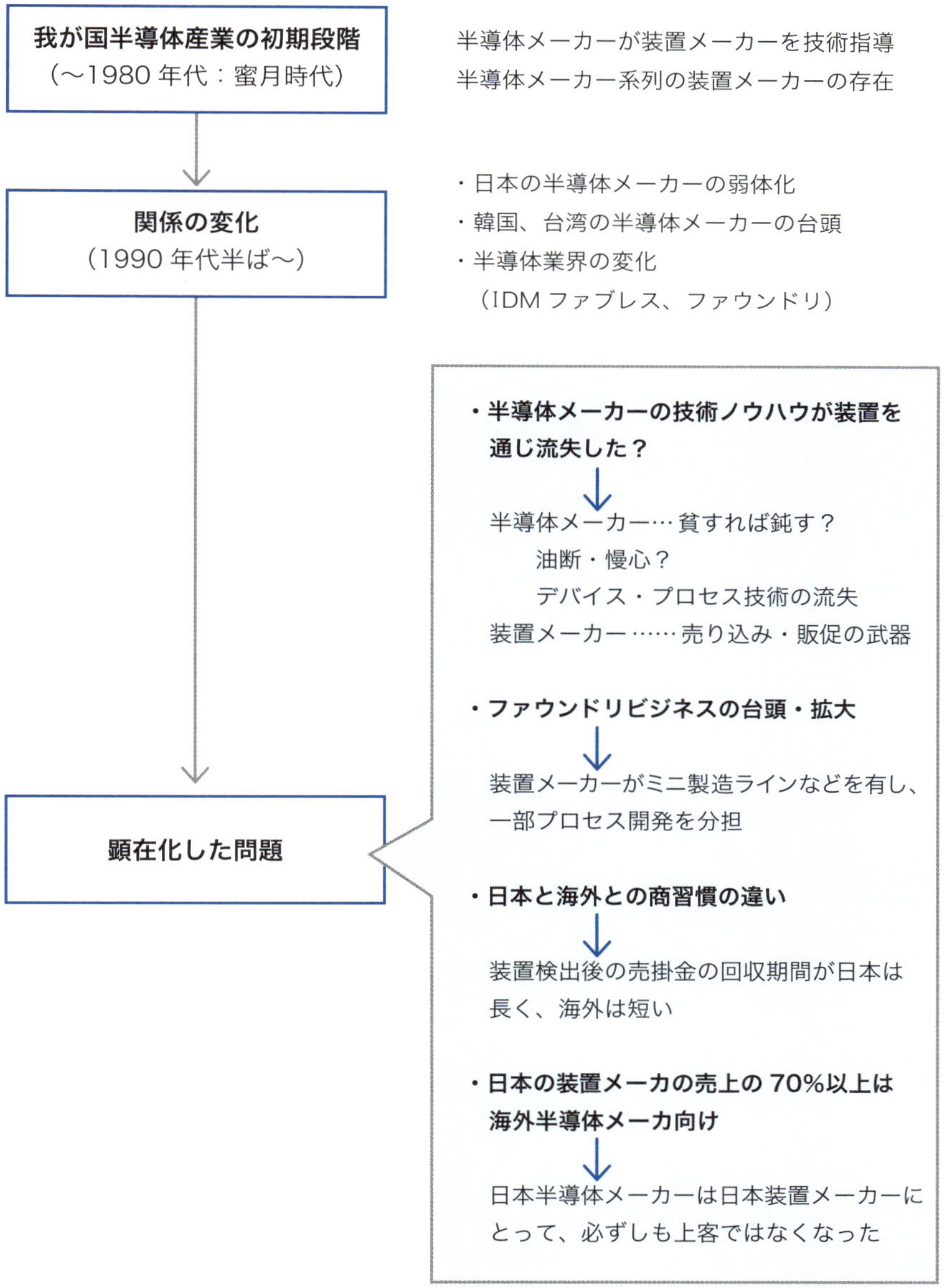

我が国半導体産業の初期段階
（〜1980 年代：蜜月時代）

半導体メーカーが装置メーカーを技術指導
半導体メーカー系列の装置メーカーの存在

↓

関係の変化
（1990 年代半ば〜）

・日本の半導体メーカーの弱体化
・韓国、台湾の半導体メーカーの台頭
・半導体業界の変化
（IDM ファブレス、ファウンドリ）

↓

顕在化した問題

・**半導体メーカーの技術ノウハウが装置を通じ流失した？**
↓
半導体メーカー…貧すれば鈍す？
油断・慢心？
デバイス・プロセス技術の流失
装置メーカー……売り込み・販促の武器

・**ファウンドリビジネスの台頭・拡大**
↓
装置メーカーがミニ製造ラインなどを有し、一部プロセス開発を分担

・**日本と海外との商習慣の違い**
↓
装置検出後の売掛金の回収期間が日本は長く、海外は短い

・**日本の装置メーカの売上の 70%以上は海外半導体メーカ向け**
↓
日本半導体メーカーは日本装置メーカーにとって、必ずしも上客ではなくなった

▶商習慣　法律化にはそぐわない取引上の慣行。商慣習とも言われる。

いざというときの電源対策
——電源不足時における優先度

半導体（IC）工場でひとたび電源システムがダウンするようなことがあれば甚大な被害が生じます。したがって落雷や積雪などの自然災害、あるいは他の大規模工場の工事などに伴う電源切り替えで発生する電圧変動に対し、工場側でも適切な対策が求められます。

半導体工場では、クリーンルームの運転を維持し続けなければ、半導体の製造に必要な清浄度を維持できません。また製造装置は全て電気エネルギーにより稼働しています。製造装置を含めた生産システムはコンピュータネットワークを活用した情報処理により運用・制御・管理されています。このため、工場と付帯の機器や装置を電源トラブルから守るため、さまざまな対策が施されています。

▼UPSで30分の停電に対応

代表的なものは**UPS**、つまり**無停電電源装置**（Uninterruptible Power Supply）です。図8-14-1に示したように、一般的にUPSは交流を直流に変換する「整流器」、直流を必要な周波数の交流に変換する「インバータ」、さらに蓄電池（バッテリなど）によって構成されていて、30分以内の停電や瞬停が発生した時に蓄電池に蓄えておいた電力を供給するとともに、平常時にもインバータによって電源の質を向上させることで電源トラブルが機器に与える影響を防ぎます。

UPSには、大規模なシステムや設備群から、個々の設備、コンピュータやネットワークの機器に対し、さまざまな規模に対するものがあります。このように、UPSは負荷の装置に対し、定電圧・定周波数の電源を供給する働きを持つため、CVCF（Constant Voltage & Constant Frequency）と呼ばれることもあります。

▼いざというときの自家発電装置

しかし停電時間がUPSでバックアップできる限界を超えそうな場合には、工場内に設置されている重油などを燃やして発電する「**自家発電装置**」が起動します。もちろん自家発電装置で全ての電力を賄うことはできません。このため、まず燃焼除外装置などの安全関係装置のバックアップ、次にクリーンルームの清浄度を保つために維持運転……と優先度が定められています。

また最近では、原子力発電の事故による計画停電や電力削減要求などの電力不安に対処して、安定な半導体工場の維持を図るため、自家発電能力を増強するような所も出てきています。

▶UPS　正常時のUPSは安定化電源としての機能も持っている。

図 8-14-1　無停電電源装置（UPS）の例

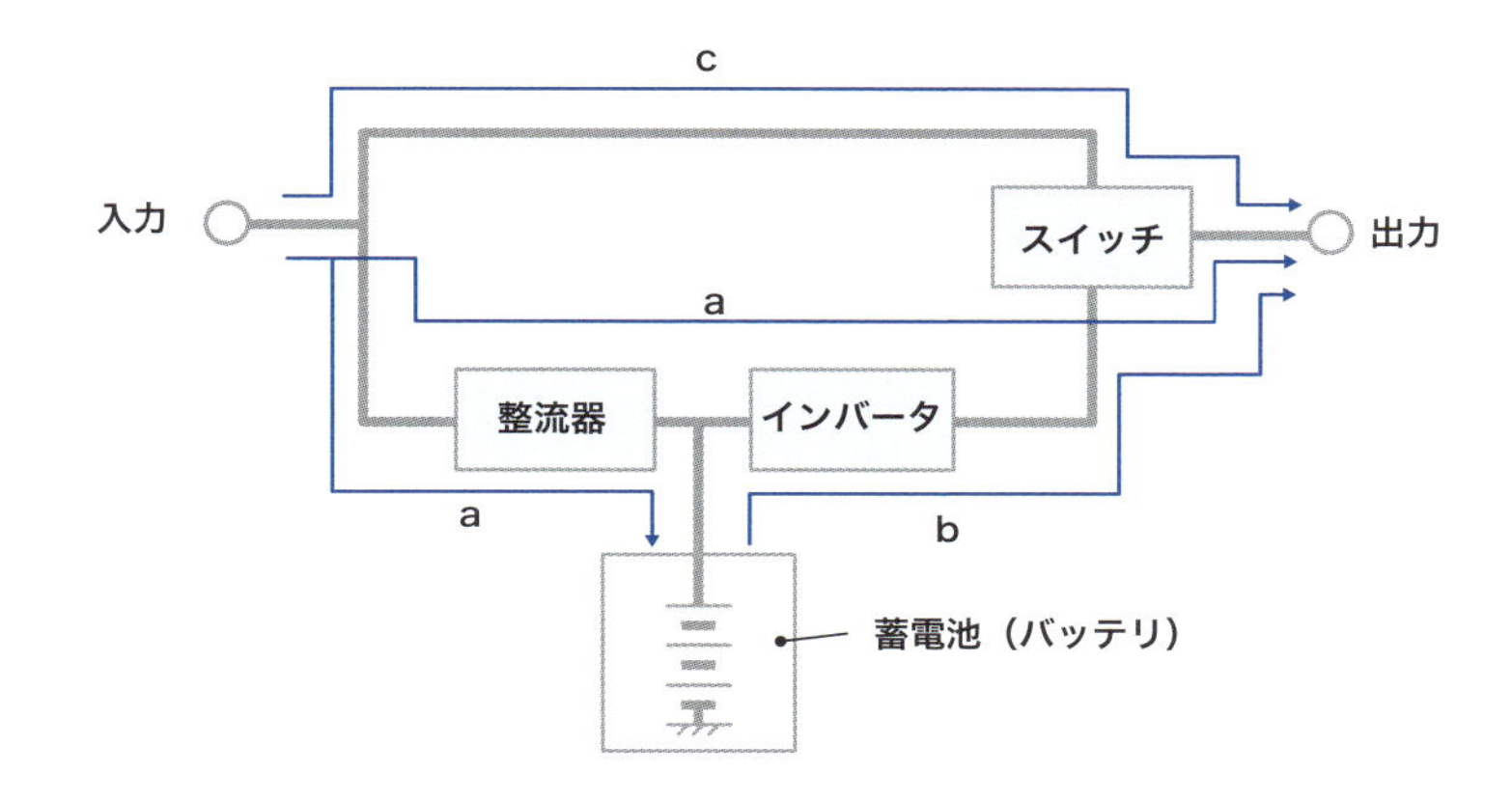

a：定常時の電流の流れ。１つは整流器とインバータを通して高品位の電力を供給し、他方は蓄電池を充電する

b：入力電源が遮断された時、蓄電池からインバータを通して交流電力を供給する

c：インバータに不具合が生じた時、直接交流電力を供給する

図 8-14-2　自家発電利用時の優先度

第1優先（安全関係）	・毒物や劇物の供給制御 ・排ガス・廃液の除外制御（吸着や燃焼） ・純水の供給・回収
第2優先（クリーンルーム）	・維持運転
第3優先（制御システム）	・コンピュータ ・各種端末
その他	・電気利用のその他全ての装置、設備、機器

▶自家発電　正常時に用いるにはコスト高が問題。

クリーンルーム健康調査
——おざなりな工場視察団

私がN社のY生産分身会社に勤務していた時、日本学術会議の当時の会長以下数名のメンバーが工場視察のために来社されたことがありました。目的は、クリーンルーム内の環境実態の把握と健康との関連調査のためだったと記憶しています。

会社側からは工場の紹介から始まり、クリーンルームの説明や地域との繋がりなど、一般的な事項の説明がなされ、健康との関連について具体的なデータの提示などはありませんでした。というより、もともとデータそのものがありませんでした。したがって質疑応答も、次に一例を示すように、余り根拠のない雑談的なものだったと記憶しています。

Q クリーンルームは非常に清浄な環境なので、風邪などが治りやすいということはありますか?

A そういう可能性も考えられますが、はっきりしたことはわかりません。

Q オペレータは生活時間の半分くらいをクリーンルームで過ごすわけですが、そのために体調不良を訴えるケースはありませんか?

A 特にそのような訴えはありません。

Q クリーンルームでは、特別な衣服で全身を覆い、隔離された特殊な環境で働くわけですが、精神衛生的な影響はありませんか?

A そのようなデータを持ち合わせていませんし、外部のデータを見たこともありませんので、はっきりしたことはわかりません。

▼化学物質や放射線の影響は?

以上のような状態は現在でも、ほとんど変わっていないのではないかと思われます。

むしろクリーンルームでの労働と疾病(しっぺい)の関係が論じられる、あるいは法的問題になるのは、クリーンルームで使われる化学物質(有機溶剤、有害ガスなど)や放射線などの影響でしょう。ガンや呼吸器系、内臓系、生殖系、神経系の健康障害との関連が疑われ、特に装置の保守などに携わる作業ではその傾向が強くなる可能性があります。

これについても、明確な定量的因果関係が明らかになっているわけではありませんが、クリーンルームの構造や維持運転に関して、十分な注意を払わなければなりません。

▶日本学術会議　日本の科学者の内外に対する代表機関で、1949年に日本学術会議法により設置された。

第９章

変貌を遂げる半導体工場

Section 01

半導体産業を取り巻く大きな変化
——TSMCとラピダスに注目

いまや半導体は、人々の日々の生活のみならず一国の政治・経済から軍事までもが強く依存する、最重要物資となっています。

▼政治的・経済的な背景

特に米中覇権争いが激化している世界情勢の中で、2020年初頭から始まったコロナパンデミックと極端な半導体不足、さらに2022年2月に起きたロシアのウクライナ侵攻などを背景に、アメリカにとって国内および自由主義圏内における**半導体サプライチェーン**の安定した確保が国家安全保障面からも喫緊の課題になりました。

もともとアメリカは、半導体産業における世界のリーダーとして自他ともに認めるところでしたが、半導体、とくに先端半導体の国内における生産能力が不足し、世界の半導体供給基地と呼ばれるようになった台湾の**ファウンドリ**（TSMCを筆頭とする）などに強く依存せざるを得ない状況になりました。

その中でアメリカのバイデン大統領（当時）は、2022年8月に、国内の半導体供給能力を拡大し、サプライチェーンを再構築することで国家安全保障の強化に繋げるための政策の一環として、「**チップス（CHIPS）法**」に署名しました。これは、アメリカ国内の半導体産業に対し500億ドル（約7兆2500億円）の補助金を投じて支援するというものです。

アメリカはこの補助金を、国内メーカーの新工場建設や有力海外企業（台湾のTSMCや韓国のサムスン電子）の米国への工場誘致などに振り向ける意向を示しています。

このようなアメリカの動きに呼応するかのように、日本国内でも経済産業省が中心となり「半導体・デジタル産業戦略検討会議」が2021年3月から発足し、2023年6月には「半導体・デジタル産業戦略」として公表されました。

これに関連して、2021年10月には先端半導体製造で世界シェア70％超を誇る台湾のファウンドリ**TSMC**が日本に工場建設するというニュースが、また2022年4月には最先端ロジック半導体の国策ファウンドリ会社**ラピダス**を設立するというニュースが相次いで流され、半導体関係者はもとより一般の人々にも、一種の驚きとともに強い関心を持って迎えられたのは記憶に新しいところです。

このような我が国における半導体産業の新たな動きの背景には、アメリカ

▶サプライチェーン　日本語で供給連鎖とも呼ばれ、製品・部品・材料の調達・製造・在庫管理・販売・配送までの一連の流れ。

の思惑と戦略が影を落としていると思われますが、我が国にとっても最重要物資としての半導体でこれ以上世界に後れを取り続けるのは、経済安全保障面でも許されないとの認識が強く働いた結果と思われます。

しかしこれは我が国だけのことではなく、自由主義圏に属するヨーロッパ諸国や韓国、台湾を含め、多かれ少なかれ同じような認識に至ったのではないでしょうか。そこには同時に各国や各地域の、「他国に後れを取るわけにはいかない、手を拱いて負けるわけにはいかない」とのプライドや威信も絡んでいることでしょう。

そんな事情もあって、アメリカの動きに触発された自由主義圏の各国や地域では、国や地域の支援を受け、工場の新増設を中心とする半導体事業の強化策が雨後の筍のごとく次々と打たれ始めています。

2025年1月現在、我が国において、政府補助金を受けて進行している半導体の生産拠点整備の具体例を図9-1-1に示してありますが、この中でも我が国の半導体が失われた三十数年の眠りからようやく覚め、復権への契機となることを期待されているTSMCの日本進出、そして国策ファウンドリ会社であるラピダスの2社を取り上げて、少し詳しく説明してみましょう。

▼TSMC工場の日本進出

台湾のTSMCが2021年12月に熊本県菊池郡菊陽町に子会社として設立したファウンドリが**JASM**(Japan Advanced Semiconductor Manufacturing：ジャスム)です。資本金28億7875万円のうち、大半はTSMCが出資し、日本企業もソニーが6%、デンソーが5・5%、トヨタが2%を出資しています。

JASMの具体的な事業として、2022年に着手した第1工場は、2024年12月末に稼働を開始しました。この第1工場は、本社と同じ熊本県菊陽町に建設され、総床面積が4万5000㎡と、日本国内で最大規模の半導体製造工場です。採用する技術ノードは22/28ナノメートル(nm)および12/16nmで、月産5万5000枚のウエーハの処理能力を有し、自動車向け、産業向け、民生向け、高性能コンピュータ(HPC)向けなどのロジック半導体を製造する計画です。

この第1工場の総投資額は1兆2900億円、そのうち日本政府が4760億円の補助金を提供することになっています。

また第1工場に隣接して第2工場の計画があり、こちらは2025年着工で2027年に稼働開始の予定です。第2工場では、6/7および40nmノードのロジック半導体を、月産10万枚のウエーハ処理能力を持つラインにな

▶JASM 第3工場　第1、第2の熊本ではなく、つくば市、京都府、名古屋市が有力候補に挙がっている。

図 9-1-1　政府補助金を受け進行中の半導体の生産拠点整備例

企業・工場名	建設場所	主要製品	総投資額	補助金	稼働時期
JASM (TSMC 第 1 工場)	熊本県 菊陽町	ロジック (22/28、12/16nm)	1 兆 2900 億円	4760 億円	2024 年
JASM (TSMC 第 2 工場)	熊本県 菊陽町	ロジック (6/7、40nm)	1 兆 7100 億円	7320 億円	2027 年
Rapidus (ラピダス)	北海道 千歳市	先端 SOC (2nm 以下)	2 兆円	9200 億円	2027 年
KIOXIA (キオクシア)	岩手県 北上市 三重県 四日市市	メモリ (NAND Flash)	7200 億円	2429 億円	2025 年
Micron (マイクロン)	広島県 東広島市	メモリ (DRAM、HBM)	5000 億円	1920 億円	2025 年

る予定です。この第2工場の総投資額は1兆7100億円で、そのうち日本政府が7320億円の補助金を出すことが発表されています。

ところでJASMの親会社である台湾TSMCは、1987年に台湾新竹市東区に設立された世界最初のファウンドリ企業で、今や時価総額が145兆円の巨大半導体会社です。台湾自体が、「世界の半導体供給基地」と呼ばれる中でもTSMCのポジションは群を抜いていて、全世界ファウンドリ市場の60%を占めるといわれています。

TSMCは企業として巨大で半導体業界に強い影響力を持っているばかりでなく、中国との関係でその地政学的重要性を増しています。すなわち「台湾有事」などの事態が起きれば、半導体サプライチェーンが切断され、自由主義圏は甚大な影響を蒙ることになります。

したがってアメリカをはじめとして、

▶TSMC の 2nm 生産拠点　台湾の高尾市、新竹宝山用地で 2025 年に量産開始と報じられている。

我が国を含めた同盟国は、「TSMCが果たしている半導体供給機能を少しでも自国内に持ってきて欲しい」と考えると同時に、「自国の半導体産業の興隆に繋げたい」と思うのは、いわば当然のことでしょう。

このため日本政府はTSMC工場の日本誘致を強力に働きかけたといわれています。またTSMCとしても、付加価値の高い最先端プロセス半導体の製造にできるだけリソースを回すため、日本政府から補助金を得て工場を低コストで増設することで、依然として需要のある旧プロセス半導体に対するユーザーの要求にも応えられるというメリットがあるわけです。

このようなさまざまな思惑が絡まってTSMC工場の日本進出が決まったのでしょうが、最初にこのニュースを聞いたとき、半導体関係者の多くは、「えっ！　今を時めくあのTSMCが日本に工場を作る？　なぜ？　意外だ！」という印象を持ったのではないでしょうか。その意味では、三十数年もの深い眠り（惰眠？）についていた日本半導体へのカンフル剤の役割を果たしたことは確かです。

TSMCの日本進出には、いろいろな意見はあるところですが、後述するラピダスとともに、日本半導体の復興へのトリガーとなって、将来の発展に繋がって欲しいと願わざるを得ません。

▼ラピダスの発足

ラピダス（Rapidus）は、2022年に設立された国策半導体会社（ファウンドリ）で、本社は東京都千代田区にあります。民間からの出資はトヨタ、デンソー、NTT、NEC、ソニー、キオクシア、ソフトバンク、三菱UFJの8社合計で73億円ですが、最近になってトヨタ、デンソー他の追加出資、さらに富士通が参加の意向とのニュースも流れています。

2023年9月に北海道千歳市の新千歳空港近くの工業団地「千歳美々ランド」で着工したIIM（Innovative Integration for Manufacturing イーム）と呼ばれる半導体前工程ファブ（IIM-1 第1工場）は、2025年に試作、2027年に量産開始の予定です。この工場の建屋（たてや）面積は5万7000㎡、地上4階建て延べ床面積16万㎡で、300mmウエーハを用い自動運転車や生成AI向けの先端ロジック（SOC）を生産する計画です。

この工場の特徴は「**オール枚葉（まいよう）ライン**」、すなわちすべての製造工程でウエーハを1枚ずつ処理する方式を取っていることです。TSMCやサムスンなどの大手ファウンドリがバッチ式（25枚などのウエーハをひとまとまりのロットとして流す）、あるいは枚葉式のハイブリッド方式を取っているのと比べると対照的です。

オール枚葉方式のメリットは、ライ

▶トレセンティ　日立と台湾のUMCの合弁でオール枚葉ラインを標榜して設立された会社だが、実現には至らなかった。

ンが順調に稼働しているときにはTAT（Turn Around Time タット）、すなわちウエーハをラインに投入してから前工程を終えて完成するまでの時間を短くできるという点にあります。「ラピダス」の社名がラテン語の「速い」（rapidus ラピドゥス）から来ていることからも、ラインの性格に込められた思いと決意が読み取れます。

他方、オール枚葉方式は、以前からQ-TAT（Quick-TAT キュータット）方式として知られている概念に基づいています。これはスループットや故障時の回復あるいは条件変更に対するフレキシビリティやコスト面などで、ハイブリッド方式に比べて難があるともいわれています。

ラピダスは、基本的にアメリカIBMが開発した2nmテクノロジーをベースにして量産技術に仕上げるため、米ニューヨーク州アルバニーの半導体研究拠点に人を派遣し、技術習得に努めています。

またラピダスは、半導体製造の中工程（9-4の「中工程」を参照）における「2nm世代半導体のチップレットパッケージ設計製造技術開発」をテーマに、IIMファブの近くにあるセイコーエプソン社の高温ポリシリコンTFT液晶パネル工場内に、半導体中工程の研究開発機能を設置すべくセイコーエプソンと協議中とのことです。

ラピダスに対しては、すでに9200億円の政府支援が行なわれ、さらに1000億円の追加援助が発表されています。また技術面では、IBMの他にオランダのASML（EUV露光機メーカー）、IMEC（ベルギーにある研究開発機関）の協力や国内の学術支援団体LSTC（技術研究組合最先端半導体技術センター）との連携も発表されています。

筆者は、長年半導体業界に身を置いてきた一人として、ラピダスの成功を心から願いながら、個人的に感じている課題・問題を以下に記しておきます。

▼ラピダスの課題

まず技術面では、TSMCは別格として、サムスン電子やインテルでさえ苦労しているEUV露光機を使いこなせるようになるのか、量産経験のないIBMの技術に依存していて大丈夫なのかなどの懸念を第一に感じます。

また事業面では、オール枚葉ライン方式でTSMCなどの有力ファウンドリ企業とコスト的に対等な勝負ができるのか、大手IT企業や有力なファブレス企業から多くの注文を受けられるのか、さらに第2工場（IIM-2）の計画もあり、IIM-1と合わせて5兆円を超える投資が必要といわれる中で、国がどこまで支援できるのか、などの課題が思い浮かびます。

▶通関のない海外　半導体材料のラピダスへの物流は、青函トンネルが鉄道トンネルのためトラックを使えず、船などの新しい物流網の構築が必要になる。

Section 02

半導体工場の建設ラッシュ
——日米欧の各国の矢継ぎ早の動き

▼国内の工場

先に述べたJASMとラピダスを含め、我が国の政府支援のもとで進行している半導体の新増設工場を図9-2-1に示します。

このうちキオクシア（KIOXIA）は、岩手県北上市と三重県四日市市に、2025年稼働予定のNANDフラッシュの工場を増設中で、2工場合わせて総投資額7200億円のうち国が2429億円の補助金を出す予定です。

またアメリカのマイクロン（Micron）は、広島県東広島市に2025年稼働予定のDRAMとHBM（高速／広帯域のメモリ）の工場を増設中で、総投資額5000億円のうち日本政府が1920億円の補助金を出す予定です。

いっぽう、国の支援を受けずに自社で立ち上げる工場としてはソニーセミコンダクタがあります。同社は2024年5月、熊本県合志市にイメージセンサ工場を建設することを発表しています。

また、シリコンパワー半導体工場としては、加賀東芝エレクトロニクスが2000億円で石川県能美市に、ルネサスエレクトロニクスが900億円で山梨県甲斐市に、三菱電機が1300億円で広島県福山市に、すべて2024年稼働で増設します。

さらに、シリコンカーバイド（SiC）基板を用いた化合物パワー半導体工場としては、富士電機（津軽セミコンダクタ）が1900億円で青森県五所川原市に、ラピスセミコンダクタ（注：ラピダスとは別会社）が3000億円で宮崎県国富町に増設、三菱電機が1000億円で熊本県菊池市に2026年稼働予定で新設します。

▼工場建設ラッシュ①アメリカ

いっぽう目を海外に転じると、さらに半導体工場の建設ラッシュが起きていることを見て取れますが、2024年時点における海外の主要な半導体工場を前工程に絞って、地域別に見て行きましょう（図9-2-2）。

まず**アメリカ国内**では、インテルがアリゾナ州チャンドラーに7兆2000億円を投じ、CPUの生産およびファウンドリを目的とした2棟を建設しています。チップス法に基づくアメリカ政府の補助金が投入されます。

マイクロンはアイダホ州ボイシに10年で2兆2000億円を投じ、NANDフラッシュ工場を増設します。

TI（テキサスインスツルメンツ）はユタ州リーハイに1兆6000億円

▶TSMCのアリゾナ州フェニックスの3つの工場　2nm以下で650億ドル投資。2030年までに稼働予定。

図 9-2-1　国内の半導体工場の新増設マップ

を投じ、アナログICや組込プロセッサの2番目の工場を建設中です。

GF（グローバルファウンドリーズ）は、ニューヨーク州マルタに、まずは1500億円からスタートし、ファウンドリ工場の既存棟を増強しています。

TSMCはアリゾナ州フェニックスに6兆億円規模を投じ、ファウンドリ工場3棟を建設中で、アメリカ政府から9500億円の補助金を受ける予定で進めていますが、進捗は遅れています。

最近の報道によれば、アメリカと台湾のコストを比較した場合、アメリカの方が半導体工場の建設費で6倍、人件費で3割アップすると言われています。

サムスン電子はテキサス州テイラーに6兆1600億円でファウンドリ工場を建設中で、アメリカ政府から9800億円の補助金を受ける予定ですが、

▶**GF の提訴**　知的財産や企業秘密をラピダスやインテルに開示したとしてIBMを提訴していたが、2025年1月に和解した。

図 9-2-2　海外の主要半導体工場建設（2024 年時点　前工程）

〈アメリカ〉

企業	場所	主要製品・業態	投資額	コメント
インテル	アリゾナ州チャンドラー	CPU、ファウンドリ	7 兆 2000 億円	2棟
マイクロン	アイダホ州ボイシ	NAND フラッシュ	2 兆 2000 億円	
TI	ユタ州リーハイ	アナログ IC、組込プロセッサ	1 兆 6000 億円	
GF	ニューヨーク州マルタ	ファウンドリ	1500 億円	既存棟増強
TSMC	アリゾナ州フェニックス	ファウンドリ	9 兆円	3棟
サムスン	テキサス州テイラー	ファウンドリ	6 兆 1600 億円	建設遅れ

〈ヨーロッパ〉

企業	場所	主要製品・業態	投資額	コメント
インテル	アイルランド	CPU、ファウンドリ	3 兆 3000 億円	Apollo49%
TSMC	ドイツ ドレスデン	ファウンドリ	1 兆 7000 億円	ドイツ政府支援他
ST マイクロ+ GF	フランス クロル	ファウンドリ他	5 兆 7000 億円	
インフィニオン	ドイツ ドレスデン	パワー半導体他	8500 億円	
GF	ドイツ ドレスデン	ファウンドリ	1500 億円	既存棟増強

〈中国〉

企業	場所	主要製品・業態	投資額	コメント
SMIC	天津市	ファウンドリ	1 兆円	
SMIC	上海市	ファウンドリ	1 兆円	
YMTC	武漢市	NAND フラッシュ	3 兆 5000 億円	

〈東南アジア〉

企業	場所	主要製品・業態	投資額	コメント
UMC	シンガポール	ファウンドリ	7400 億円	
GF	シンガポール	ファウンドリ	5800 億円	

TI：Texas Instruments　テキサスインスツルメンツ（アメリカ）
GF：GlobalFoundries　グローバルファウンドリーズ（アメリカ）
ST マイクロ：STMicroelectronics　エスティーマイクロエレクトロニクス（スイス）
SMIC：Semiconductor Manufacturing International Corporation　エスエムアイシー（中国）
UMC：United Microelectronics Corporation　ユーエムシー（台湾）

▶シンデン・ハイテックス　GF の半導体を扱う専門商社。

TSMC同様に進捗が遅れています。

▼工場建設ラッシュ②ヨーロッパ

いっぽう**ヨーロッパ**では、インテルがアイルランドに3兆3000億円を投じ、CPUの生産とファウンドリ工場を建設していますが、合弁事業体としての持ち分の49%を投資会社Apolloに売却しました。

TSMCはドイツのドレスデンに1兆7000億円を投じ、ファウンドリ工場を建設しますが、TSMCが70%を持ち、ドイツのボッシュ、インフィニオン・テクノロジーズ、オランダのNXPセミコンダクターズが各々10%を負担します。ドイツ政府は8450億円の補助金を出す計画です。

STマイクロエレクトロニクス（スイス）とGF（グローバルファウンドリーズ）は、フランスのクロルに5兆7000億円を投じ、FD-SOI半導体製造とファウンドリ工場を建設します。フランス政府から1兆7000億円の補助金を受ける予定です。

インフィニオンはドイツのドレスデンに8500億円を投じ、パワー半導体他の工場を建設します。ドイツ政府から1700億円の補助金を受ける予定です。

GF（グローバルファウンドリーズ）は、ドイツのドレスデンに1500億円を投じ、ファウンドリ工場の既存棟の増強を行ないます。

▼工場建設ラッシュ③中国、東南アジア

中国では、SMICが天津市と上海市にそれぞれ1兆円を投じ、ファウンドリ工場を建設します。YMTCは武漢市に3兆5000億円を投じ、NANDフラッシュの工場を建設します。

東南アジアに目を移すと、UMCがシンガポールに7400億円を投じ、ファウンドリ工場を建設します。GF（グローバルファウンドリーズ）はシンガポールに5800億円を投じ、ファウンドリ工場を建設します。

以上述べた海外半導体工場の国・地域ごとのマップを図9-2-3に示しておきます。

▼インドの半導体市場

2024年11月、インドのタタ・エレクトロニクスと台湾のファウンドリPSMCは共同で、インド・グジャラート州に300mmウエーハ新工場建設で合意したと、発表しました。総投資額は約1兆7000億円、生産能力は月5万枚で、車載用、コンピュータ、AIなどの製品を予定しています。もともとPSMCは日本のSBIと共同で宮城県に新工場を建設予定でしたが、こちらが頓挫して代わりにインドになった感がします。

▶中国南京市にICのパッケージ・テスト基地建設プロジェクト　2024年9月に第2期の着工式開催。

図 9-2-3　海外半導体企業の新増設マップ

①アメリカ

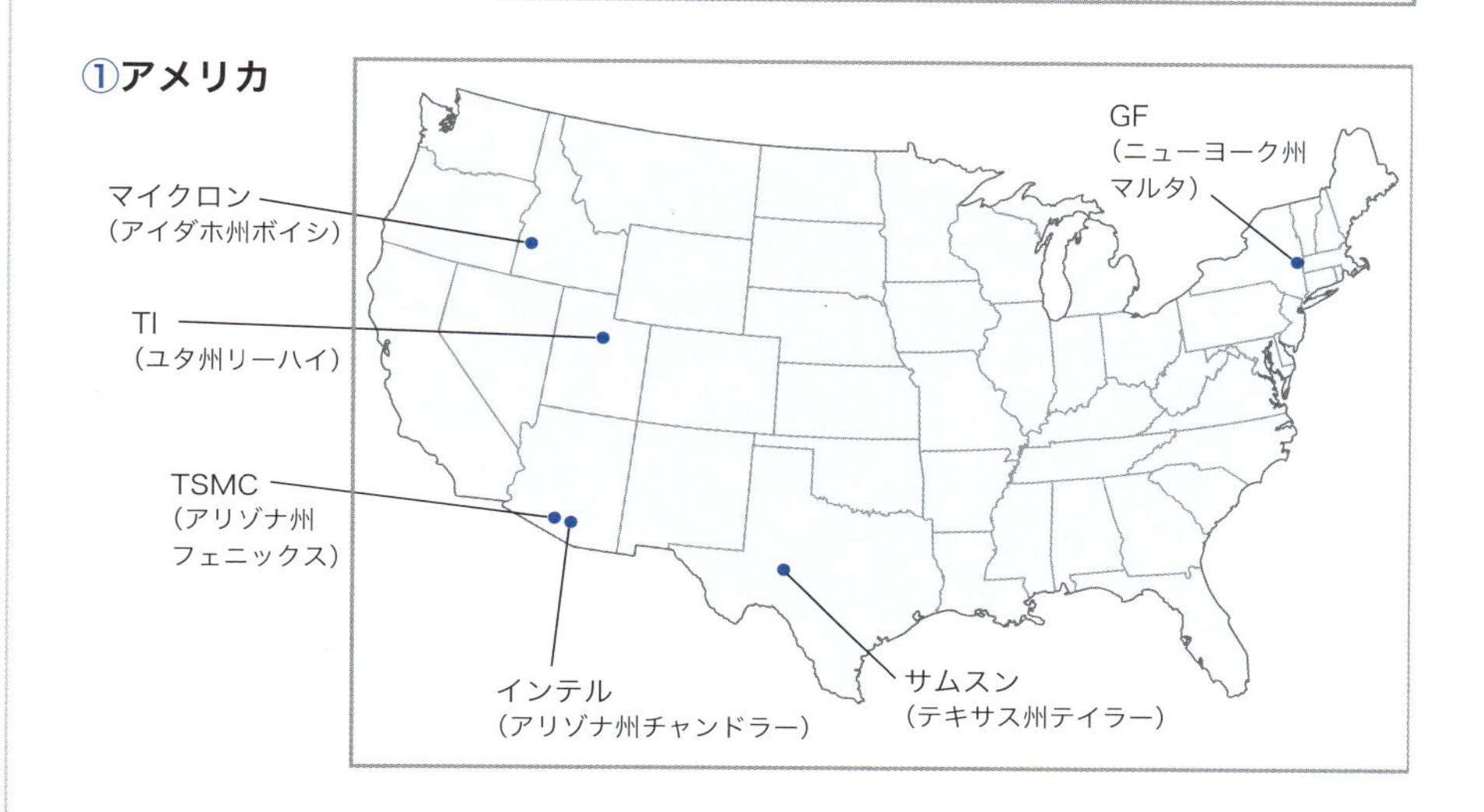

②ヨーロッパ

インテル
（アイルランド）

ST マイクロ＋GF
（フランス クロル）

TSMC、インフィニオン、
GF
（共にドイツ ドレスデン）

③中国、東南アジア

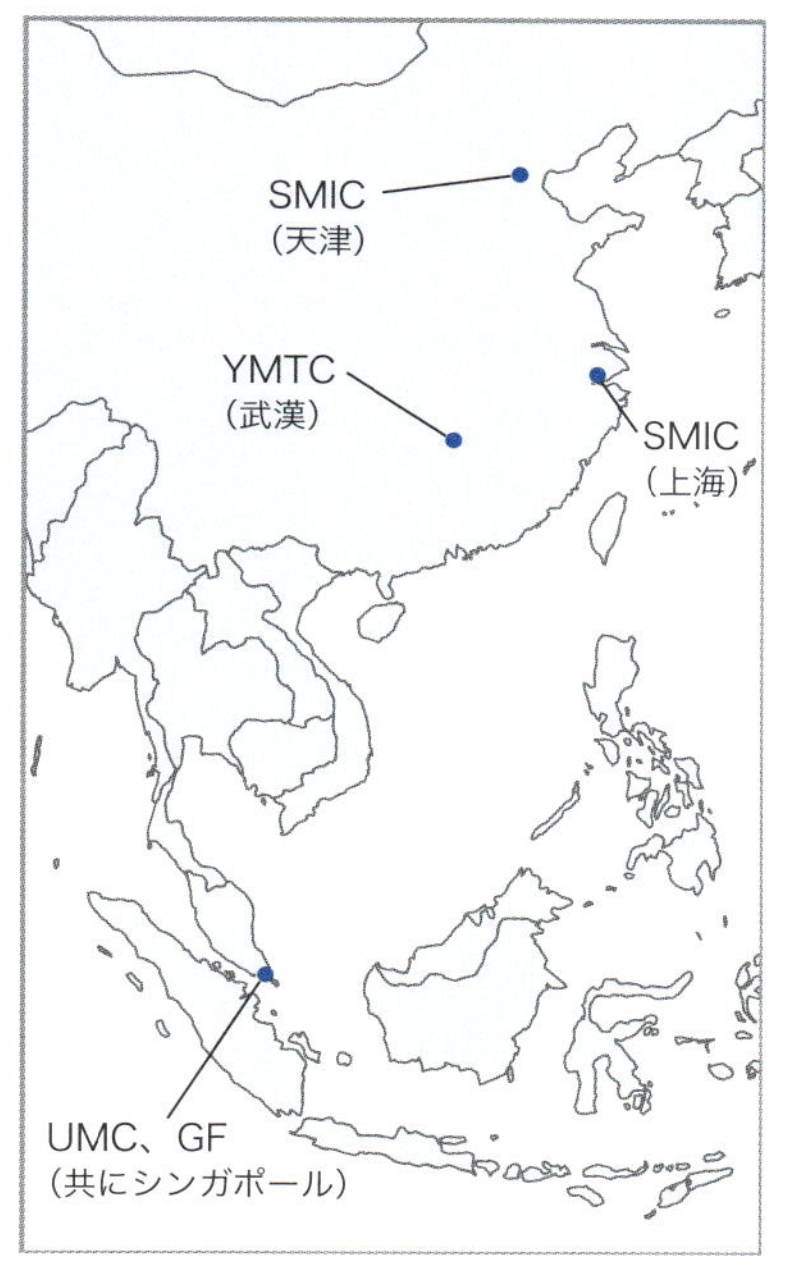

▶YMTC　2022 年に他社に先駆けて 232 層 NAND 開発。その後アメリカからの半導体製造装置の輸入禁止により今後が注目される。

期待される次世代の革新技術
――超微細露光、GAA、裏面電源BSPDN

▼超微細露光技術

超微細露光技術における今後2037年までの進展予測を図9-3-1に示します。

この図で技術ノードを表わすNはnm（ナノメートル）、AはÅ（オングストローム）を連想させますが、実際のデバイスがこの寸法で設計されているわけではありません。いわば技術ノードの世代を表わすための表示法（名称）と捉えるとよいでしょう。

2年ごとの技術ノードの世代交代では、前世代のほぼ0・7倍のペースで微細化が進み、2037年にはA2ノードが実現されると考えられます。

いっぽう配線ピッチの方は実際に使われる実寸法を表わしています。2029年の18nmまでは世代ごとに順次微細化が進行しますが、2030年以降は一定の範囲の中で進むと思われます。その主な理由は、配線抵抗が特性を制限するため、配線幅を世代ごとに確実に縮小できるかについては不確定要素が残るためです。

このような微細化の世代交代を可能にするコア技術の主役は露光機です。技術ノードN2まではNA＝0・33のEUV露光、A14からA5まではNA＝0・55の高NA EUV、A3からはNA＝0・75のハイパーNA EUVが使用されると考えられます。

▼新構造トランジスタ技術GAA

新構造トランジスタ技術の進展と予測を図9-3-2に示します。

微細化による技術ノードの進展とと

図 9-3-1　超微細露光技術の推移と予測

年	2023	2025	2027	2029	2031	2033	2035	2037
技術ノード	N3	N2	A14	A10	A7	A5	A3	A2
配線ピッチ (nm)	23	22	21	18	18～16	18～14	16～12	14～12
露光機 (NA)	EUV (0.33) →		高 NA EUV (0.55) →				ハイパー NA EUV (0.75)	

N：nm（ナノメートルに対する記号）
A：Å（オングストロームに対する記号）
EUV：Extreme Ultra Violet（極端紫外線）
NA：Numerical Aperture（開口数）

▶技術ノード　本文1段目の「技術ノード」は「プロセスノード」「プロセス技術ノード」と呼ばれることもある。

図 9-3-2　新構造トランジスタ技術の進展と予測

GAA（ゲートオールアラウンド）構造

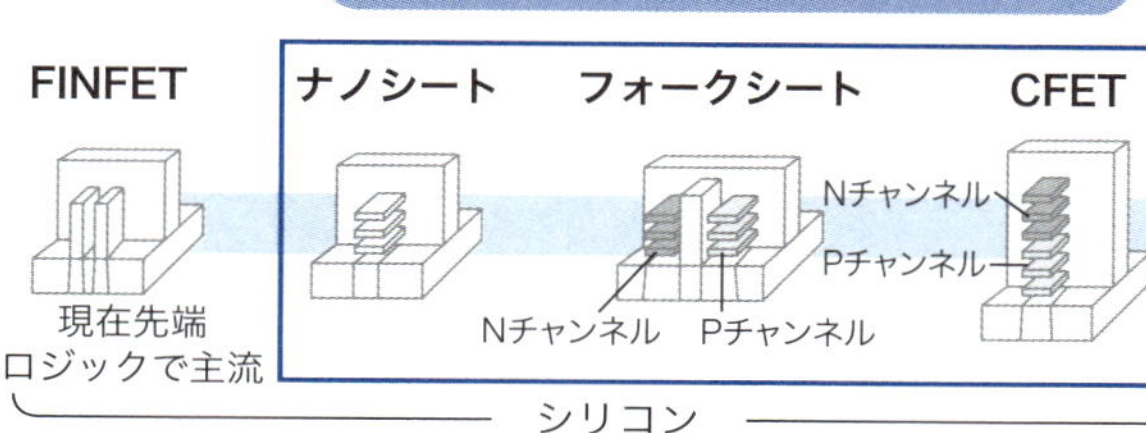

アトミックチャンネル
FET
（WS_2, $HoSe_2$,…）
または
カーボンナノチューブ
FET

シリコン　　　　ポストシリコン

テクノロジーノード　N2 → A14 → A7 → A2 →

もに、利用されるトランジスタ技術も変化していきます。2024年時点で先端ロジックに採用されているトランジスタはFIN FETですが、2025年からは**GAA**（Gate All Around ジーエイエイ）と呼ばれる新しい構造を持ったトランジスタが徐々に採用されるでしょう。

　FIN FETではシリコン・フィンの両側面と上面の3面を電導（電気の流れ）に使っていますが、GAAでは下面を含めて4面すべてを使います。したがって、電流駆動能力を向上できる他に、微小リーク電流を抑えられ、さらに耐圧も上がるので、より消費電力を抑えながら寸法の微細化も可能になります。

　ただし、デバイス構造や製造プロセスがより難しくなるトレードオフの問題も生じます。GAAトランジスタにも、ナノシート型、フォークシート型、CFET型と呼ばれる3種類のトランジスタが存在し、この順により複雑になります。

　ナノシート型はGAAの基本構造、フォークシート型はNチャンネルトランジスタとPチャンネルトランジスタを、絶縁層を介して左右に並べた構造です。

　CFET型（Complementary FET）はNチャンネルトランジスタとPチャンネルトランジスタを縦方向に積層した構造を持っています。GAAトランジスタまではシリコン半導体上に作られますが、それ以降（A3技術ノードから）はチャンネル材料として、二硫化タングステン（WS_2）や二セレン化モリブデン（$MoSe_2$）などのアトミックチャンネル（2Dチャンネルとも呼ばれる）材、あるいはカーボンナノチューブ（CNT）などのポストシリコン材料が採用されるかも知れません。

▼新配線技術① Co、Mo、Ruを使う

現在、先端ロジック製品の配線には

▶CFET　GAAを別に分類する向きもあるが、ここでは構造上の特徴から一部とした。

銅（Cu）を用いたダマシンプロセス、時には配線とビア埋め込みを同時に行なうデュアルダマシンプロセスが一般的に採用されています。

　配線技術に要求される特性としては、配線層には低い電気抵抗と高いマイグレーション耐性（エレクトロマイグレーションとストレスマイグレーション）、層間絶縁膜には低い誘電率と高い機械的強度があります。特に配線抵抗（R）と流れる電流（I）の積は「**IRドロップ**」と呼ばれ、例えば電源電圧が10％低下するとトランジスタ特性は20％低下するとの報告もあります。また配線抵抗（R）と配線間層関膜の容量（C）の積「R×C」を時定数として配線内を伝搬する信号の遅延が生じます。

　これらの問題は、配線の微細化が進むとますます顕著になり、半導体の電気特性・性能を損なうことになるため、何らかの対策が必要です。

　現在、最先端のロジック（SOC）では、Cuのデュアルダマシンプロセスを用いて20層もの多層配線が用いられています。配線系をさらに微細化していったときにまず問題となるのは、多層配線間を縦に接続する「ビアホールの抵抗が上がる」ことです。

　Cuのデュアルダマシンではメッキ法で成長させたCuをCMPで研磨して表面を平坦にしますが、このメッキ（電解メッキ）を行なうにはTiN（窒化チタン）やTaN（窒化タンタル）など比較的高い抵抗値のバリア層と、その上のライナー層とを形成しておかなければなりません。そのため、ビアホールの径を小さくしていくとビアホール内を埋めるCuが細くなり、その結果ビア抵抗が上昇してしまいます。

　この問題に対処するため、抵抗値そのものはCuとあまり変わらず、バリア層が不要なCo（コバルト）、Mo（モリブデン）、Ru（ルテニウム）などの高融点金属をビアホールの埋め込みに用いることが検討されています。

　またCuに代わる新しい配線材として、Ruなどが有力候補として検討されています。Cuはドライエッチングが極めて難しいのに対し、Ruはドライエッチングによる微細加工ができるため、CuのメッキとCMPの組合せプロセスからRuのスパッタやALDによる成膜とドライエッチングによる加工プロセスへの変更が起きるかも知れません。

▼新配線技術②電源線を裏面から供給するBSPDN

　以上述べた高性能多層配線系における配線やビアホールの抵抗を低減させる方法以外に、層間絶縁膜の誘電率を下げるため低誘電率（low-k）膜の検討も行なわれています。例えば比誘電率が約2・7のSiOC膜や、ブラックダイヤモンドと呼ばれる比誘電率が

▶エレクトロマイグレーション　金属配線中を流れる電子によって金属原子が下流（＋側）に流され、上流の配線が薄くなったり切れたりすること。

2・55のナノポーラス低誘電率膜などがあります。

これらの膜には低誘電率とともに半導体製造プロセスにかかるストレスに耐える機械的強度も要求されます。最終的な低誘電率材料としては空気（比誘電率がほぼ1）がありますが、配線間に空洞を設けて絶縁するエアアイソレーション（Air isolation）も有力な候補の1つです。

配線に係わる最近話題の注目技術に、**BSPDN**（Back side Power Delivery Network 裏面電源供給ネットワーク）と呼ばれる技術があります。これは、今まで述べてきた配線技術とはまったく趣が異なりますが、その名称の通り、半導体素子に供給する電源線（接地線とメインクロック線を含む）を従来の半導体表面側からではなく、裏面側から供給する技術です。

先端ロジックなど多層配線を用いた微細・高密度の半導体では、配線抵抗の観点から電源線やグラウンド線の配線幅をあまり狭くすることはできません。そのため電源線やグラウンド線によって内部素子を繋ぐ信号線の配置のしやすさや自由度の確保、さらに集積度の向上にとっての障害になります。

これに対処するための技術としてBSPDNが検討・開発されています。ただしBSPDNでは、電源線などを形成した別のシリコンウエーハ上に、デバイスと信号線が作り込まれ、BSPDNとデバイスを接続するためのTSV（Through Silicon Via シリコン貫通ビア）が形成されたウエーハを精密に位置合わせをして貼り合わさなければなりません。BSPDNの模式図を図9-3-3に示しておきます。

図9-3-3 BSPDN（裏面電源供給ネットワーク）の模式図

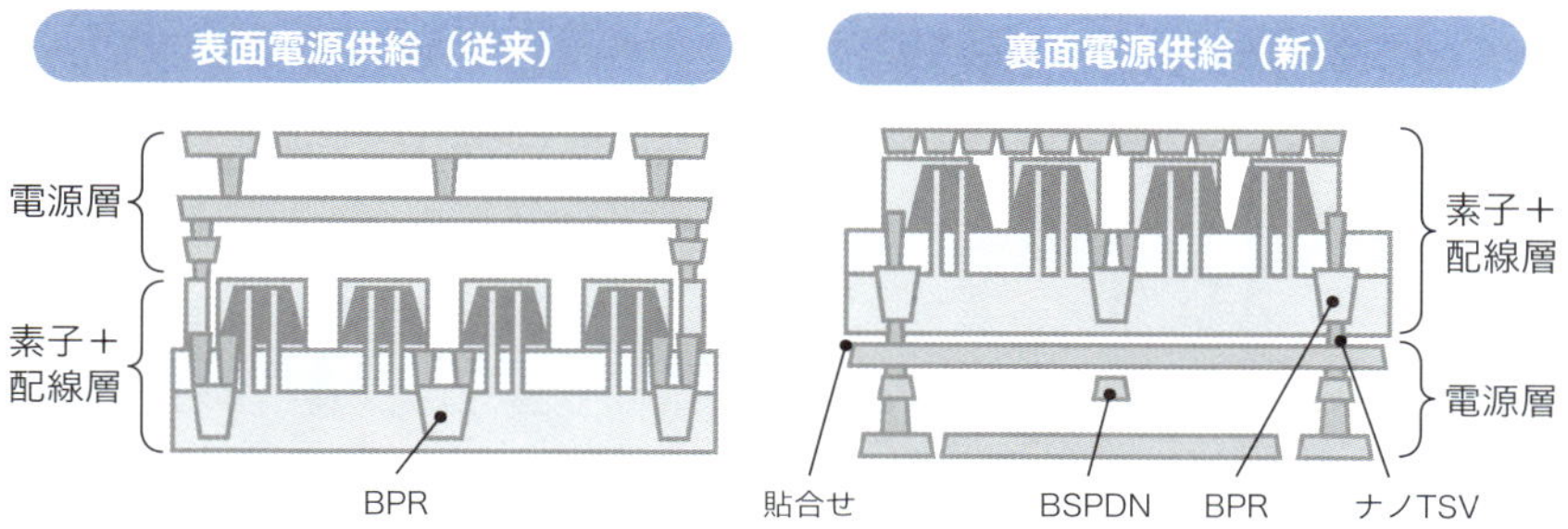

▶IR ドロップ　電源線とグランド線を流れる電流がIR ドロップを決めている。

Section 04

「中工程」の登場と3D積層化
――注目集めるHBM、チップレット

▼そもそも「中工程」とは

従来、半導体製造工程は、シリコンウエーハ上に多数のICチップを作り込む「前工程」と、完成したウエーハを1個1個のチップに切り分け、パッケージに収納し、その特性を検査する「後工程」に大別されていました。

ところが近年、概念的には後工程に近い製造工程に、従来は前工程に利用されていたような技術を適用することで、1つのシステム的な機能・要素を持った半導体が作られるようになってきました。このような前工程と後工程の中間に位置付けられる工程は、しばしば「**中工程**」と呼ばれています。

例として、図9-4-1に2.xDパッケージング例をあげ、中工程の概念図を示します。

この図からわかるように、前工程で作製された各種のチップ（ここでは一例としてCPU、GPU、HBM（広帯域メモリ）を含む）を、チップ相互間を接続する配線や電源線、グラウンド線、主クロック線などが形成された**シリコンインターポーザ**（シリコン基板上に配線を施した中間基板）に**マイクロバンプ**（直径が数μmの極小な接続電極）を用いて接続搭載します。続いて後工程でインターポーザを配線が形成されたパッケージ基板上にバンプにより接続します。

最終的に、こうして形成されたパッケージを下面に設けられているバンプにより、マザーボード上の配線に接続します。

▼3D積層化の進展とHBM

中工程の内で最も積層化（縦積み）が進んでいるのはNANDフラッシュメモリです。図9-4-2に2013年から2024年までの世代交代の推移を示します。

この図からわかるように、積層数は2013年の24から2024年の310まで、11年間で13倍に増加しています。ティア数（階層数）は2013年から2019年までは1でしたが、2021年からは2に増えています。CMOSの周辺回路（積層したNANDフラッシュの下端に設けられる）は2019年まではありませんでしたが、2021年からは設けられるようになりました。多値数、すなわち1個のメモリセルに記憶できる情報量（ビット数）は、2013年には2ビット（MLC）でしたが、2014年からは3ビット（TLC）、2016年からは4ビット（QLC）と進化してきてい

▶2.xDとは　3次元積層化に対し、インターポーザなどによる中工程での2次元拡張の意味。

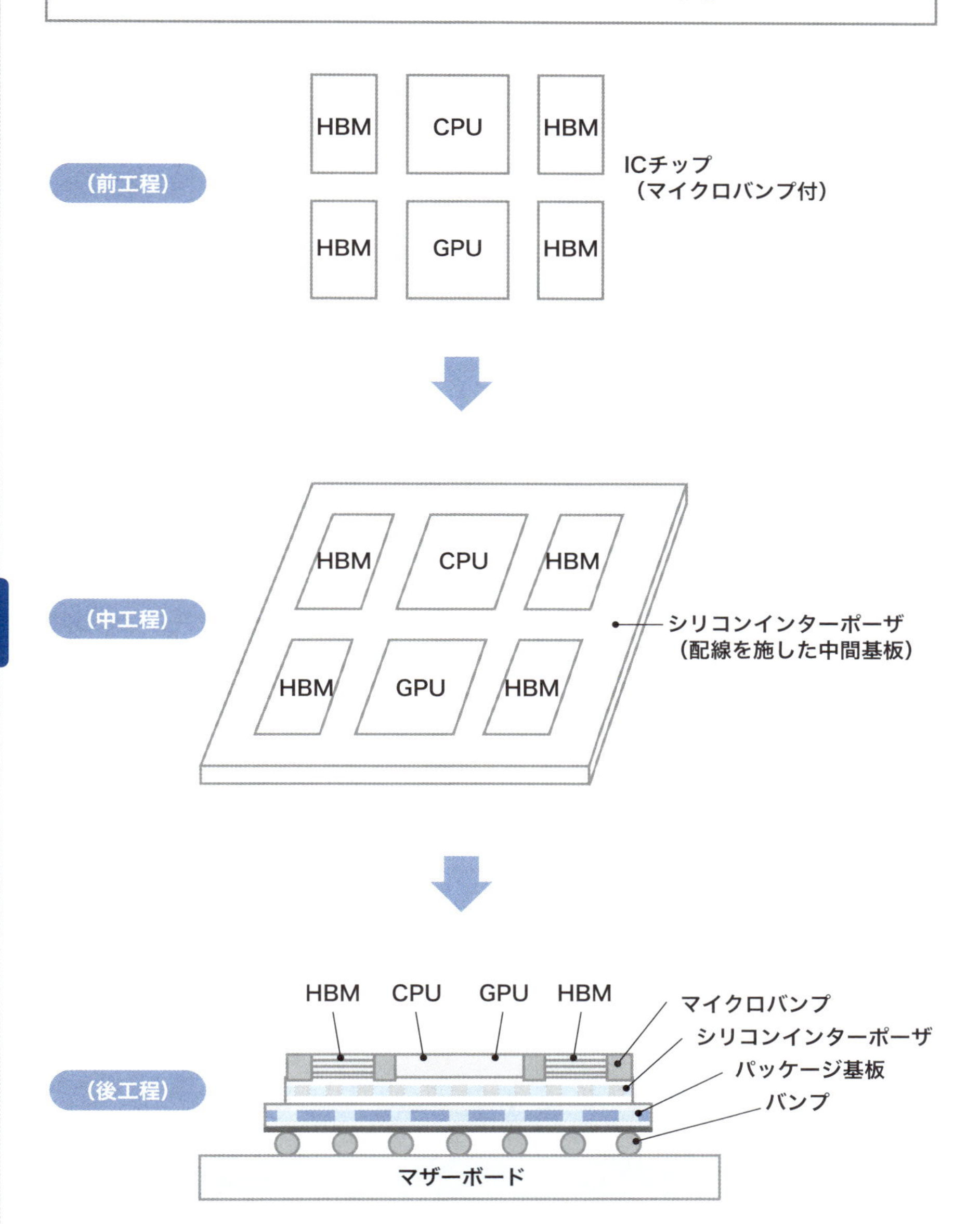

▶マイクロバンプ　ピッチが 50 μ m 未満のバンプ。

図 9-4-2　NAND フラッシュの世代推移

年	2013	2014	2015	2016	2018	2019	2021	2022	2024
積層数	24	32	48	64	92	128	176	236	310
ティア数	1	1	1	1	1	1	2	2	2
周辺回路(CMOS)	なし →						有 →		
多値数	MLC	TLC →		QLC →					

ティア数：積層の並列数
多値数：MLC(Multi Level Cell)2 ビット／セル、TLC(Triple Level Cell)3 ビット／セル
QLC(Quad Level Cell)4 ビット／セル

ます。

将来的には、NANDフラッシュの積層数は1000にも達すると予想されています。

近年、3D積層化が注目されている分野として、前述した**HBM**（広帯域メモリ）と呼ばれるものがあります。これは**DRAM**を積層化することで、CPUやGPUとメモリ間のデータ転送の帯域幅の向上（いわばデータが通る道幅を広くすること）やデジット線の長さを短くすることで転送速度の向上を図り、同時にメモリの専有面積を等価的（2D換算で）に抑えるためです。

従来、CPUやGPUの性能のネックとなっていたのが、メモリとの間のデータ転送でした。そこにHBM技術を採用することで、CPUやGPUの本来の性能をより高く引き出せるようになります。

特に最近の生成AIでは、大量のデータを扱うことでCPUやGPUとメモリ（DRAM）とのデータのやり取りが頻繁に行なわれます。このため、現在、HBMが注目されています。HBMの2015年の第1世代から2024年の最新の第5世代までの技術推移を図9-4-3に示します。

この図からも、DRAMの積層数や転送レートが世代ごとに向上してきていることがわかります。

また図9-4-4には、第1世代相当の4層HBMの断面模式図を示します。

各層のDRAMはTSV（Through Silicon Via シリコン貫通電極）とマイクロバンプで接続されています。積層されたDRAMは各種の動作を制御するためのロジックLSI上にやはりTSVとマイクロバンプで縦に接続され、ロジックLSIはバンプでパッケージ基板上に、さらにパッケージ基板は下面に設けられたハンダボールによりマ

図 9-4-3　HBM の世代交代

世代	第1	第2	第3	第4	第5
名称	HBM1	HBM2	HBM2E	HBM3	HBM3E
量産	2015	2017	2020	2022	2024
積層数	4	8	8	12	12
転送レート (GB/s)	128	256	460	700	1200

図 9-4-4　HBM の断面構造

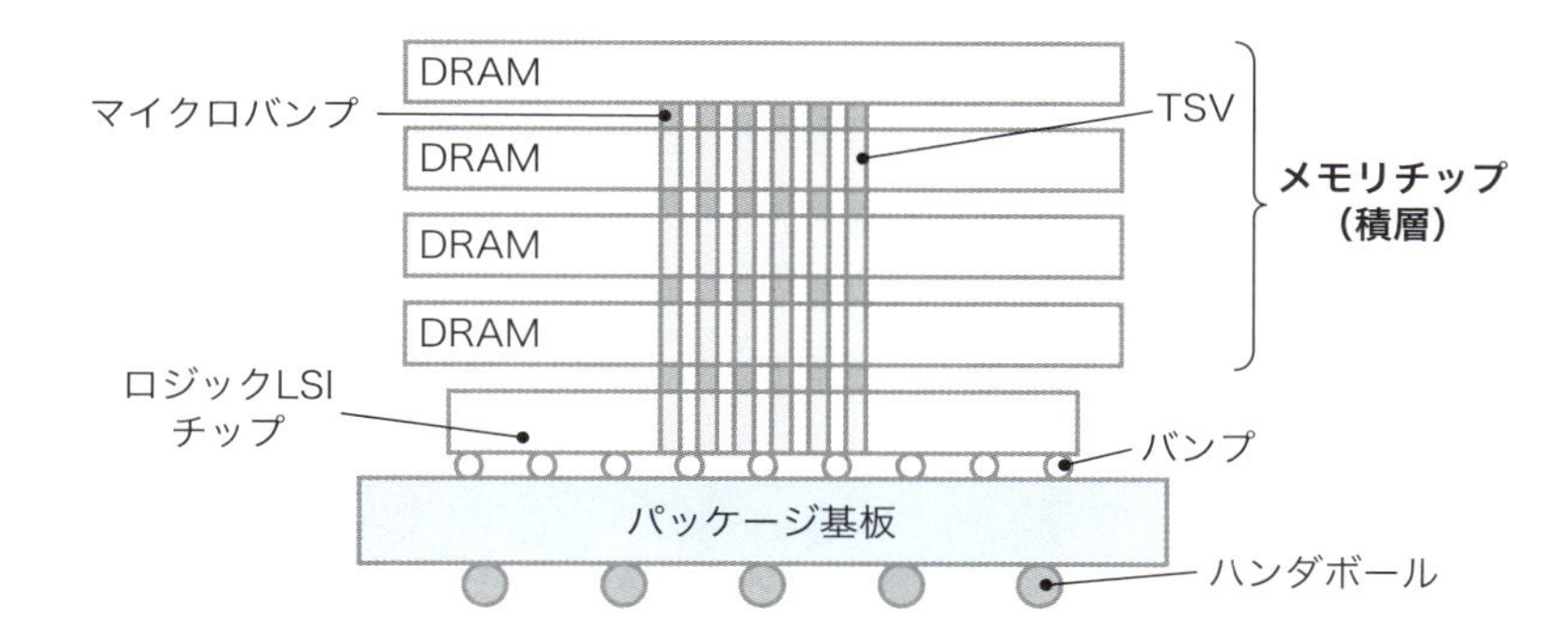

ザーボード上に搭載されます。

▼チップレットによるブレークスルー

子豚のことをピッグレット（piglet）と呼ぶように、「小さなチップ」のことを「**チップレット**」（chiplet）と呼んでいます。では、何に比較して小さいのかと言えば、それはさまざまな機能ブロックを1個のチップ上に集積して、ある一定のシステム機能を実現しているチップ、すなわちSOC（System On a Chip エスーオーシー）に対して小さい、ということです。

チップレットとは、SOCを構成しているそれぞれの機能ブロックを1個ずつのチップとして作製し、それら前工程の技術を流用して作製した接続用半導体であるインターポーザにより、相互に接続して1つのシステム機能を実現したものです。この革新的なアセンブリ工程は、前述したように「中工程」と呼ばれます。

▶HBM4　HBM3E に比べて記憶容量 1.5 倍の 48GB、帯域幅 1.4 倍の 1.65TB/s で 2026 年に導入か。

チップレットを実現する上で核となる技術には、微細なTSV、マイクロバンプ、パッケージ基板などが含まれます。

チップレット技術の長所と課題は以下のように考えられます。

まず長所としては、良品であることが確認されたチップを使うので全体としての歩留まりが向上すること、製造のTATを短縮できること、またそれによりコスト削減が期待できること、世代や機能が異なるチップを異種統合（ヘテロインテグレーション）できること、システムを設計するときの自由度が向上できることなどがあります。

いっぽう、チップレット技術の課題としては、実装法が複雑になりパッケージコストが上がること、設計や動作検証（テスト法）が複雑化すること、チップレット内チップ間のデータ転送の高速化・大容量化のための高性能インターポーザを必要とすることなどが考えられます。

チップレットは、単に半導体技術の進歩・変革に留まらず、従来の前工程、後工程という業態の分担を超えた半導体業界における業態や勢力図の変化、あるいは新たなメーカーの新規参入の機会の増大など、半導体産業のパラダイムシフトの可能性を秘めている技術と捉えるべきでしょう。

図9-4-5にチップレットの概念模型を示します。

図 9-4-5　チップレットの概念模型

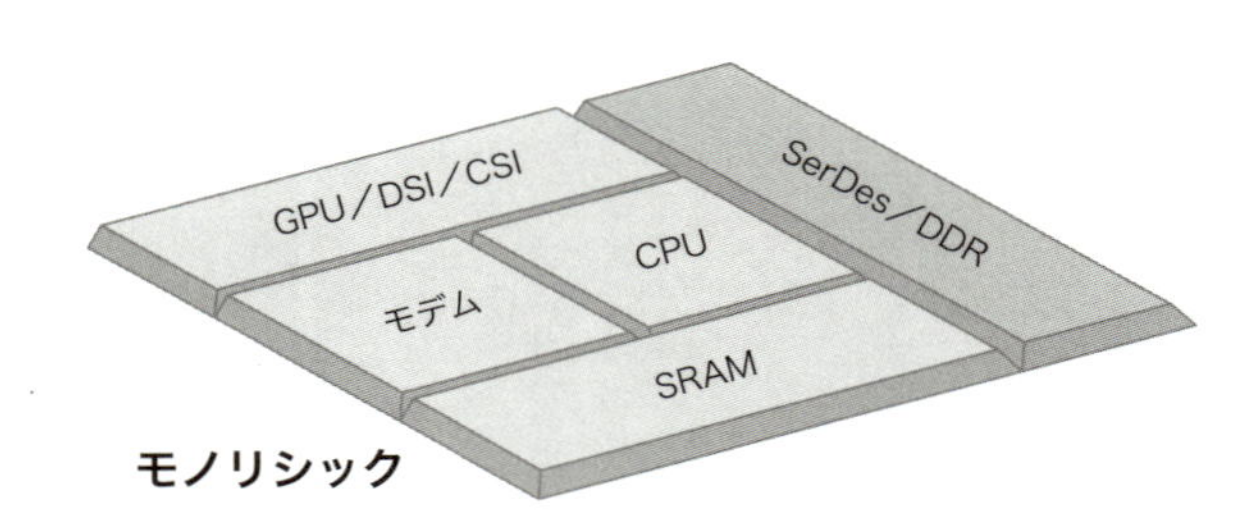

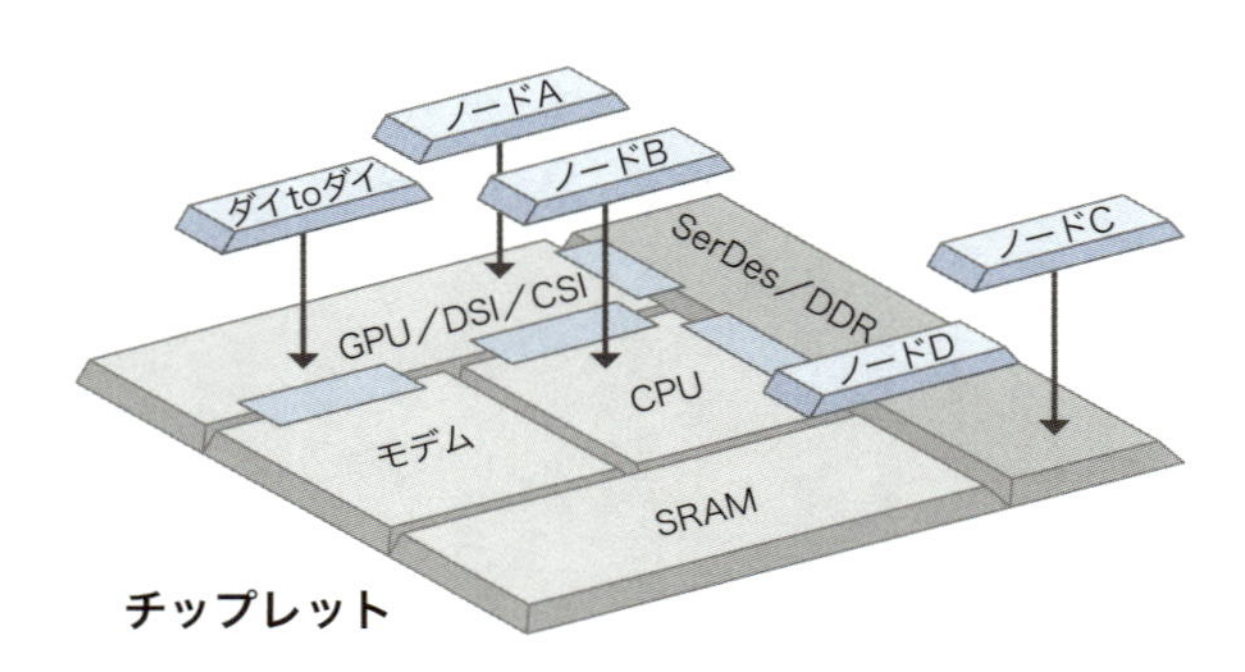

出所：サムスン電子講演資料より

Section 05

AIで目指す半導体工場の全自動化
——デジタルツインが鍵を握る

▼「AI+IoT」を半導体製造に活用する

半導体工場では、生産活動に伴って無数のデータが集められます。その得られたデータから多変量解析を使って有効な情報を抽出し、それが生産の安定的継続、改善、向上のために現場に再びフィードバックされています。

従来、これら一連の活動の多くは人手に頼っていましたが、AI技術の活用によって、より多くのデータを扱え、より適切に判断し、より迅速に現場へフィードバックが可能になっています。

取得されるデータとしては、各種センサーとIoT技術を用いた製造装置のレシピや稼働状態、主要製造プロセスにおけるデバイスの形状や電気的特性のバラツキを含めた出来栄えチェック結果などがあります。

データの解析では、AI深層学習によって異常の検知、欠陥検出、不良品の分類、製造装置の号機差調整などが、人手に比べてはるかに迅速、かつ適切に行なわれます。

解析結果は、IoT技術を利用して製造装置や製造プロセスにフィードバックされ、それらの改善に繋げています。

半導体製造においてAI技術を活用することで、工場の自動化・効率化が進められ、結果として高歩留まり化、短TAT化、高信頼性化、低コスト化などが達成されています。

なかでもIoT技術とAI技術の融合は、製造装置における制御性や設備生産性の向上、資材費の低減に繋がるとともに、製造プロセスにおけるリアルタイムなデータ収集とプロセス最適化によって、インテリジェントなスマート工場の実現に寄与します。

▼「デジタルツイン」で完全自動化

「デジタルツイン」とは、2002年にアメリカ・ミシガン大学のマイケル・グリーブスによって提唱された概念です。インターネットに接続したセンサーなどで取得した現実空間の膨大なデータをもとに、デジタルのサイバー空間上に現実空間の双子（ツイン）を再現することを意味します。

デジタルツインは、これまでもさまざまな分野において利活用されてきましたが、近年IoTとAIの急速な進歩に伴って、半導体製造でも採用が本格化してきています。

半導体製造におけるデジタルツインのイメージを図9-5-1に示します。

▶デジタルツインとは　多数のシミュレーションを実行して複数のプロセスを調査する。

図 9-5-1　半導体製造におけるデジタルツインのイメージ

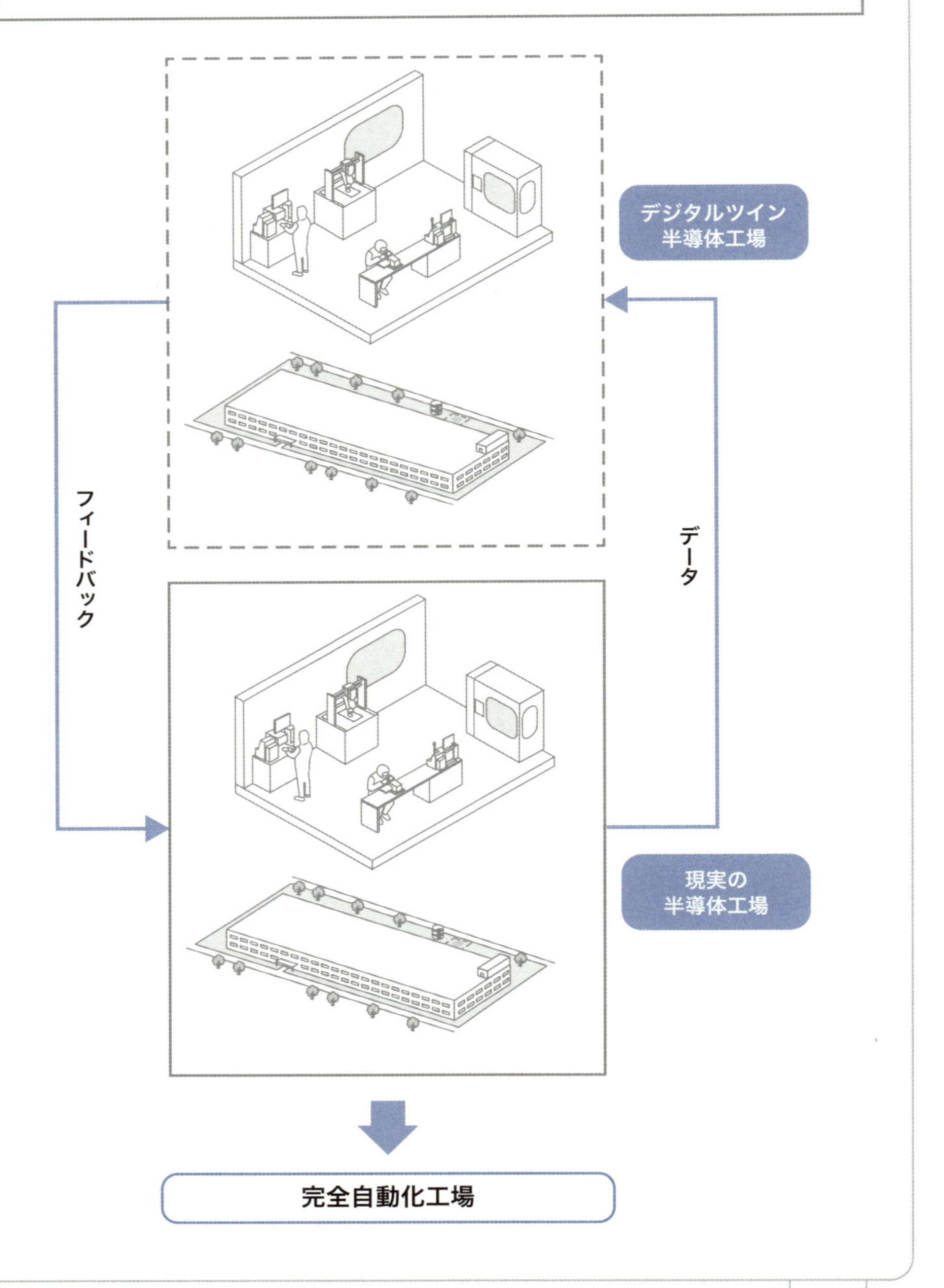

現実の半導体工場で取得された膨大なデータは、IoTを利用してデジタルツインにリアルタイムで転送されます。そのデータはデジタルツイン上のAIによって整理、分類、解釈、分析、推論、判断を行ない、その結果を製造装置や製造プロセスにフィードバックし、自動調整することで製造工程全体の効率改善に役立てます。

特に製造装置に関しては、個々の装置の作業効率、性能、サステナビリティ（持続可能）な改善・向上だけでなく、装置間の情報交換を含めたオペレーションにより、半導体製造全体の統合された最適化が可能になります。

半導体製造デジタルツインの最終目標は、完全自動化された半導体工場の実現にあります。

例えばサムスン電子は、エヌビディア（NVIDIA）のオムニバース・ベースの完全自動化半導体工場の構築を計画していると発表していますし、TSMCも完全自動化されたインテリジェントな半導体製造を目指しています。

その他にも、TSMCは**EDAベンダー**の米シノプシスと連携して、エヌビディアの半導体設計支援サービス「NVIDIA cuLitho」を、2nm以下の次世代最先端ロジックの量産に活用すると発表していますし、シノプシスとエヌビディアはAIとデジタルツインで協力関係を強めています。

このような状況のなか、アメリカは「**チップス（CHIPS）法**」に基づき、半導体産業全体の製造力を強化させるため、業界におけるデジタルツインの利用促進の目的で約440億円の支援を決定しています。

半導体のデジタルツインにおける個別の製造装置、工場内（製造ライン）、工場外（ロジスティックス）の発展方向を図9-5-2に示します。

図 9-5-2　半導体デジタルツインの進展

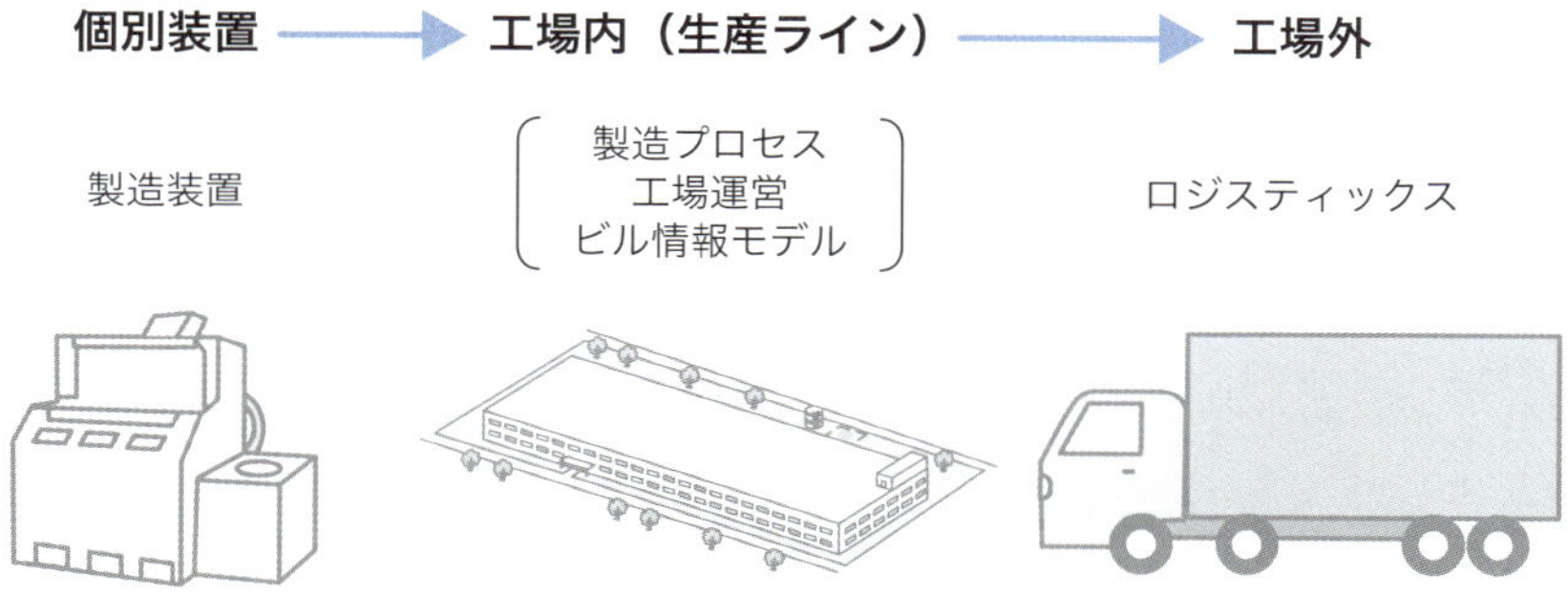

▶シノプシス　ANSYS買収の動きの行方に注目。

ヤ・ラ行

ナ行

ハ行

マ行

サ行

タ行

さくいん

数字・欧文

ア行

カ行

［著者］
菊地 正典（きくち・まさのり）
1944年樺太生まれ。東京大学工学部物理工学科を卒業。日本電気（株）に入社以来、一貫して半導体関係業務に従事。半導体デバイスとプロセスの開発と生産技術を経験後、同社半導体事業グループの統括部長、主席技師長を歴任。（社）日本半導体製造装置協会専務理事を経て、2007年8月から（株）半導体エネルギー研究所顧問。2024年7月から内外テック（株）顧問。著書に『入門ビジュアルテクノロジー 最新 半導体のすべて』『図解でわかる 電子回路』『プロ技術者になる エンジニアの勉強法』（日本実業出版社）、『半導体・ICのすべて』（電波新聞社）、『「電気」のキホン』『「半導体」のキホン』『IoTを支える技術』（SBクリエイティブ）、『史上最強 図解 これならわかる！電子回路』（ナツメ社）、『新・半導体産業のすべて』（ダイヤモンド社）など多数。

新・半導体工場のすべて
設備・材料・プロセスからAI技術の活用まで

2025年3月4日　第1刷発行

著　者――菊地 正典
発行所――ダイヤモンド社
〒150-8409　東京都渋谷区神宮前6-12-17
https://www.diamond.co.jp/
電話／03･5778･7233（編集）　03･5778･7240（販売）
装丁――萩原弦一郎（256）
編集協力――シラクサ（畑中隆）
本文デザイン・DTP――ムーブ（新田由起子、川野有佐）、ダイヤモンド・グラフィック社
校正――鷗来堂
製作進行――ダイヤモンド・グラフィック社
印刷・製本――勇進印刷
編集担当――横田大樹

ISBN 978-4-478-12201-3